El cielo
que olvida
sus estrellas

SAUL MARTÍNEZ-HORTA

El cielo que olvida sus estrellas

Las enfermedades del cerebro como
nunca te las han contado

EL CIELO QUE OLVIDA SUS ESTRELLAS
Las enfermedades del cerebro como nunca te las han contado

1ª. edición
geoPlaneta
Diagonal 662-664. 0834 Barcelona
geoplaneta@geoplaneta.es - www.geoplaneta.com

© Editorial Planeta, S.A., 2025
© Textos: Saul Martínez-Horta, 2025
Realización: Planeta

ISBN: 978-84-08-30277-3
Depósito legal: B. 9.809-2025
Impresión y encuadernación: Black Print
Printed in Spain - Impreso en España

Quizá algún día te mire y ese rostro que, ahora, con solo cuatro años de vida, lo significa todo, yo ya no sepa a quien pertenece. Quizá existe un futuro donde tus hazañas como adulto dejarán de existir en mi cabeza y donde el nombre de tus hijos será un muro en blanco. Quizá te tocará cuidarme, como yo te he cuidado hasta ahora, y quizá empujarás una silla por las mismas calles por donde yo empujé tu cochecito. Si todo esto sucede, solo espero que mi fragmentada memoria preserve al menos alguno de esos pequeños instantes que tanto nos hicieron reír el verano del 2025, como cuando, justamente ahora, mientras escribo las últimas líneas de este libro, te veo a pocos metros de mí riéndote a carcajadas encima del sofá. Daré mi vida por ti y, si es necesario, viajaré hasta lo más profundo de tus pesadillas para matar a todos los monstruos que allí habitan. Recuérdalo, por si algún día a mí se me olvida quién fui para ti y quién eres tú: la estrella más importante de todas las que orbitan en mi cielo.

SUMARIO

PRÓLOGO

Somos nuestra historia. Somos nuestras experiencias codificadas y almacenadas de algún modo en nuestro cerebro. Somos la capacidad de observar y de sentir aquello que fuimos ayer, aquello que somos hoy y lo que pretendemos ser mañana. Somos los viajes a través de nuestros recuerdos experimentados en forma de emociones, imágenes y sensaciones.

Somos escenarios imposibles que nunca hemos vivido, pero que hemos deseado y construido desde el seno de nuestra imaginación. Somos palabras, las que nos llegan, las que nos hablan internamente y las que usamos para comunicarnos con el mundo externo a través de un código que comprendemos y que los otros pueden comprender. Somos amor, compasión, empatía y arte.

Somos movimiento. Una colección de gestos con y sin significado, un patrón de acciones simples e instintivas, o sumamente elaboradas y controladas, que abarcan desde el más sutil de los parpadeos hasta la más bella *arabesque*.

Somos humanos. Criaturas capaces de lo más bello y de lo más terrible. Una especie aparentemente lógica y coherente cuya racionalidad puede derrumbarse trágicamente en un segundo, haciéndonos pagar las consecuencias para siempre.

Nuestra condición —ser humanos— nos ha dotado de capacidades increíbles, pero no nos ha privado de la más democrática de todas las realidades que rigen el reino animal: la vulnerabilidad frente a las enfermedades.

Somos vulnerables. No somos invencibles ni inmortales, aunque en cierta medida podemos llegar a ser eternos. Hace más de trece mil millones de años, un evento primordial de extrema violencia dio lugar a esta majestuosa e incomprendida realidad que conocemos como universo. Esa inmensa explosión forjó los elementos más esenciales, como el hidrógeno o el helio. Con el tiempo, el efecto de la gravedad terminaría por «aglutinar» esos componentes, formando finalmente lo que hoy conocemos como estrellas. Esas primeras estrellas un día estallaron, liberando al universo una ingente cantidad de polvo cósmico compuesto por nuevos elementos como el carbono, el oxígeno, el hierro o el nitrógeno. No había nadie para saberlo, para organizarlo ni para verlo. Pero, de esos elementos primigenios, millones de años después, nacerían planetas, mares y océanos, paisajes infinitos y el mayor prodigio de la naturaleza: la vida. Somos, parafraseando a Carl Sagan, polvo de estrellas.

Por eso, cada pieza que compone lo que somos, cada célula o cada átomo fueron forjados alguna vez en el corazón de una estrella que finalmente estalló y se apagó. Pero este grandioso producto no nos hizo inquebrantables y, por ello, nuestros pensamientos, nuestros sueños y nuestros recuerdos, a pesar de que llevamos el universo en nosotros, también se apagarán.

Esta certeza, inevitablemente, nos dibuja un escenario en el que rara vez queremos pensar. Pero, lamentablemente, no en pocas ocasiones nuestra realidad nos obligará a enfrentarnos con alguna de las casi infinitas posibilidades que nos depara la vida. Entre estas posibilidades, siempre se encontrarán las enfermedades, que podrán obligarnos a cambiar de manera súbita o progresiva el camino que habíamos decidido tomar para ir dando pasos en nuestra historia.

Enfermedades capaces de alterar todos los pasos previstos hay muchas. Las hay que duelen, las hay que matan, que paralizan, que escuecen y que desconciertan a quien la padece y a quien lo acompaña. Sin embargo, de entre todas ellas, yo he centrado mi vida en un pequeño grupo: las que arrasan, habitualmente poco a poco, con todo lo que fuimos, somos y quisimos ser. Las que no solo nos alejan del camino previsto, sino que borran de los mapas cualquier posible ruta que nos hubiese permitido llegar a un lugar conocido o esperado.

Las enfermedades del cerebro son difíciles de comprender, en parte, por la forma que adquiere el producto de un cerebro estropeado y porque nos cuesta comprender que somos la consecuencia de un silencioso diálogo en nuestro particular cosmos interno, cuya actividad perfectamente concertada sustenta de manera delicada todo aquello que nos define.

Las enfermedades del cerebro pueden estar causadas por una infinidad de razones. En ocasiones, atendiendo a los mecanismos que hayan precipitado un fallo o un colapso en la función cerebral, el daño se puede ralentizar, gobernar e incluso mejorar y resolver. En otros casos, no disponemos de herramientas que nos permitan domar aquello que está matando a nuestro universo interior.

Las enfermedades del cerebro son caprichosas, tanto como lo es la trayectoria que sigue el daño que las acompaña. Por ello, no hay dos casos iguales, a pesar de que en muchas ocasiones compartan elementos similares. De este modo, les podemos poner un nombre que sitúa a quien la padece en un lugar, pero que no nos explica con la exactitud que esto merece la forma que adquiere, de dónde viene o hacia dónde va.

Llevo toda mi carrera profesional dedicándome a diagnosticar y a estudiar las enfermedades del cerebro, específicamente ese grupo de enfermedades al que denominamos «neurodegenerativas». A lo largo de los años, he comprendido la importancia de poder poner un nombre, un diagnóstico, a lo que le sucede a un individuo. Pero, en paralelo, he ido aprendiendo que ese nombre que le ponemos a la forma de padecimiento no explica al individuo, no describe el impacto que el proceso tiene sobre su libertad, identidad y dignidad, ni responde a muchas de las infinitas dudas que orbitan en torno a un diagnóstico y a su desenlace. En la mayoría de las ocasiones, no disponemos de las herramientas para resolver, de manera definitiva o del modo que nos gustaría, los problemas que padecen las personas que atendemos. Pero tener un lugar desde donde comprender, desde donde poder explicar y desde donde poder acompañar y prever los caminos que quedan por recorrer constituye una herramienta absolutamente transformadora, que claramente contribuye a que este viaje por un universo totalmente desconocido, para el cual las personas que lo realizan ni tienen un manual de instrucciones ni un mapa que les permita intuir qué caminos hay que tomar, se pueda caminar mejor.

En nuestro mundo —este planeta tan majestuoso visto desde lejos como ocasionalmente atroz cuando se observa desde cerca—, viven actualmente unos 66 millones de personas que padecen alguna de las múltiples enfermedades neurodegenerativas. Cada año se diagnostican casi doce millones de nuevos casos, lo cual implica que cada mes se diagnostiquen un millón de casos nuevos, cada día cerca de treinta y dos mil casos, cada hora más de mil trescientos y cada minuto veintidós casos nuevos. Lamentablemente, nuestra sociedad envejece y aumenta en número y con ello la prevalencia de todo este grupo de enfermedades está experimentando un incremento casi exponencial, de modo que, siendo realistas, actualmente podemos estimar que en el 2050 el número de casos de personas afectadas en el mundo alcanzará los 175 millones, lo cual implica un incremento anual del 3,3 % si empezamos a contar desde hoy. De todo este conjunto de enfermedades, algunas resultan extraordinariamente frecuentes, como es el caso, por ejemplo, de la enfermedad de Alzheimer o de la enfermedad de Parkinson. Otras son mucho más infrecuentes, como la enfermedad de Huntington o las demencias rápidamente progresivas, pero no por infrecuentes pasan a ser inexistentes.

Estas cifras nos plantean una infinidad de retos que difícilmente vayamos a poder resolver. Necesitamos comprender mejor lo que causa estas enfermedades para diseñar intervenciones que, eventualmente, nos permitan domarlas e incluso hacerlas desaparecer. Necesitamos identificar quién está en riesgo y cómo o por qué algunas personas las desarrollan y otras no, así como qué mecanismos contribuyen a que estas enfermedades tengan una forma más grave en unos casos y más leve en otros. Pero mientras buscamos respuestas a todas estas y a muchas otras cuestiones aún sin resolver, necesitamos saber con quién estamos conviviendo exactamente, qué quiere de nosotros, qué nos está haciendo y qué podemos hacer para mantener equilibrado un pulso que, lamentablemente, no vamos a poder ganar.

Soy Saul Martínez-Horta, un neuropsicólogo que hace más de veinte años se apasionó por comprender las consecuencias que derivan de las enfermedades del cerebro. Tengo la inmensa fortuna de poder trabajar en uno de los mejores servicios de neurología del mundo, en el Hospital de la Santa Creu y Sant Pau de Barcelona, rodeado de una familia de genios, tan humildes como ambiciosos, y de personas cuyas enfermedades me lo han enseñado todo. No sé si yo mismo puedo o debo considerarme experto en algo, pero tengo claro que existen dos grandes grupos de expertos: aquellos que conocen muy bien la teoría que hay detrás de algo (por ejemplo, cómo funciona un motor a reacción) y aquellos que trabajan a diario manchándose en grasa y aceite, tratando de reparar, o al menos tratando de comprender, lo que está haciendo fallar un motor a reacción. Yo soy del segundo grupo, o eso intento.

He visto muchas situaciones difíciles y he estudiado, con toda la profundidad y humildad que he sabido desplegar, cada uno de los casos con los que me he ido encontrando. Gracias al trabajo en colaboración que llevamos a cabo, hemos llegado a diagnósticos sencillos o previsibles, pero también a diagnósticos sumamente atípicos, complejos e imprevisibles. Pero, en todos los casos, siempre han aparecido las mismas preguntas por parte de quienes padecen el impacto de aquello a lo que nosotros ponemos un nombre: ¿qué está pasando y por qué? ¿Qué va a suceder? ¿Qué podemos hacer?

He explicado cientos de veces a mis pacientes y a sus familiares lo que les está sucediendo, pero nunca he dispuesto de todo el tiempo que me hubiese gustado para hacerlo. Hoy sí, sentado frente a un ventanal extraordinariamente luminoso gracias a los destellos del sol tinerfeño, le empiezo a dar forma a esta nueva aventura llena de responsabilidad: dejadme que os cuente aquello que considero imprescindible acerca de las más frecuentes, preocupantes y curiosas enfermedades neurodegenerativas como nunca os las contaron.

I

LA ARQUITECTURA
DEL SER Y DEL SENTIR

Comprender la normalidad, aunque sea de una manera metafórica y sencilla, es un buen punto de partida para, posteriormente, poder comprender mejor cómo se explica lo que sucede en las enfermedades neurodegenerativas. Existen muchas maneras de describir la organización y el funcionamiento normal del sistema nervioso humano, así como de explicar los intrincados mecanismos que definen y rigen la expresión de todos los procesos mentales. Pero no es mi pretensión reescribir la más que presente literatura técnica y divulgativa en torno a la estructura y el funcionamiento del cerebro humano. A pesar de ello, sí que considero oportuno situarnos a todos en un lugar común que, de manera general, nos ayude a comprender de qué estamos hablando y desde dónde estamos contando esta historia. Así que dejadme que empiece por contaros algunos aspectos fundamentales relativos a una cuestión central: ¿cómo el cerebro nos hace ser y sentir?

LAS CONSTELACIONES DEL CEREBRO

Actualmente todos ubicamos la mente en el cerebro, pero el ser humano no siempre supo situar la mente en un lugar concreto del cuerpo humano. Lo que nos hace ser y sentir ha sido alma, espíritu y magia, aunque en algún momento, sin perder nunca su encanto, la mente dejó de ser un producto misterioso y de algún modo se ubicó en un incomprendido órgano llamado cerebro. Cuando ello sucedió, la idea era una inmensa simplificación de una realidad que, poco a poco, hemos ido construyendo, así que, entonces, la mente se ubicó en regiones concretas de un simplificado mapa cerebral, dando lugar a un concepto vago similar a «en este lugar del cerebro reside la mente». Pero la mente ni está en un lugar ni es un lugar.

Por enfatizar en algunos aspectos históricos clave, en el siglo XIX, Franz Joseph Gall propuso una idea seductora, que, como en otras ocasiones, más por seductora que por veraz, causó un enorme impacto social y una gran aceptación. Gall denominó a su idea «frenología» y en ella sostuvo que las distintas funciones mentales y características humanas, como la memoria, la agresividad, la espiritualidad o la capacidad musical, habitaban en regiones específicas del cerebro. Esta idea arcaica se acompañó de las premisas sin fundamento que dieron forma a los elementos distintivos de la frenología: Gall sostenía que, si una función mental o característica humana estaba más desarrollada, la zona del cerebro responsable de sustentar dicha función sería más grande y, con ello, debido a la presión, empujaría el cráneo hacia fuera, generando protuberancias en el hueso craneal que podrían palparse. De este modo, tocando la superficie craneal e identificando sus valles y mesetas, Gall consideraba que se podían inferir los rasgos de la personalidad tales como el instinto paternal, el amor por la propiedad o la capacidad de análisis. Pero Franz Gall estaba equivocado.

Figura 1. Representación de las distintas facetas de las áreas cerebrales acorde al modelo frenológico.

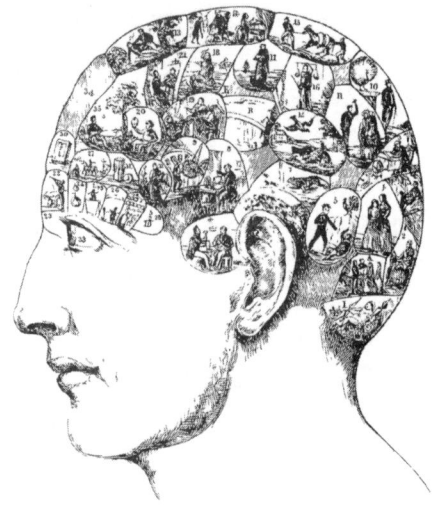

A mediados y finales del siglo XIX, médicos como Paul Broca y Carl Wernicke comenzaron a documentar de manera rigurosa las consecuencias que acontecían en personas que habían padecido algún tipo de lesión cerebral y que habían sobrevivido.

Sus trabajos permitieron identificar la estrecha relación entre la integridad de determinadas zonas del cerebro y algunas funciones superiores como el habla, la comprensión o el movimiento, dando lugar al modelo localizacionista clásico, que situaba distintas funciones mentales en diferentes regiones delimitadas de la corteza cerebral, definiendo de este modo algo parecido a un mapa de las funciones cognitivas y motoras.

Las guerras nunca son buenas, pero, como todo en esta vida, nos brindan oportunidades. Las mejoras en todo lo relativo al abordaje de las heridas de guerra en el campo de batalla y la sucesión de la Primera y la Segunda Guerra Mundial, supusieron que miles de soldados regresasen del frente con lesiones cerebrales de distinta envergadura y naturaleza. Esto supuso el poder tener acceso a múltiples escenarios clínicos que, en supervivientes con lesiones cerebrales, permitían estudiar con relativa profundidad el impacto en el individuo del daño cerebral adquirido.

Con ello, muchos de estos casos reforzaron y también ampliaron las perspectivas dominantes del localizacionismo clásico. Ya no se trataba de haber delimitado los efectos de determinadas lesiones sobre algunos procesos mentales en concreto, sino que, ahora, se empezaba a comprender la relación entre la localización del daño y las perturbaciones del lenguaje, la memoria, la percepción o la personalidad, entre otras. De este modo, empezábamos a disponer de un mapa mucho más extenso y preciso de la cartografía de las funciones mentales. Pero poder observar y estudiar a una población amplia también permite descubrir hechos previamente inadvertidos. En algunos casos, resultaba evidente que dos personas con lesiones similares exhibían síntomas similares. Pero, en otros casos, el mismo tipo de lesión daba lugar a manifestaciones muy distintas.

Paralelamente, también se identificaron múltiples casos con lesiones extensas, que afectaban a amplios territorios del cerebro, pero que resultaban en síntomas menores, mientras que, en otros casos, pequeñas lesiones caprichosamente localizadas daban lugar a síntomas absolutamente devastadores.

De pronto, el sentido de un mapa de la mente donde todo quedaba perfectamente localizado se tambaleaba dando paso a una nueva e inquietante posibilidad: las propiedades de la mente y los síntomas secundarios a lesiones cerebrales podrían no depender de un lugar en concreto, sino de la calidad de las conexiones entre distintas regiones de este mapa cerebral. Quizá por ello, un daño extenso, aunque con poca repercusión sobre una red, podría resultar más benigno que un daño localizado que provocase la desconexión de un sistema en red invisible. De este modo empezó a cobrar forma y sentido una nueva concepción del cerebro, donde las funciones mentales dejaban de depender y de ocurrir en un único lugar para emerger como consecuencia de la interacción entre múltiples regiones que, organizadas cual constelaciones, se comunican continuamente entre ellas. La mente y sus procesos es una propiedad que emerge de aquello que hace el cerebro, si bien no está en el cerebro.

Las revoluciones científicas difícilmente suceden como consecuencia de un único factor. De modo que, en muchos casos, es la concurrencia del desarrollo en paralelo en distintas disciplinas lo que permite los avances. El estudio minucioso de las consecuencias del daño cerebral sobrevenido significó mucho para el desarrollo de la neurología y de la neuropsicología, pero seguíamos observando el cerebro indirectamente y se seguía centrando todo en el análisis, en el daño, en la lesión, no en la «normalidad».

En 1929, el psiquiatra alemán Hans Berger realizó el primer registro de la actividad eléctrica cerebral humana, mediante una técnica que hoy en día conocemos como electroencefalografía (EEG). De pronto, éramos capaces de observar en tiempo real, en vida y en personas sanas y enfermas, señales objetivas que derivaban tanto del funcionamiento normal como del alterado del cerebro.

Paralelamente, desde la década de 1930, el neurocirujano Wilder Penfield, en el Instituto Neurológico de Montreal, había desarrollado otra técnica pionera. Durante las cirugías realizadas en pacientes con epilepsia o para extirpar tumores cerebrales, Penfield empleaba un sistema de estimulación eléctrica para, con el paciente despierto, ir explorando delicadamente la superficie cerebral empleando esta estimulación y observando sus efectos sobre el habla, el movimiento o la percepción.

Gracias a ello, se elaboraron nuevos mapas funcionales del cerebro humano que ya no se construían a partir de las inferencias derivadas de las lesiones cerebrales adquiridas. Pero, además, estos estudios permitieron objetivar una variabilidad inesperada entre personas, donde funciones similares podían alojarse en lugares distintos entre individuos y, especialmente, podían incluso redistribuirse a otras regiones del cerebro tras una lesión.

Figura 2. Trazado de un registro electroencefalográfico normal.

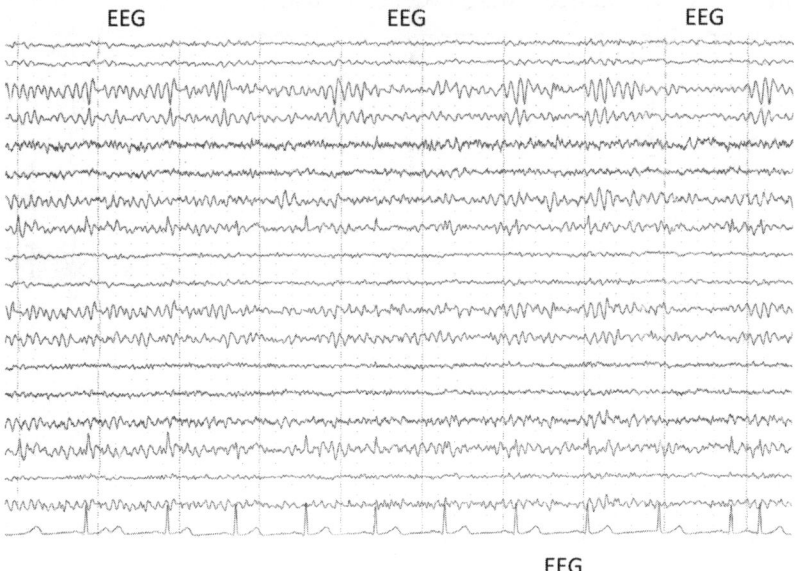

Décadas más tarde, en 1971, Godfrey Hounsfield y Allan Cormack desarrollaron de forma independiente la tomografía axial computarizada (TAC), una novedosa técnica que permitió obtener imágenes estructurales detalladas del cerebro en pacientes vivos.

De este modo, en estas imágenes se podían identificar y ubicar la localización y la extensión de determinadas formas de daño cerebral con una claridad previamente inexistente. Evidentemente, esto supuso una revolución en neurología al hacer posible la detección no invasiva de lesiones, infartos y tumores, algo que trajo consigo que ambos recibieran el Premio Nobel de Medicina en 1979.

Figura 3: Ejemplos de imágenes obtenidas mediante tomografía computarizada (TC) y resonancia magnética (RM).

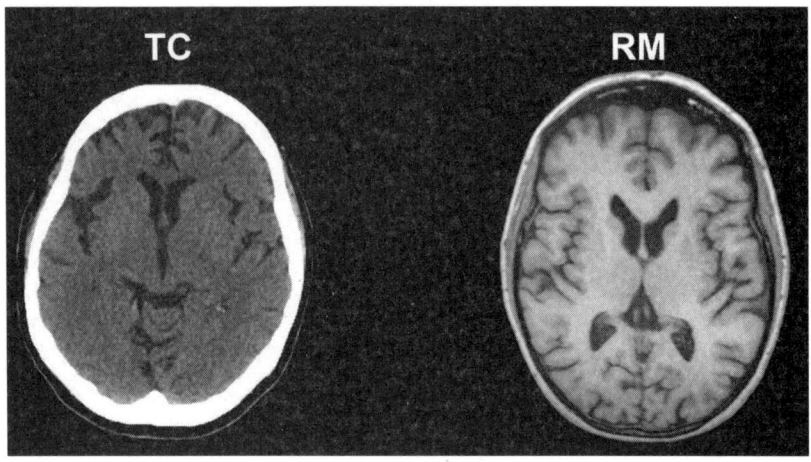

En la década de 1980, la resonancia magnética (RM) comenzó aplicarse en el ámbito clínico y de investigación. A diferencia de la TAC, la RM no empleaba radiación y ofrecía una mejor resolución de los tejidos blandos.

De este modo, era posible obtener imágenes con gran detalle de la arquitectura cerebral haciendo posible la identificación de lesiones invisibles para la TAC, así como el seguimiento de los cambios que acontecían en los cerebros de personas afectadas por enfermedades progresivas.

Pero tanto la TAC como la RM tenían una gran limitación. Estas técnicas nos devolvían imágenes estáticas, con peor o mejor resolución, pero que no dejaban de ser algo parecido a una fotografía del cerebro. Sin embargo, el cerebro respira y se mueve, necesitábamos verlo en acción.

Durante las décadas de 1970 y 1980, se desarrollaron técnicas como la tomografía por emisión de positrones (PET) y la tomografía por emisión de fotón único (SPECT). Estas técnicas supusieron una revolución en términos de capacidad de estudio de la actividad cerebral, puesto que, midiendo el flujo sanguíneo o el metabolismo cerebral, permitían observar lo «activa» o «apagada» que se encontraba cualquier región del cerebro. De este modo, era posible ver cómo determinadas formas de daño repercutían sobre la vida cerebral en determinadas regiones, del mismo modo que permitieron realizar los primeros estudios en personas sanas, que nos permitían ver qué sucedía en el ámbito funcional en un cerebro durante la realización de determinadas tareas.

La RM ya existía como técnica de imagen estructural, pero fue en la década de 1990 cuando se desarrolló la resonancia magnética funcional (fMRI) y se produjo un verdadero punto de inflexión que supondría una auténtica revolución en el ámbito de las neurociencias.

El origen de la fMRI está ligado al descubrimiento de lo que se conoce como contraste BOLD o Blood Oxygen Level Dependent. Este fenómeno fue descrito por primera vez por Seiji Ogawa en 1990, cuando demostró que los cambios en la oxigenación de la sangre, algo que ocurre naturalmente cuando una región cerebral se activa, podían detectarse mediante resonancia magnética, ya que la hemoglobina desoxigenada y la oxigenada tienen diferentes propiedades magnéticas. De este modo, el uso de la fMRI se empezaba a consolidar como una posible forma de estudio en vivo y con una gran resolución espacial de la actividad cerebral.

En 1992, el primer estudio fMRI en humanos fue publicado por el equipo de Kenneth Kwong en la Universidad de Harvard. Kwong y sus colaboradores utilizaron el contraste BOLD para mapear la actividad visual en el córtex occipital, mientras los sujetos realizaban tareas visuales simples. Este estudio marcó el inicio de una nueva era: por primera vez, era posible observar la actividad funcional del cerebro con una resolución espacial de pocos milímetros y sin procedimientos invasivos ni agentes radiactivos.

Figura 4: Imagen de resonancia magnética funcional.

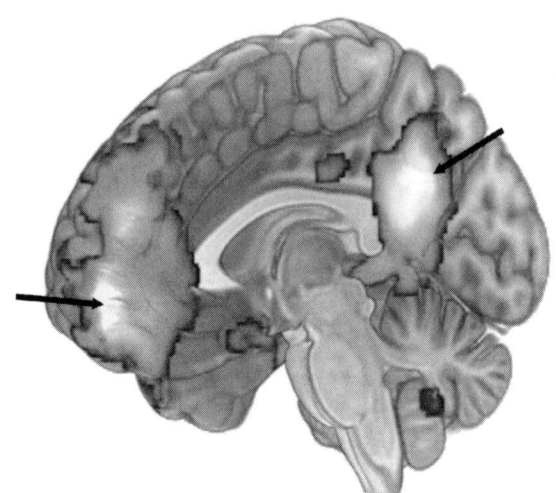

Las flechas indican las regiones donde se registra activación cerebral.

Necesitaríamos uno o varios libros para poder desarrollar cómo estos y muchos otros avances contribuyeron a dar solidez a la manera en que hoy en día estudiamos y comprendemos el cerebro. No es el objetivo. Lo importante para lo que nos ocupa es que este viaje, a lo largo de distintos elementos clave en la historia de la neurología y las neurociencias, supuso que nos alejásemos progresivamente de las concepciones localizacionistas de las funciones mentales, y empezásemos a entender el cerebro como un complejo sistema de redes que hoy conocemos como el conectoma humano.

El conectoma humano hace referencia al mapa de conexiones que mantienen las distintas regiones del cerebro mediante uniones físicas o estructurales y mediante uniones funcionales. Vamos a explicarlo. Si imaginamos que el cerebro es algo parecido a una gran ciudad, podemos pensar en barrios, en calles, avenidas, rutas rápidas y cortas, rutas lentas, talleres especializados en determinados trabajos y un funcionamiento relativamente ordenado que no sume a la ciudad en el caos porque hay una infraestructura, unas reglas, una especialización y una coordinación.

En cuanto a la estructura, un barrio se conecta con otro mediante calles, puentes, transporte público y otras conexiones físicas. En un barrio, todo el mundo hace algo. Hay personas que hacen pan, otras reparan coches, otras educan a los hijos de los trabajadores y otras preparan ramos de flores. Las vías de comunicación dentro del propio barrio y entre barrios cercanos y alejados permiten que fluyan las consecuencias de las actividades que acontecen dentro del barrio, de modo que ese ramo de flores brillantemente elaborado por parte de la florista de la calle Calvet puede llegar a tiempo, en no más de veinte minutos, a la casa de la señora Inés que vive al lado de la Sagrada Familia.

Está relación va mucho más allá de «algo sale del punto A y llega al punto B en no más de 20 minutos». En primer lugar, para que la florista pueda hacer el ramo, tiene que recibir el pedido, debe tener los materiales y, por supuesto, debe saber cómo trabajarlos. Luego, su trabajo se coordinará con un transportista cuya capacidad operativa dependerá a su vez de otros factores.

Finalmente, el producto de esta interacción tendrá unas consecuencias, de modo que, si todo sale bien y el ramo de flores llega intacto y rápido a la hora acordada, la señora Inés se ilusionará, experimentará una emoción y una cascada de recuerdos relativos a los momentos vividos con su amante secreto, ese que hoy decidió mandarle flores; la florista cobrará por su servicio, se sentirá satisfecha y quizá, esa tarde, comprará un coche de juguete a su hijo de cuatro años. ¿Cuántas cosas podrían salir mal en este esquema? ¿Cuáles serían las consecuencias?

En las grandes ciudades hay muchas maneras de partir del punto A para llegar al punto B. Algunos caminos son cortos, otros rápidos, pero en muchos casos, la ruta final depende de la hora del día, de unas obras inesperadas o de si se pone a llover y de qué manera esto afecta al tráfico. Por ello, en función de los acontecimientos, en muchas ocasiones nos vemos obligados a adaptarnos y a tomar caminos alternativos que pueden suponer una mayor inversión de tiempo, pero que nos permiten llegar a nuestro destino.

Las funciones del cerebro, con muchos matices, son el producto de una organización similar a la que acabamos de describir.

Por ello, olvidándonos de las arcaicas aproximaciones localizacionistas, podemos comprender que una función mental se expresa como consecuencia de que existe una organización de carreteras y caminos que conectan determinados centros operativos unos con otros. Pero igual que sucede en las grandes ciudades, las avenidas y las calles cerebrales pueden tener baches o un semáforo estropeado y las floristerías o las empresas de transporte pueden cometer errores que alteren el conjunto del proceso.

Sirviéndonos de la metáfora de la ciudad, imaginémonos que la producción, el reparto, la entrega de las flores y el impacto que ello causa en quien las recibe es un suceso cognitivo, por ejemplo, articular unas palabras con voluntad de comunicar algo. Este es el encargo. En condiciones óptimas, todo comienza con una señal en uno de los centros especializados de la ciudad que indica que «alguien quiere comunicar algo». Esa intención, activa de inmediato un protocolo perfeccionado a lo largo de la evolución y del desarrollo, el cual implica la colaboración entre distintos especialistas ubicados en diferentes partes de la ciudad.

Por un lado, uno de los equipos analiza el contexto y la intención del mensaje: ¿a quién va dirigido?, ¿en qué momento se dice?, ¿qué se espera provocar? Con estos datos, otro equipo empieza a buscar en un almacén de conceptos aquellos que se aproximan más a la intención del mensaje y que mejor se ajustan al contexto. En este caso, resulta que el concepto que se pretende transmitir es «amor», pero hay muchas maneras de transmitir este concepto.

Una vez definida una parte tan esencial del encargo, los diferentes centros especializados en lenguaje y expresión verbal iniciarán el proceso de producción buscando siempre la forma verbal más precisa y efectiva para encapsular ese concepto y transformarlo en una palabra que consiga el efecto definido como encargo. El problema, como hemos indicado, es que el concepto «amor» puede tomar distintas formas, como un «te quiero» o «me importas» o «te echo de menos». A su vez, estas palabras se pueden articular con distintos tonos que le podrán añadir un carácter más íntimo, o informal, o seductor. Por ello, en este punto se deberán coordinar estos especialistas con aquellos que saben interpretar el contexto y los matices, para así, conjuntamente, dar con la palabra precisa y con la forma adecuada de expresarla.

En ese momento, un equipo dedicado a la producción del movimiento, junto con otro equipo especializado en fonación, empezarán a trabajar en la transformación de la palabra seleccionada para transmitir «amor» en un acto físico y sonoro que pueda salir al mundo externo y, con ello, constituir una comunicación. Así pues, se empezarán a trazar los planes de ejecución del conjunto de movimientos necesarios para articular la palabra en cuestión, teniendo en cuenta, por ejemplo, los músculos que se activarán, la posición de los labios y de la lengua o de qué manera entrará y saldrá el aire. Pero aquí estamos hablando de un plan, todavía no de una acción. Con el plan perfectamente construido y preparado, otro grupo de especialistas iniciará la movilización de los músculos necesarios teniendo las instrucciones de cuáles, de cómo y de cuándo deben moverlos, y siempre bajo la atenta mirada de otro grupo dedicado a la supervisión, que se encargará de ir revisando, continuamente, que el plan se ejecuta acorde a lo preestablecido, dando, en caso contrario, las indicaciones precisas para corregirlo en tiempo real. De este modo, finalmente, con todos sus matices e intencionalidad, el encargo será entregado: «Eres todo».

Lo fascinante es que todo este trabajo perfectamente coordinado, fruto de la sofisticación y la especialización de los sistemas cerebrales implicados en la producción del lenguaje, se realiza en un tiempo récord que oscila entre los 100 y los 400 milisegundos, gracias no solo al «talento» de los trabajadores implicados en cada tarea, sino también al excelente diálogo mantenido entre ellos y a la calidad de las carreteras por donde ha ido transitando la información.

Cuando el encargo son unas flores, puede fallar la florista, que, cansada, inatenta o desquiciada por otros temas, podría hacer el ramo con las flores que no se habían indicado, podría escribir mal la dirección de entrega o podría simplemente hacer un ramo sin ninguna gracia. Puede fallar el transportista, que se pierde o es incapaz de encontrar una ruta alternativa ante un atasco. Puede fallar el sistema GPS, el teléfono que florista y transportista usan para hablar, pueden fallar los semáforos o quedar cortadas cinco carreteras. En cualquier caso, pueden fallar muchas cosas que alteren la dinámica normal de los acontecimientos previstos y necesarios y que, en última instancia, impliquen el fracaso del encargo. La señora Inés se ha quedado sin ramo de flores y ya no hay emoción ni ilusión ni recuerdos de aventuras ni cochecito de juguete para el niño.

Cuando el encargo son palabras, puede fallar el equipo conceptual, que interpreta mal la intención o el contexto del mensaje, o simplemente se puede encontrar con que el archivo de conceptos se ha perdido. Puede fallar el equipo lingüístico, que, al intentar poner nombre al concepto, escoge una palabra inadecuada, vaga, o fonéticamente similar a otra (por ejemplo, «Eres todo» vs. «Eres tonto»). Puede fallar la planificación motora, porque nadie se pone de acuerdo en la secuencia de acciones necesaria para construir la palabra. Pueden fallar los especialistas en ejecución del movimiento, dando lugar a movimientos interrumpidos, caóticos y a un producto ininteligible. Pero también puede fallar la manera en que todo este colectivo de expertos se coordina, quizá por los baches antes inexistentes en los caminos o quizá porque uno de ellos decidió hablar en un idioma que nadie más entiende. Da igual, cualquier fallo supondrá una cadena de errores y, entonces, en algún lugar, se irá desvaneciendo y quedando en el olvido un encargo que quiso ser palabra, pero que nunca llegó a ser nada.

Esta idea relativa a la organización cerebral como una red perfectamente organizada pone encima de la mesa dos elementos esenciales para comprender los mecanismos mediante los cuales las enfermedades del cerebro provocan síntomas. En primer lugar, esta idea nos permite comprender, desde la distancia, que toda función es consecuencia de un diálogo perfectamente coordinado entre distintos actores, formando todo ello una compleja constelación de sistemas interconectados sin la cual no existe función. En segundo lugar, esta idea nos aleja de los modelos localizacionistas más estrictos, haciendo que sea impensable concebir la función como algo localizado en un lugar determinado, pero totalmente coherente concebirla como el producto final de un trabajo concertado. Esta idea, además, no excluye una certeza bien conocida, como es que determinadas regiones cerebrales actúan como centros altamente especializados y que, por ello, juegan un papel central a efectos de dar sustento a determinadas funciones concretas. De este modo, en caso de existir lesiones muy localizadas que afecten a alguno de estos centros altamente especializados, con independencia de que el cerebro funcione en red, será totalmente previsible que una función determinada se altere o desaparezca. No se puede hacer ramo sin florista. Así que, a pesar de ser consecuencia de un trabajo en red, hay determinados actores sin los cuales nada puede funcionar bien.

LA COREOGRAFÍA DE LA MENTE

Todas las regiones de nuestro cerebro son fundamentales, si no, no estarían allí. Pero como ya hemos dicho, existen territorios que desempeñan funciones altamente especializadas y que, por distintos motivos, resultan absolutamente esenciales a efectos de dar la forma correcta a todo aquello que nos define. Estas regiones mantienen dos grandes tipos de relaciones entre ellas y entre otras zonas del cerebro, configurando así el conectoma humano.

La primera de estas relaciones que debe tenerse en cuenta es la relación estructural. Esto es las conexiones que de manera física definen caminos a través de los cuales la información viaja a lo largo y ancho del cerebro de una neurona a otra. Las neuronas se comunican entre ellas empleando un lenguaje eminentemente bioquímico y eléctrico, que se sirve de sustancias neurotransmisoras, como la serotonina o la dopamina, e impulsos eléctricos. El mensaje bioquímico que una neurona recibe de otra provoca un evento fisiológico determinado, que desencadena un impulso eléctrico que recorre el cuerpo de toda la neurona, a lo largo de algo similar a un «cable» conocido como axón, hasta llegar a su extremo. En este punto, en función de las características del impulso nervioso, se liberará de nuevo un neurotransmisor que viajará a lo largo del minúsculo espacio que existe entre una y otra neurona dando lugar a la sinapsis. Esto permitirá continuar con el viaje de la información neurona a neurona o determinará el fin de la transmisión. Esta secuencia de eventos permite que la información viaje a gran velocidad por los axones, llegando así tanto a grupos cercanos como alejados de poblaciones de neuronas. Estos axones se encuentran recubiertos de una sustancia blanquecina llamada mielina, una capa lipídica o «grasienta» que actúa como si fuera el aislante de los cables eléctricos. Esta mielina no solo protege el axón, sino que permite que el impulso eléctrico viaje mucho más rápido y de forma más eficiente. Gracias a esta envoltura, la transmisión del mensaje no se dispersa ni se ralentiza, llegando así a su destino con precisión y velocidad. Por supuesto, esto es así cuando todo funciona correctamente, dado que anomalías en las neuronas, en los axones, en los neurotransmisores o en la propia mielina podrán suponer la alteración o el fracaso de la transmisión neuronal.

Figura 5: El cuerpo de la neurona y la sinapsis.

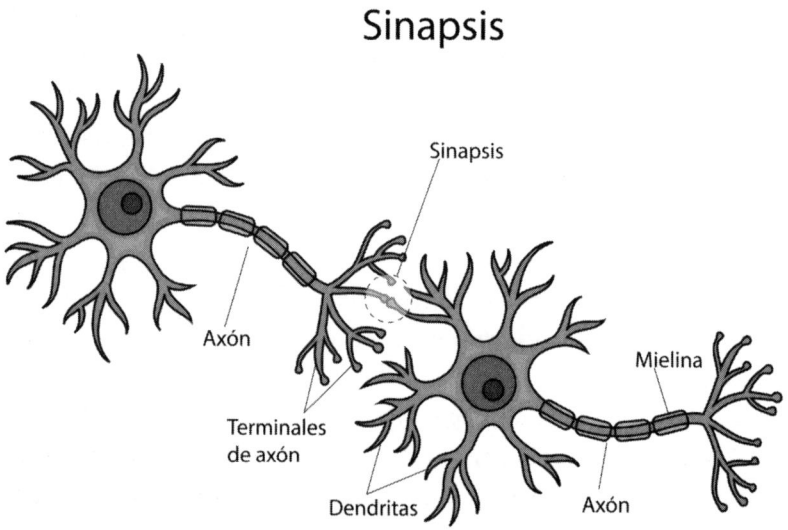

La segunda y casi mágica forma de relación que mantienen las distintas zonas del cerebro es lo que conocemos como relaciones funcionales. En este caso, nos alejamos del concepto estructural mediante el cual podemos pensar en estas redes como un conjunto de áreas interconectadas mediante «cables» formados por axones recubiertos de mielina. Retomando por un instante la metáfora de la ciudad y de sus barrios, debemos considerar que, además de mediante el tránsito por las calles, existe otra forma de comunicación entre los diferentes actores implicados y ubicados en distritos alejados: pueden comunicarse empleando las palabras, ya sea mediante un teléfono, mensajería o la radio, y siempre y cuando todos ellos comprendan el idioma en el que se está hablando. Gracias a ello, todos pueden ejecutar un trabajo coordinado sin mantener una relación física.

Ya hemos dicho que la actividad de las neuronas genera una corriente eléctrica que viaja a lo largo de los axones. Esta actividad eléctrica, además de poder ser de mayor o menor intensidad, tiene otra particularidad compartida por muchos sistemas que funcionan con electricidad: es una actividad oscilatoria. Es decir, la actividad eléctrica cerebral no es una línea continua, sino que serpentea ondulantemente a distintos ritmos, configurando lo que conocemos como las bandas de frecuencia cerebrales, o banda Delta, Theta, Alpha, Beta y Gamma. Estas distintas bandas de frecuencia se diferencian entre sí por el número de oscilaciones que suceden a lo largo de un intervalo de tiempo determinado, exactamente, de un segundo. La unidad de medida a la que hace referencia el número de oscilaciones por segundo se conoce como hercios. En el caso del cerebro, estas distintas bandas de frecuencia no son otra cosa que el número de oscilaciones por segundo, o hercios, de la actividad cerebral, pudiendo ser esta más rápida o más lenta. De este modo, cuando por ejemplo hablamos de banda Beta, hacemos referencia a que la actividad cerebral oscila a una frecuencia relativamente rápida de entre 13 y 30 hercios, mientras que cuando hablamos de banda Delta, hacemos referencia a una actividad lenta de entre 0,5 y 4 hercios. La técnica que de manera habitual empleamos para registrar esta actividad es el EEG desarrollado por Berger. Así sabemos, por ejemplo, que en determinados estados fisiológicos predomina de manera global, eso es, en múltiples zonas del cerebro, una u otra banda de frecuencias. Por ejemplo, en vigilia y atentos, si registramos la actividad cerebral empleando un EEG, vemos que predomina un patrón de actividad continua en banda Beta, mientras que si registramos la actividad durante el sueño, predominan ondas lentas en banda Delta y Theta. En otros casos, por ejemplo, durante un evento epiléptico, vemos como determinadas regiones del cerebro emiten un patrón de actividad desconcertantemente lento, o rápido o caótico, en comparación a como está funcionando el resto del cerebro.

Figura 6: Bandas de frecuencia en la normalidad y actividad epiléptica.

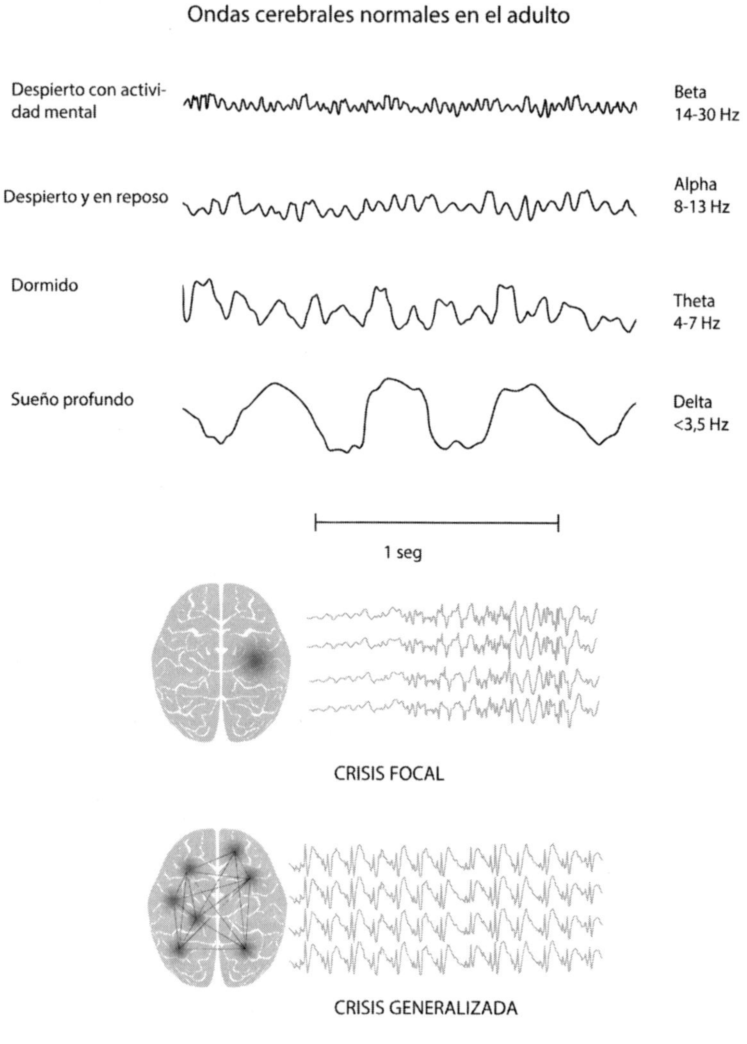

Ondas cerebrales normales en el adulto

Despierto con actividad mental — Beta 14-30 Hz

Despierto y en reposo — Alpha 8-13 Hz

Dormido — Theta 4-7 Hz

Sueño profundo — Delta <3,5 Hz

1 seg

CRISIS FOCAL

CRISIS GENERALIZADA

En las ciudades, para que se realice correctamente un encargo que requiere que distintos especialistas ejecuten su trabajo, es necesaria la coordinación. Para ello, se precisa algo tan esencial como que todos los actores implicados respondan como deben y cuando deben a un mensaje articulado, en un lenguaje que todos pueden comprender.

En el cerebro, existe una continua coordinación entre sistemas que dialogan entre sí empleando un lenguaje tan simple como mágico: el lenguaje de las oscilaciones. Cuando una región del cerebro realiza una tarea en particular para dar lugar a una función, las neuronas que configuran esta región tienden a mostrar un patrón de actividad en una determinada banda de frecuencia, algo así como si todas ellas bailasen a un determinado ritmo. En otro lugar del cerebro, puede existir otra región que esté también implicada en la producción de esa misma función. En ella, las neuronas que la configuran podrán mostrar un patrón de actividad idéntico al de la primera región. Es decir, bailarán exactamente al mismo ritmo de manera totalmente acompasada. Cuando distintas zonas del cerebro bailan al mismo ritmo, esta sincronicidad revela una forma de comunicación, de diálogo entre distintas zonas del cerebro. Esto define lo que entendemos como relaciones funcionales, gracias a las cuales, en ausencia de una «carretera» física, se compone otra forma de conectoma.

Figura 7: Mapa de tractos estructurales y de conectividad cerebral funcional.

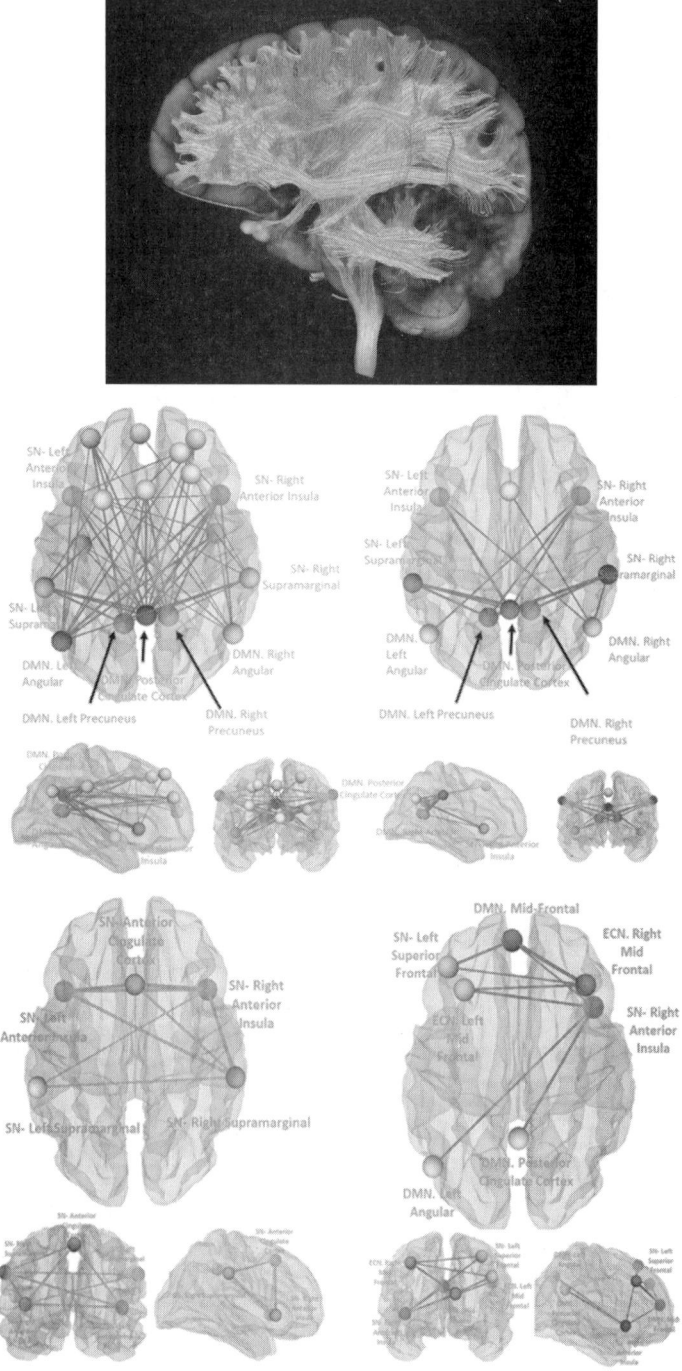

CARTOGRAFÍA ESENCIAL DE LAS FUNCIONES MENTALES Y DE SUS FRACASOS ELEMENTALES

Hay un plan primordial para todos diseñado sobre la base de una receta arcaica escrita en nuestros genes. Esta receta permite que, a lo largo del desarrollo embrionario y vital, nuestra estructura biológica se construya siguiendo una coherencia marcada por aquello que dicta la genética. De este modo, cuando todas las instrucciones para elaborar esta receta están correctamente escritas y se pueden leer, nacemos y nos desarrollamos acorde a unas características biológicas que compartimos todos los seres humanos y que nos hacen muy parecidos. Entre estas características, está nuestro aspecto, la disposición de los órganos o de las extremidades y, por supuesto, el modo en que se desarrolla y especializa el sistema nervioso, aunque para este último punto resulta crucial un elemento que no está directamente escrito en los genes: el entorno. A lo largo de nuestra evolución, han ido sucediendo y persistiendo toda una serie de cambios como consecuencia de las necesidades adaptativas. Estos cambios hubiesen sido imposibles si, como especie, no hubiésemos estado expuestos a un entorno dinámico, peligroso y complejo. Cuando nacemos, de algún modo se reproduce algo similar. Llevamos tatuado en nuestros genes un plan, pero es la exposición a un entorno seguro y estimulante lo que desencadena y va moldeando la configuración final de nuestro sistema nervioso. Dicho de otro modo, si al nacer nos encerrasen en una habitación oscura y sin estímulos durante un período de tiempo determinado, nuestro desarrollo cognitivo y motor nunca alcanzaría los hitos previstos acordes a la genética. Por ello, a pesar de que podamos llegar al mundo con un perfecto recetario genético, si el entorno no es el adecuado para que se cocinen todos los elementos, el producto será distinto al esperado. Así pues, la misma receta que dos individuos podrían usar para hacer unas deliciosas magdalenas, puede dar perfectamente como resultado tanto una *delicatessen* como un incomestible crudo o un manjar quemado si no se dispone de un horno en condiciones. Del mismo modo, si por determinadas razones la receta genética es incorrecta, está mal escrita o no se puede leer, el resultado evidentemente distará mucho del previsto.

Pero supongamos que, como en muchas ocasiones, todo sale bien. Disponemos de un cerebro compuesto por dos grandes hemisferios (derecho e izquierdo) conectados entre sí a través de un denso haz de axones que conforman lo que conocemos como cuerpo calloso y que permite el diálogo entre estos dos hemisferios. En el ámbito sensitivo y motor, el hemisferio derecho controla y siente la parte izquierda de nuestro cuerpo, mientras que el hemisferio izquierdo controla y siente la parte derecha. Cada uno de los hemisferios se divide en extensos territorios que, acorde a su localización, identificamos como área frontal, parietal, occipital y temporal.

Figura 8: Localización de los distintos lóbulos cerebrales.

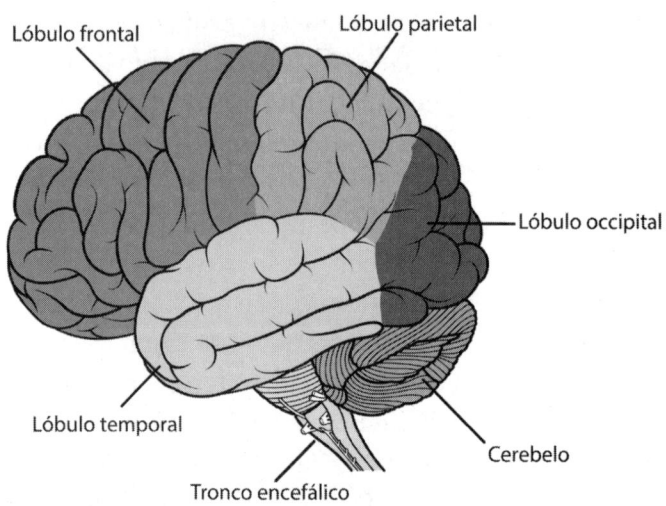

En la parte posterior e inferior del cerebro, por debajo del occipital, encontramos el cerebelo, también dividido en dos hemisferios. Conectando el conjunto del cerebro con la médula espinal, se encuentra el tronco encefálico y sus distintas divisiones, como el mesencéfalo, la protuberancia y el bulbo raquídeo. Paralelamente, en el interior del cerebro, en la parte baja, encontramos además en ambos hemisferios un grupo de pequeñas estructuras que conocemos como ganglios basales y, no muy lejos, las estructuras que conforman el sistema límbico, así como el tálamo.

Figura 9: Localización de los ganglios basales y las estructuras del sistema límbico.

Sistema límbico

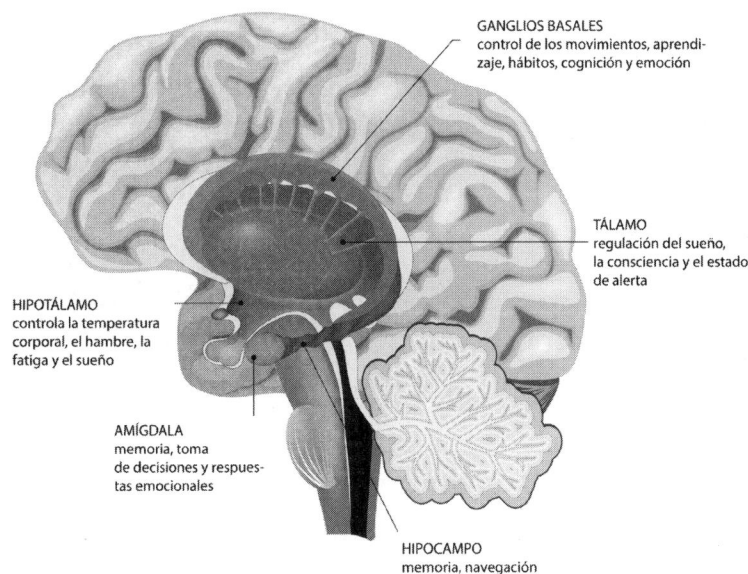

Evidentemente podríamos profundizar hasta un nivel microscópico en la descripción de las subdivisiones de las estructuras cerebrales y de sus funciones, pero este no es el objetivo. A pesar de ello, creo que presentar a los lectores una idea general de las distintas regiones más emblemáticas y de sus funciones, ayudará a comprender muchos de los conceptos que iremos desplegando a lo largo del libro. Hablemos pues de quiénes son los actores principales cuando hablamos de percepción, de movimiento, de lenguaje, de emoción, de aprendizaje y de razonamiento.

EL MAPA SENSORIAL DE LA EXPERIENCIA:
¿CÓMO PERCIBIMOS?

Desde el momento del nacimiento e incluso antes, la única manera que tenemos de acceder al mundo externo es a través de los sentidos, los cuales actúan a modo de ventanas abiertas a la realidad que nos rodea. Sin sentidos, es decir, sin las herramientas primordiales que nos han de permitir acceder a lo que está allí afuera, no hubiésemos sobrevivido ni evolucionado como especie a lo largo de milenios, no sucederían todos los hitos relativos al neurodesarrollo tal y como lo entendemos y no hubiésemos llegado nunca a ser lo que hoy en día somos ni lo que seremos mañana.

Incuestionablemente, los sentidos son necesarios para construir la experiencia y la propia realidad. Pero los sentidos, en sí mismos, ni son la experiencia ni son la realidad. Por ello es importante comprender, haciendo por ejemplo referencia a la visión, que experimentar la realidad visual no es ver, es percibir.

Ver, hace referencia a un proceso sensorial básico donde determinados sistemas de fotorreceptores de los ojos captan la luz y la transforman en señales eléctricas que viajan hasta distintas partes del cerebro a lo largo de lo que llamamos la vía visual.

Del mismo modo, oír hace referencia a cómo este proceso sucede en el seno de los receptores ubicados en nuestros oídos, siendo este esquema igualmente aplicable al tacto. Por el contrario, percibir refiere al conjunto de procesos cognitivos mediante los cuales el cerebro interpreta, organiza y termina por atribuir significado a la información sensorial que ha recibido. Por lo tanto, una cosa es oír un ruido determinado y otra muy distinta es poder reconocer que ese ruido corresponde con el sonido de unas llaves en movimiento y que se escucha lejos.

Los estímulos auditivos, sea un ruido o una palabra, empiezan a elaborarse en determinadas regiones del lóbulo temporal, específicamente, en lo que conocemos como área auditiva primaria.

En lo relativo a los estímulos visuales, la información inicia su procesamiento en regiones de la corteza occipital, particularmente en el área visual primaria, donde se registran las características más básicas del estímulo visual. De forma análoga, los estímulos táctiles comienzan a procesarse en la corteza somatosensorial primaria, ubicada en el lóbulo parietal. Este nivel de procesamiento inicial de la información sensorial realizado por parte de las áreas primarias no da lugar al fenómeno perceptivo. De hecho, cuando la información sensorial impacta en estas regiones, los procesos perceptivos justo acaban de empezar a trabajar con una información aún carente de significado.

En este punto, el cerebro empieza a elaborar aspectos fundamentales de la información recibida. En el caso del área auditiva primaria, se procesan características elementales del sonido como el tono, el volumen, la duración y aspectos muy simples relativos a la ubicación de la fuente de donde viene el sonido.

Por su parte, el área visual primaria se encarga del análisis inicial de la orientación, el contraste, el color o la intensidad lumínica. A nivel parietal, el área somatosensorial primaria procesa inicialmente aspectos fundamentales como la localización del estímulo sobre la superficie corporal, la presión, la vibración, la temperatura y, en algunos casos, el dolor.

Figura 10: Representación de la vía visual.

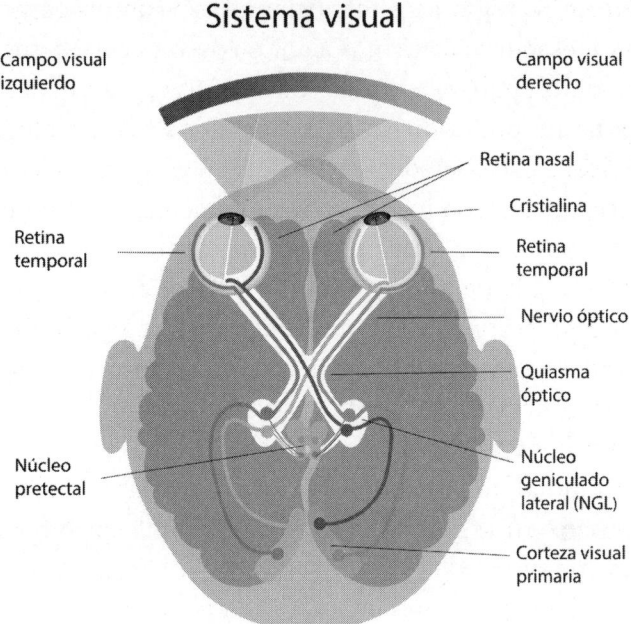

La información viaja de la retina a través del nervio óptico, hace relevo en el núcleo geniculado del tálamo y finalmente viaja a las áreas visuales primarias.

Estos procesos iniciales son de naturaleza preconsciente y no están bajo nuestro control voluntario, simplemente suceden. El cerebro los ejecuta de forma automática para realizar un primer filtrado y codificación mínima de la información sensorial entrante. Esta elaboración temprana permite que las etapas posteriores, más complejas, puedan intervenir de forma eficaz en la construcción del fenómeno perceptivo. Por esta razón, cuando estas fases iniciales del procesamiento fallan, la percepción se ve comprometida.

En estos casos, el fallo puede generar síntomas que se confunden fácilmente con trastornos de los órganos sensoriales. Por ejemplo, puede pensarse que una persona tiene un problema de audición que requiere una revisión del oído, o que necesita gafas por una supuesta dificultad visual. Sin embargo, si el fallo se encuentra en las áreas cerebrales primarias, el problema no reside en los órganos sensoriales, sino en el cerebro, específicamente en las regiones encargadas de recibir y procesar por primera vez esa información. Cuando los receptores sensoriales están intactos, pero existe una lesión en el área auditiva primaria, la persona no podrá oír, aunque sus oídos funcionen perfectamente. Del mismo modo, una lesión en el área visual primaria impedirá que la persona vea, aun teniendo los ojos en buen estado. En ambos casos, hablamos de una «ceguera cortical» o «sordera cortical». Esta misma lógica se aplica al tacto, de modo que, si los receptores cutáneos y las vías nerviosas periféricas están preservadas, pero hay daño en la corteza somatosensorial primaria, la persona no podrá sentir estímulos táctiles de forma consciente, traduciéndose en una anestesia cortical, donde la pérdida de sensibilidad no se explica por un problema en la piel o en los nervios periféricos, sino por un daño cerebral específico.

Una vez superado el procesamiento inicial en las áreas primarias, la información sensorial se encamina hacia un nivel más elaborado del sistema nervioso que implica a las áreas secundarias o asociativas, también llamadas áreas unimodales. En estas regiones comienza un proceso progresivo de transformación a lo largo del cual los estímulos simples se irán convirtiendo en percepciones complejas con significado. Este viaje sigue una organización jerárquica que se articula a lo largo de dos grandes rutas conocidas como la vía ventral y la vía dorsal.

Figura 11: Representación de las vías ventral y dorsal y su proyección desde el área visual primaria.

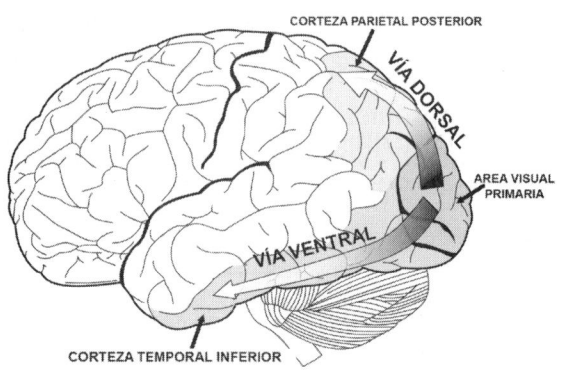

En el caso del sistema visual, la información que parte de la corteza visual primaria se redistribuye hacia diversas áreas secundarias, ubicadas en regiones occipitotemporales, y occipitoparietales. A lo largo de la vía ventral, la información viajará de las áreas occipitales a las áreas temporales pasando por distintos centros que trabajaran de manera coordinada para intentar dar respuesta a una pregunta elemental: ¿qué estoy viendo? De este modo, se elaborará la forma, el color constante, e incluso la presencia de determinados atributos que ya nos permitan reconocer de manera vaga lo que tenemos delante, por ejemplo, una cara o una palabra. Finalmente, la información alcanzará determinadas áreas del lóbulo temporal donde reside lo más parecido a un almacén de conceptos, gracias al cual la información procesada adquirirá un significado.

En paralelo, a lo largo de la vía dorsal la información viajará de las áreas occipitales a las parietales para dar respuesta a otra pregunta esencial: ¿dónde sucede lo que estoy viendo? De este modo, se elaborará información precisa relativa a la distancia, el movimiento, la dirección, la velocidad, la profundidad, el espacio y el lugar que lo que vemos ocupa con respecto a nuestro cuerpo y con respecto a otros objetos.

Las disfunciones selectivas en cada una de estas vías dan lugar a fenómenos muy específicos. Por ejemplo, una lesión en las áreas encargadas del procesamiento del movimiento puede producir acinetopsia, una alteración en la que el movimiento ya no se percibe de forma fluida, sino como una sucesión de imágenes congeladas. Por otro lado, si el daño afecta a centros especializados en el reconocimiento de caras, puede aparecer una prosopagnosia, es decir, la incapacidad de reconocer rostros conocidos a pesar de tener intacta la visión general. Del mismo modo, si se lesionan áreas especializadas en el procesamiento de palabras, puede surgir una alexia, o incapacidad para leer, sin que se vean afectadas otras habilidades lingüísticas. Todas estas alteraciones del reconocimiento se denominan agnosias y, en esencia, pueden existir tantas formas de agnosia como sistemas específicos dedicados al procesamiento visual (por ejemplo, agnosia a los colores, al movimiento, a las caras, a las palabras, etc.).

De forma análoga, el procesamiento auditivo secundario sigue también una doble ruta funcional. La vía ventral auditiva, igualmente orientada hacia el lóbulo temporal anterior, tiene como objetivo responder a la pregunta: ¿qué estoy escuchando? En su recorrido, esta vía se encarga de descomponer y analizar los atributos del sonido, así como los componentes fonológicos del habla. Esta vía permite el reconocimiento de sonidos específicos, como la voz de una persona, el timbre de un teléfono o una palabra familiar, y culmina en regiones del lóbulo temporal medial donde se asigna significado a lo escuchado. La vía dorsal auditiva, por su parte, está dirigida hacia regiones parietales y frontales, y busca dar respuesta a la pregunta: ¿dónde se encuentra lo que estoy escuchando? A lo largo de su trayecto, permite calcular la ubicación espacial del sonido, su distancia y movimiento en el entorno. Además, esta vía también está implicada en el procesamiento fonológico, una capacidad esencial para distinguir, manipular y organizar los sonidos del lenguaje. Este tipo de procesamiento no está orientado a la comprensión del significado de las palabras, sino al análisis de los sonidos que componen las palabras. Por ejemplo, diferenciar entre las palabras «casa» y «masa» implica detectar diferencias fonémicas; identificar que «tren» tiene cuatro sonidos /t/-/r/-/e/-/n/ o que al quitar la /p/ a «pala» queda «ala» son ejemplos de esta habilidad.

Cuando se producen alteraciones en el procesamiento fonológico, las personas pueden presentar dificultades notables para aprender y automatizar la lectura, lo que da lugar a lo que se conoce como dislexia fonológica, donde el individuo tiene dificultades para asociar los sonidos del habla con las letras que los representan, lo que le impide leer correctamente palabras desconocidas o inventadas, ya que no puede descomponerlas en sonidos individuales para pronunciarlas, a pesar de que el resto de funciones lingüísticas estén preservadas.

Por otra parte, cuando el daño se localiza en regiones concretas de la vía ventral auditiva, pueden surgir trastornos más profundos en el reconocimiento del contenido de lo que se escucha, incluso en ausencia de un problema auditivo. Estos casos se conocen como agnosia auditiva, en los cuales la persona oye con nitidez, pero es incapaz de atribuir significado a los sonidos. Por ejemplo, puede escuchar perfectamente el timbre del teléfono, pero no reconocer que se trata del sonido de un teléfono.

En otras variantes, la alteración afecta exclusivamente al reconocimiento de las palabras habladas, dando lugar a lo que conocemos como agnosia verbal o agnosia auditiva pura a las palabras. Aquí, la persona percibe las palabras como si fuesen en un idioma desconocido, sin poder descifrarlas, aunque su audición esté preservada y comprenda perfectamente el lenguaje escrito o gestual.

¿Y qué ocurre con la música? Dado que se trata de un tipo de información auditiva compleja, en la que el tono, el ritmo y la melodía son claves, la lesión de estructuras específicas dedicadas al procesamiento de estos elementos puede provocar una alteración conocida como amusia. En este trastorno, la persona pierde la capacidad para reconocer o seguir una melodía, distinguir entre tonos o incluso identificar si una música le resulta familiar, a pesar de que otros aspectos de la percepción auditiva estén intactos.

En lo relativo al tacto, los estímulos que llegan a nuestro cuerpo alcanzan la corteza somatosensorial primaria, donde se encuentra representado un auténtico mapa del cuerpo inscrito en el cerebro, conocido como el homúnculo sensorial, una representación somatotópica en la que cada zona del cuerpo tiene asignada una región cortical específica. Esta representación, sin embargo, no guarda relación con el tamaño físico de las partes del cuerpo, sino con su densidad sensorial. Así pues, zonas como las yemas de los dedos, los labios o la lengua, que contienen una alta concentración de receptores que las convierten en zonas muy sensibles, ocupan porciones desproporcionadamente grandes en este mapa, mientras que áreas como la espalda o los muslos están escasamente representadas.

Figura 12: El homúnculo sensorial.

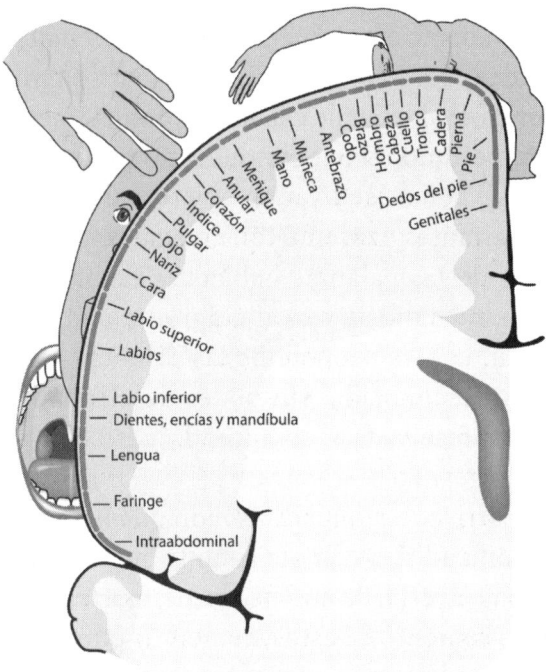

Gracias a este «mapa corporal», el cerebro es capaz de localizar con precisión dónde ocurre un estímulo táctil. Es decir, podemos identificar el punto exacto donde nos roza una tela, donde comienza una quemadura o en qué zona del cuerpo se apoya nuestro peso al sentarnos. Una vez que la información ha sido decodificada en esta primera etapa, comienza su procesamiento en áreas secundarias y asociativas. Desde la corteza somatosensorial primaria, la información se proyecta hacia la corteza somatosensorial secundaria y luego sigue dos grandes rutas funcionales muy similares en su lógica organizativa a las descritas para la visión y la audición.

La vía dorsal somatosensorial se proyecta hacia las regiones parietales posteriores y, desde allí, se conecta con zonas frontales implicadas en la planificación del movimiento. Esta ruta está especializada en responder a preguntas como: ¿dónde está ocurriendo esto?, y, ¿cómo debo actuar en consecuencia? Su principal función es integrar la información somática con otras modalidades como la propiocepción, la visión, el equilibrio o la audición para construir una representación dinámica del cuerpo en el espacio. Esto nos permite saber en cada instante dónde estamos, cómo estamos posicionados y cómo se relaciona nuestro cuerpo con el entorno, a la par que nos permite realizar acciones ajustadas como esquivar un objeto, calcular la velocidad con la que debemos cruzar una calle o agarrar un vaso a la primera.

Además, el parietal posterior tiene un papel esencial en la construcción del espacio extracorporal. No solo localiza nuestro cuerpo con respecto al entorno, sino que también organiza el entorno con respecto a nuestro cuerpo, aportando estructura, profundidad, perspectiva y distancia. El resultado de este proceso es una experiencia tridimensional, organizada y coherente del mundo, en la que podemos distinguir con claridad lo que está delante, lo que está lejos o lo que está al alcance de la mano. Podemos percibir con naturalidad el cuerpo del otro, una caricia, un abrazo y ubicarnos a nosotros mismos como cuerpos conscientes dentro de un entorno habitable. En paralelo, la vía ventral somatosensorial se dirige hacia regiones del lóbulo temporal, contribuyendo esencialmente al reconocimiento e identificación de lo que estamos tocando. Aquí se elaboran aspectos más complejos del estímulo táctil, como la forma tridimensional, la textura, la temperatura o el peso, que permiten el reconocimiento de objetos a través del tacto, incluso sin apoyo visual.

Así como los fallos en áreas temporales y occipitales pueden comprometer la percepción auditiva y visual, los fallos en las áreas parietales descritas pueden producir alteraciones específicas en la percepción del propio cuerpo y en la representación del espacio.

Uno de los ejemplos más impactantes es la asomatognosia, una condición en la que la persona pierde la conciencia o el sentido de pertenencia sobre una parte de su cuerpo, como un brazo o una pierna. En estos casos, el cerebro puede interpretar que ese miembro no es propio o incluso que pertenece a otra persona. En formas más complejas, este fenómeno puede evolucionar hacia lo que se conoce como síndrome de la mano ajena, donde la extremidad afectada actúa aparentemente por cuenta propia, realizando movimientos no deseados, sin que el individuo los haya iniciado de forma voluntaria.

Figura 13: Ejemplo de heminegligencia.

La figura representa el dibujo espontáneo de una persona realizado por un paciente con heminegligencia. Destaca la ausencia de elementos en el espacio izquierdo, aspecto secundario a la heminegligencia espacial. (Cortesía de Marina Fernández Soto.)

En lo relativo al espacio, lesiones en el parietal posterior derecho pueden desencadenar un fenómeno conocido como heminegligencia espacial, donde una parte del espacio deja de ser atendida, aunque visualmente esté intacta. En estos casos, dado que la persona no atiende a una parcela del espacio, puede comer solo el lado derecho del plato, afeitarse solo media cara o golpearse constantemente con objetos situados en el espacio izquierdo. En otros casos, el paciente no logra organizar el espacio gráfico o visual, afectándose así su capacidad para copiar figuras, dibujar objetos o ensamblar piezas, a pesar de conservar las habilidades motoras básicas. También se pueden observar dificultades en la percepción tridimensional, como la pérdida de perspectiva, la incapacidad para rotar mentalmente figuras o para calcular trayectorias de movimiento, haciendo que el mundo sea experimentado como algo plano, sin profundidad ni jerarquía espacial.

Conforme hemos ido desarrollando los eventos implicados en el procesamiento auditivo, visual y somatosensorial, en todos los casos hemos visto cómo, tras un proceso jerárquico y progresivo de análisis, una parte importante del viaje culmina en la porción anterior e inferior del lóbulo temporal. Es decir, las rutas ventrales, responsables de atribuir significado a lo que percibimos, convergen todas hacia una misma región cerebral localizada en la zona temporal.

El lector habrá notado que, con independencia de la modalidad sensorial, la vía ventral siempre se dirige a responder una misma pregunta esencial: ¿qué es esto? Esta búsqueda de significado desemboca finalmente en un sistema que podríamos considerar el gran diccionario del cerebro, o el sistema semántico conceptual. Este sistema implica predominantemente regiones del lóbulo temporal anterior, inferotemporal y medial, y se encarga de almacenar, organizar y activar el significado de las cosas, ya se trate de palabras, objetos, acciones, sonidos, colores, emociones o personas. Allí residen los conceptos y, con ellos, la posibilidad de dotar de sentido a nuestras experiencias. Sin este sistema, o sin un acceso adecuado a él, todo lo que somos, todo lo que percibimos y todo lo que nos rodea perdería su significado. Por ello, es fundamental entender que con independencia de dónde se origine o por qué vía transcurra la información sensorial, su recorrido solo se completa cuando llega a esta red semántica donde se transforma en conocimiento consciente y estable, dando lugar a la percepción como tal.

Las consecuencias de una alteración en este sistema, o en las vías que llevan hasta él, pueden ser profundamente desconcertantes. Por ejemplo, si las áreas parietales encargadas de procesar lo que sentimos a través del tacto no logran acceder al sistema conceptual, la persona puede sentir perfectamente un determinado objeto en sus manos, reconocer su textura, forma o tamaño, pero no puede reconocer de qué objeto se trata, conformando así lo que conocemos como astereognosia donde el individuo puede tener una llave en la mano, sin poder nombrarla ni identificarla. De forma análoga, si la información visual, aun habiendo sido correctamente elaborada en términos de forma, color, localización y profundidad, no alcanza el sistema semántico, la persona puede ver el objeto, incluso copiarlo con precisión, pero no saber qué está viendo. Este es el caso de la agnosia visual asociativa.

En el ámbito del lenguaje, ocurre algo similar. Una persona puede escuchar con claridad una palabra, identificar sus sonidos y reconocer que se trata de una palabra real, pero si esta no logra activarse en el sistema de significados, nunca llegará a tener sentido y la palabra será percibida como vacía, sin contenido, como si se tratara de un término procedente de una lengua desconocida.

Hemos empezado señalando que todos estos procesos, como muchos otros que realiza el sistema nervioso, suceden de manera preconsciente y automática. En este sentido, cuando en lo relativo al procesamiento de la información cerebral hablamos de automatismo, solemos emplear el concepto de procesos *bottom-up* o de «abajo hacia arriba» o ascendentes, haciendo referencia a este viaje que la información sensorial realiza desde las áreas primarias hasta sus respectivas dianas de las vías ventrales y dorsales. Pero el fenómeno perceptivo no podría suceder tal y como lo experimentamos si solo participasen estos procesos ascendentes. De manera contraria, es absolutamente necesario el despliegue de otro tipo de procesos, parcialmente automatizados, pero en muchos casos totalmente controlados a voluntad, que conocemos como procesos *top-down* o de «arriba abajo» o descendientes.

Antes de adentrarnos en la descripción de estos procesos, merece la pena destacar un elemento más que evidente, relativo al mundo que nos rodea y a cómo lo percibimos. Este elemento hace referencia a que el entorno, el mundo de estímulos que impactan contra nuestros sentidos, es terriblemente ruidoso, ambiguo, inestable y móvil. Eso es, percibir la realidad no sucede en un contexto equiparable a que sobre un fondo blanco se nos muestre el dibujo de una naranja y tengamos que nombrar lo que vemos. Por el contrario, la percepción sucede en un entorno caótico, pero, a pesar de ello, la percepción sucede.

Comprender cómo el cerebro consigue lidiar con todo este caos de confusa información para finalmente resolver una cuestión tan esencial como lo es atribuir significado a aquello que vemos, escuchamos o notamos en un tiempo récord de no más de 600 milisegundos, implica incorporar un nuevo actor en la ecuación íntimamente relacionado con los procesos descendientes: la predicción.

El cerebro dedica una parte esencial de su función a hacer continuas predicciones relativas a lo que está sucediendo allí afuera para ayudarnos a construir la realidad a la que nos exponemos. Dicho de otro modo, nuestra percepción del mundo no es una reproducción fotográfica exacta dentro de nuestro cerebro de una realidad externa, sino que nuestra percepción es, en gran medida, una construcción derivada tanto del procesamiento automático de la información que se recibe como de lo que el cerebro estima como significado más probable, incluso antes de que se haya recibido la información.

Para conseguir hacer esto, en esencia el cerebro se sirve de la experiencia, del conocimiento acumulado, de las expectativas, del estado emocional y de la alta especialización de determinadas regiones a la hora de procesar ciertos estímulos. Por ello, en un contexto concreto donde recibimos, por ejemplo, un estímulo que debieran ser palabras con significado, pero que escuchamos flojo o mal, somos en muchos casos capaces de descodificar y comprender, porque durante el procesamiento *bottom-up* a lo largo de las vías ventral y dorsal, el despliegue de procesos controlados *top-down* ha considerado plausible, acorde al contexto, interlocutor, gestos, etc., que esas confusas palabras fuesen «Llámame luego». Un ejemplo notable de cómo estos procesos *top-down* articulan y configuran la construcción de la percepción es el hecho de que los seres humanos no experimentamos un punto ciego, a pesar de que anatómicamente existe. El punto ciego es una zona específica en cada uno de nuestros ojos, ubicada en la retina, donde no existen fotorreceptores capaces de captar la luz. Esta región coincide con el lugar donde el nervio óptico sale del globo ocular para llevar la información visual hacia el cerebro. Como consecuencia, cualquier imagen que impacte en esta zona no puede ser detectada. Sin embargo, en condiciones normales, no percibimos un «agujero» en nuestra visión. Esto se debe a que el cerebro rellena automáticamente ese vacío, utilizando la información del contexto visual circundante en ambos ojos y los procesos predictivos *top-down*. Por lo tanto, el sistema visual interpreta lo que debería haber en ese espacio basándose en lo que ya está viendo alrededor, lo que conoce del entorno y lo que espera encontrar. Otro ejemplo muy claro es la lectura. Cuando leemos, especialmente en personas alfabetizadas y con experiencia lectora, el proceso no se basa en un análisis detallado y consciente de cada letra, una por una, de izquierda a derecha, hasta formar una palabra y acceder a su significado. Por el contrario, el cerebro activa un conjunto de procesos predictivos que permiten anticipar lo que viene a continuación, reconocer palabras completas de un solo golpe de vista y, en muchos casos, comprender incluso textos con errores tipográficos o letras desordenadas. De este modo, si conocemos la palabra en un idioma, por ejemplo «casa», no podemos evitar leerla y comprenderla, y por ello *segurmante ers capz de leer etso anque las letars estén mal ordneadas.*

A pesar de que el cerebro haga predicciones que influyan en la percepción, evidentemente también hace un análisis lo más profundo posible de la información que está recibiendo. Por ello, en algún punto del proceso perceptivo, el cerebro analiza y compara la plausibilidad de la realidad construida sobre la base de su predicción, contra la plausibilidad de la información recibida por parte de los sentidos. Cuando este proceso de validación de la experiencia considera que todo es plausible, la experiencia perceptiva se estabiliza y llega a su fin: «Esto que estoy viendo a mi lado es un gato». Pero, no en pocas ocasiones, puede existir una discordancia que somos capaces de solventar desplegando procesos *top-down* mucho más controlados a voluntad, mediante los cuales podemos volver a analizar el estímulo (incluso cuando ya no está presente) y alcanzar un significado convincente. Ejemplo de ello podría ser una situación donde resulta absolutamente improbable que haya un gato, a pesar de haber tenido la impresión de ver un gato. En este contexto, la detección de la poca plausibilidad de lo percibido nos podría llevar a reevaluar el escenario y quizá alcanzar una solución alternativa plausible: «No me acordaba de que había dejado la plancha al lado del sofá... no era un gato, era la plancha». Esta reevaluación también puede suceder de manera totalmente automática, como por ejemplo sucede cuando experimentamos el fenómeno «¿qué? ¡Ah, sí!». Esto es: en muchos casos al escuchar una palabra e inicialmente no entenderla, preguntamos al interlocutor «¿qué?» y antes de que este nos responda de pronto hemos comprendido la palabra y decimos «¡Ah, sí!».

En cualquier caso, tanto los procesos predictivos como los procesos de validación posterior pueden fallar en la más absoluta normalidad y en contexto patológico. En la normalidad, todos experimentamos este tipo de fallos cuando, por ejemplo, nos exponemos a ilusiones visuales bien construidas.

Figura 14: Ilusión del tablero de Adelson.

En el caso de la figura 14, en ella podemos ver el efecto ilusorio del tablero de Adelson. En él, todas las personas ven con claridad que el tono gris del recuadro que corresponde con A es mucho más oscuro que el gris del recuadro que corresponde con B. Pero si incorporamos una pista visual que no se comporte acorde a lo que resulta previsible teniendo en cuenta la luz y sombra que se proyecta, descubrimos que tienen exactamente el mismo tono, aunque a pesar de saberlo, seguimos viendo los tonos de gris distintos cuando observamos los recuadros integrados en la figura sin la pista visual. En este caso, nos estamos viendo «gobernados» por el peso de la experiencia de las áreas visuales en lo relativo a cómo procesan el comportamiento del tono, en relación con la luminosidad y sombras circundantes. Así que con lo que el cerebro sabe acerca de luz, sombras y tonos, prioriza y estabiliza una percepción ilusoria que no podemos alterar a voluntad.

Imaginémonos, pero, que el sistema de validación o de verificación que antes comenté no fuese capaz de desplegarse. Si volvemos por un instante al ejemplo del gato que resultó ser una plancha, en ausencia de procesos de análisis de plausibilidad y posterior validación, nunca hubiésemos modificado la percepción inicial de gato por plancha y, por lo tanto, la imagen final percibida hubiese sido la de un gato, configurándose así una alucinación. En la misma línea, imaginémonos que el sistema de validación se desplegase, si bien no de la manera adecuada. Por ejemplo, que al analizar la plausibilidad de la percepción «gato» lo considerase coherente y plausible. Seguiríamos viendo un gato y, por lo tanto, estaríamos teniendo una alucinación. Pero pongámonos también en otra situación, donde el sistema de validación se desplegase de manera inadecuada proponiendo en este caso una solución a la percepción ambigua totalmente descabellada, por ejemplo: «Esto debe de ser un unicornio». De nuevo, indefectiblemente, elaboraríamos una alucinación.

Nos hemos centrado en el análisis de los sistemas visual, auditivo y somatosensorial por ser los más representativos y ampliamente estudiados en relación con la organización funcional del cerebro. Sin embargo, el lector podrá comprender que otros sistemas sensoriales, como el olfato o el gusto, también obedecen a una estructura similar, en la que la información se procesa de manera jerárquica, integrando rutas ascendentes y descendentes, y culminando en sistemas de representación conceptual que otorgan significado a lo percibido. Así pues, tanto el aroma de un perfume como el sabor de un alimento son el resultado final de una compleja interacción entre lo que detectan nuestros sentidos y lo que el cerebro anticipa, recuerda y reconoce.

LA HUELLA DEL APRENDIZAJE: ¿CÓMO APRENDEMOS Y RECORDAMOS?

Los seres humanos sabemos cosas y sabemos hacer cosas. Somos capaces de recordar cómo se llamaba nuestro profesor más odiado de primaria, lo que desayunamos ayer, el nombre y uso de un objeto, la capital de Francia y hasta montar en bicicleta. Somos capaces de todo ello porque fuimos capaces de incorporar nuevos aprendizajes y porque somos capaces de sacarlos de un almacén y evocarlos de nuevo a la realidad.

El aprendizaje nos habla de la memoria, pero, evidentemente, atendiendo a la variabilidad de cosas que podemos aprender y recordar ni existe una sola forma de memoria ni en esencia podemos conceptualizar la memoria como una sola función. Sin entrar en un desglose meticulosamente detallado, hablar de memoria implica hablar de todo aquello que nos permite incorporar nuevos aprendizajes y eventualmente recuperarlos en ese maravilloso ejercicio que llamamos recordar. Además, podemos hablar de la memoria atendiendo a sus características temporales, o atendiendo al tipo de información que se aprende y que se recuerda.

En lo relativo a las características temporales, el primer nivel del sistema de memoria, el más efímero, es el sistema de memoria sensorial inmediata. Este tipo de memoria actúa como un almacén ultracorto que mantiene activa durante un breve instante la información recibida a nivel sensorial. Esta memoria sensorial permite que los estímulos, una vez captados por los sentidos, no desaparezcan inmediatamente, sino que se mantengan activos durante unos milisegundos más, permitiendo que, si es necesario, todos esos otros sistemas que hemos ido comentando puedan trabajar con la información, la puedan elaborar y dar lugar a la percepción, dar forma a otros procesos cognitivos o, simplemente, la información se descarte y desaparezca.

Existen distintas modalidades de memoria sensorial en el ámbito visual, táctil, auditivo, gustativo, etc., siendo las más estudiadas la memoria icónica (visual) y la memoria ecoica (auditiva). La memoria icónica puede retener una imagen durante aproximadamente 250 milisegundos, mientras que la memoria ecoica puede conservar un sonido de 2 a 4 segundos, lo cual resulta especialmente útil en el lenguaje hablado, donde los sonidos son fugaces, pero necesitan integrarse en procesos que requieren tiempo al margen de la duración del propio sonido. Gracias a esta breve persistencia, podemos, por ejemplo, repetir mentalmente lo que acabamos de oír o reconstruir visualmente algo que solo estuvo frente a nosotros un instante.

Evidentemente, impactan contra nuestros receptores sensoriales millones de estímulos a lo largo del día que son desechados, pero cuando eventualmente un estímulo captura nuestra atención, la información puede pasar a un segundo nivel de procesamiento, el cual conocemos como memoria a corto plazo o memoria de trabajo. A diferencia de la memoria sensorial inmediata, en la memoria de trabajo podemos manipular una limitada cantidad de información, durante un intervalo de tiempo igualmente limitado. Pero, lamentablemente, tanto nuestro sistema atencional como nuestra memoria de trabajo tienen una capacidad muy escasa. Por ello, solo podemos prestar atención y manipular un determinado número de elementos en nuestra mente, que, rápidamente, se escapan de nuestro control y desaparecen en el olvido. Un ejemplo sería cuando nos dan un número de teléfono y no tenemos donde anotarlo. En el intervalo de tiempo que pasa desde que nos dan el número hasta que encontramos una hoja de papel donde escribirlo, es fácil que la información ya se haya perdido. Pero para contrarrestar esta limitación, la memoria de trabajo se apoya en otros sistemas que podemos utilizar para mantener la información activa en nuestra mente durante más tiempo. Uno de estos sistemas es el bucle fonológico, que no es otra cosa que la repetición mental de la información que queremos mantener en la memoria de trabajo. De este modo, mientras buscamos la hoja de papel donde anotar el número, el acto de ir repitiendo mentalmente el número para mantenerlo así vivo es el uso del bucle fonológico. De manera análoga, cuando trabajamos con información relativa al espacio, disponemos de una agenda visuoespacial que nos permite sostener imágenes mentales, rutas, formas y posiciones de objetos en el espacio, facilitando tareas como ubicar visualmente algo que acabamos de ver. En ambos casos, estos procesos se despliegan y gobiernan gracias a un sistema de control cognitivo mediante el cual, de manera deliberada, podemos decidir qué hacer con la información que nos interesa. Por ello, estos procesos son controlados, no automáticos como otros que hemos comentado.

Llegados a este punto, cuando más allá del mero impacto de la información sensorial sobre un sistema de memoria inmediata, la información ha sido atendida y elaborada en nuestra memoria de trabajo, podrá suceder la transición de esta información a un sistema de almacenaje a largo plazo donde un evento en particular podrá persistir durante minutos, horas, días, semanas o toda una vida y, en el mejor de los casos, podrá ser recuperado y experimentado de nuevo de manera voluntaria, es decir, podrá ser recordado.

En lo relativo al contenido, a las características de la información aprendida y a cómo accedemos a ella, a grandes rasgos, podemos hablar de memoria explícita o declarativa y de memoria implícita o no declarativa.

La memoria explícita hace referencia a aquellos recuerdos de los que somos conscientes y que podemos verbalizar, por ejemplo, describir lo que cenamos ayer. Este tipo de memoria tiene que ver con los conocimientos a los que podemos acceder intencionadamente, por ejemplo, para responder una pregunta o narrar una experiencia. A nivel cerebral, este sistema depende en gran medida de estructuras del lóbulo temporal medial, especialmente del hipocampo y de la corteza entorrinal y perirrinal.

Figura 15: Estructuras temporales relacionadas con la memoria explicita VS estructuras del lóbulo temporal medial relacionadas con la memoria explicita.

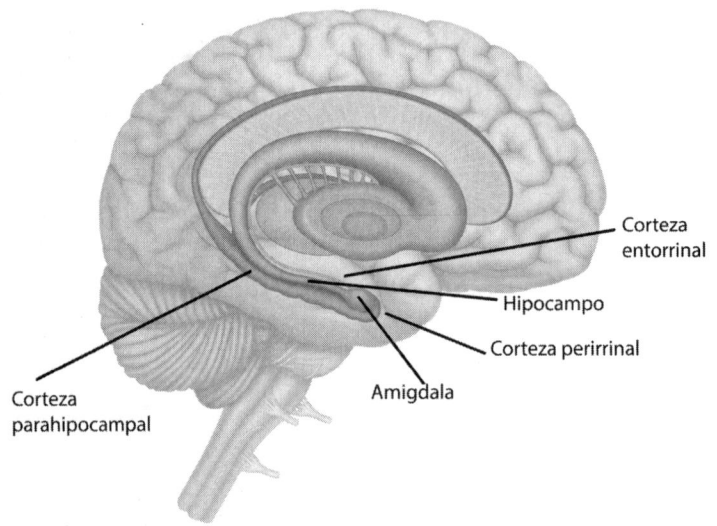

Dentro de la memoria explícita distinguimos dos subtipos principales. Por un lado, disponemos de un sistema de memoria episódica que hace referencia a la capacidad de aprender y recordar eventos personales anclados en un tiempo y lugar determinados de nuestra vida. Es la memoria que nos permite decir «yo estuve allí» o «yo lo viví así» y que nos permite conservar el «cuándo», el «dónde», el «con quién» y el «cómo» de nuestras experiencias. Por ello, la memoria episódica constituye el núcleo autobiográfico de nuestra identidad, de modo que, sin ella, desaparece esa narrativa interna coherente que nos explica a nosotros mismos y a los que nos acompañan y han acompañado a lo largo de la vida. También incorporada como sistema de la memoria explícita, encontramos la memoria semántica, que, a diferencia de la episódica, no está ligada a un contexto personal concreto, sino que contiene el conocimiento general sobre el mundo. Por ello, en la memoria semántica conservamos los conceptos, hechos, definiciones, significados y relaciones entre palabras e ideas. Saber que el sol es una estrella, que una jirafa tiene cuello largo, que París es la capital de Francia o lo que es, para qué sirve y cómo se usa un bolígrafo, son ejemplos de memoria semántica.

Evidentemente, ambos sistemas no funcionan de manera desconectada sino coordinada, de modo que un determinado concepto representado en la memoria semántica puede activar un evento episódico, por ejemplo, a qué edad, con quién o en qué cuento descubrimos por primera vez un animal de cuello largo llamado jirafa.

La memoria implícita o no declarativa, hace referencia a aprendizajes que no requieren consciencia ni verbalización y que se manifiestan en la conducta o el rendimiento. Este tipo de memoria suele mantenerse relativamente preservada incluso en personas con severas alteraciones de la memoria explícita, dado que los sistemas de la memoria implícita implican estructuras y regiones cerebrales distintas a las que dan sustento a la memoria explícita. Dentro de la memoria implícita, también podemos identificar distintos subsistemas de memoria. Por un lado, hablamos de memoria procedimental cuando nos referimos al aprendizaje de habilidades motoras y de nuevos hábitos, como montar en bicicleta, nadar, escribir en un teclado o tocar un instrumento. Una vez adquiridas, estas habilidades se ejecutan de manera automática, sin necesidad de recordar conscientemente los pasos. Otra forma de memoria implícita es el aprendizaje que obedece a lo que conocemos como condicionamiento clásico y operante. Se trata de formas de aprendizaje asociativo, en las que un estímulo se vincula a una respuesta. Por ejemplo, si cada vez que nos llama nuestro jefe es para reñirnos y, por lo tanto, terminamos ansiosos y asqueados tras cada una de esas llamadas, cuando vemos en el teléfono una llamada del jefe ya experimentamos malestar y ansiedad antes de responder, e incluso el mero hecho de oír el teléfono sin saber quién llama puede evocar estas formas de malestar. Por otro lado, haber estado expuestos a una determinada información hace que sea más fácil reconocer o evocar información relacionada con la que hemos visto. A este fenómeno también relativo a la memoria implícita lo conocemos como *priming*. Por ejemplo, si de pronto estamos pensando en alguien en concreto y esa persona aparece cerca de nosotros entre una muchedumbre, es mucho más fácil que la identifiquemos y reconozcamos que si hubiésemos estado pensando en cualquier otra cosa.

Finalmente, al margen de tipos de memoria relativas a la temporalidad o al contenido, existen lo que podríamos considerar otras formas de memoria, relativas a su función. Especialmente, podemos hablar de memoria emocional cuando hacemos referencia al evidente impacto que tiene un contexto emocionalmente intenso a la hora de construir un recuerdo persistente en el tiempo. Por otro lado, podemos hablar de memoria prospectiva al referirnos a la capacidad de recordar hacer algo en el futuro, como tomar un medicamento a una hora específica, asistir a una cita o comprar leche cuando pasemos por delante de algún supermercado.

Por lo tanto, cuando hablamos de alteraciones de la memoria, podríamos estar hablando de muchas cosas y es nuestra obligación, como profesionales, objetivar cuál es el sistema de memoria que se encuentra alterado y qué mecanismos explican su alteración. En este punto, merece la pena hacer una breve clarificación en torno a algunos conceptos.

Cuando hablamos de funciones cognitivas, hacemos referencia a grandes categorías o dominios cognitivos, como por ejemplo la memoria. Estos conceptos amplios, como memoria, percepción, lenguaje o movimiento, existen y suceden como consecuencia de la correcta articulación de múltiples procesos cognitivos que componen cada una de las funciones cognitivas. Por ejemplo, no podemos hablar de la función de la memoria, o de la alteración de un tipo de sistema de memoria, sin considerar todos los procesos necesarios para que suceda ese tipo de memoria. De este modo, una manera fácil de simplificar estas ideas es que la función cognitiva hace referencia a «para que sirven» ciertas capacidades cognitivas, por ejemplo, ¿para qué sirve la memoria?; mientras que los procesos cognitivos hacen referencia a «como sucede» la actividad mental que permite el correcto despliegue de la función, es decir, ¿cómo lo hace el cerebro para incorporar nuevos aprendizajes, almacenarlos, organizarlos y eventualmente recordarlos?

Descomponer las funciones cognitivas en procesos nos permite interrogar las anomalías que observamos en nuestros pacientes e identificar qué puede explicar el fallo de una determinada función. Esta idea es esencial en neuropsicología, pero es evidente que nuestros pacientes o sus familiares no hacen referencia a sus problemas describiendo los procesos afectados. Por ello, lo habitual, es que la información que se nos proporcione sea simplemente «me falla la memoria» o «se me olvidan las cosas». Saber identificar qué significa esta queja y a expensas de qué sucede, resulta primordial para comprender el mecanismo cognitivo que explica lo que estamos viendo y con ello inferir dónde se puede encontrar el problema.

A grandes rasgos, se considera que la incorporación y la capacidad de recuerdo de un nuevo aprendizaje en la memoria explícita requiere unos procesos de codificación, consolidación y recuperación de la información. Pero antes de que estos procesos entren en acción, existen ciertos requisitos previos sin los cuales el fenómeno del aprendizaje y por supuesto del recuerdo no podrán suceder. En primer lugar, ya hemos explicado que disponemos de un sistema de memoria de trabajo donde manipulamos y procesamos la información a la que prestamos atención. Pero, sin atención, la información no accede al sistema de memoria de trabajo y, sin acceso, la información no se procesa y, en consecuencia, no puede ser transferida e incorporada a un sistema a largo plazo. Por ello, uno de los procesos que de manera crítica influye en nuestra memoria y en la impresión de alteración de la memoria, es la atención. Imaginemos con cuántas personas nos hemos cruzado hoy por la calle. Probablemente no recordemos a ninguna a pesar de haber visto muchas, con la excepción de que, si una persona ha capturado notablemente nuestra atención por motivos estéticos o de actitud, es posible que la podamos recordar, y si la podemos recordar, eso implica que «la aprendimos». Por el contrario, no poder recordar a alguna de esas personas no implica olvido, puesto que olvidar implica haber perdido información que en algún momento llegó a estar almacenada. Es decir, no podemos olvidar algo que nunca aprendimos.

En muchos casos, cuando atendemos a personas que refieren problemas de memoria, resulta evidente demostrar que su sistema de memoria explícita funciona perfectamente, pero que el fracaso cotidiano resulta como consecuencia de un problema de naturaleza atencional. Imaginemos pues la actividad estresante y cargada de obligaciones de muchos trabajadores y recordemos que nuestra atención tiene una capacidad limitada. Es absolutamente probable que esa persona, especialmente en momentos de más estrés o de demanda, experimente la impresión de tener problemas de memoria, dado que sus recursos atencionales se podrán desplegar de manera deficitaria, condicionando así toda la secuencia de procesos posteriores.

Habiendo desplegado nuestra atención sobre un evento en particular, entrará, ahora sí, en juego la memoria de trabajo gracias a la cual, de manera controlada, podremos «hacer algo» con la información que hemos recibido. Por ejemplo, podremos asociarla a algo, podremos reformularla en nuestro propio lenguaje interno, podremos intentarla comprender mejor, etc. Es en este punto y de manera directamente relacionada con la profundidad con la que se procese la información, que podrá suceder un evento transformador: la codificación.

La codificación es el proceso mediante el cual la información que ha sido atendida y procesada activamente se transforma en una representación neuronal estable y se traduce a un lenguaje con el que el cerebro puede operar, siendo entonces la información susceptible de ser almacenada en los sistemas a largo plazo. Los procesos de codificación suceden como consecuencia de distintos mecanismos relacionados con el modo en que empleamos la memoria de trabajo para procesar en profundidad, organizar, asociar significado, relacionar con otras modalidades (por ejemplo, relacionar una palabra con un objeto), vincular la información a una emoción, etc. En este proceso, juega un papel central el hipocampo, que no se dedica a almacenar la información, sino que la etiqueta o marca acorde a los distintos elementos que la componen para, posteriormente, permitirnos reconstruir el recuerdo unificando todas estas etiquetas o marcas.

Una vez codificada, la información sigue siendo vulnerable al olvido. La consolidación es el proceso por el cual esa huella de memoria codificada se estabiliza con el paso del tiempo y se integra en redes corticales más amplias. Este proceso ocurre en gran parte de forma *off-line*, es decir, sin que nosotros hagamos nada activamente con la información. Por lo tanto, cuando todo funciona bien, la consolidación es algo así como una consecuencia previsible y natural de los procesos de aprendizaje. En esencia, un recuerdo no está en un lugar determinado del cerebro, sino que queda dividido y distribuido en múltiples porciones a lo largo de extensas parcelas corticales interconectadas. De modo que, si fuésemos capaces de identificar las distintas neuronas que componen un recuerdo y las activásemos artificialmente, provocaríamos la experiencia del recuerdo. Gracias a la codificación, eso es, gracias a las etiquetas que identifican los distintos elementos que conforman un recuerdo, somos capaces de recomponerlo y evocarlo de nuevo a nuestra consciencia. Habiendo entendido que un nuevo aprendizaje es una representación en red en el cerebro, podemos elaborar que lo que sucede durante la fase de consolidación es que las redes de neuronas que representan un evento en particular refuerzan sus conexiones —ese diálogo y baile mutuo al unísono—, fortaleciendo la resistencia del recuerdo al paso del tiempo. En esta etapa, si la consolidación no es capaz de reforzar las conexiones, ese evento será frágil y susceptible al olvido cuando la red se descomponga.

Finalmente, una vez consolidada o almacenada, la información puede ser recuperada o evocada. De nuevo, en muchos casos donde una persona refiere tener problemas de memoria, podemos constatar que lo que se cree olvidado fue aprendido, pero por algún motivo, no es accesible, eso es, no se consigue evocar, a pesar de que sigue ahí.

La recuperación es un proceso activo de acceso y de reconstrucción de la información almacenada que el cerebro ejecuta empleando toda la información disponible. Por ejemplo, podemos ir a buscar el nombre de una persona en relación con un determinado contexto, o podemos recordar lo que comimos organizando el recuerdo sobre la base del lugar donde habíamos estado antes de comer. La corteza prefrontal juega aquí un papel fundamental, ayudando a organizar, seleccionar y verificar la información recuperada, especialmente cuando hay múltiples recuerdos posibles. En cualquier caso, igual que sucede con la percepción, la reconstrucción de los recuerdos se nutre también de cómo el cerebro anticipa y con ello elabora la escena que, finalmente, experimentamos en forma de recuerdo. Por ello, en esencia, nuestros recuerdos son pequeñas falsificaciones del pasado, igual que lo es la realidad percibida, dando lugar a que nuestra realidad externa e interna sea en esencia una ilusión meticulosamente construida.

Imaginad mi armario de la ropa. Cada mañana soy relativamente eficiente encontrando las prendas de vestir que me quiero poner, básicamente, porque adquirí en algún momento esas prendas, porque las dispuse de manera organizada y lógica en el lugar que les corresponde en el armario y porque tengo un armario. Si mañana fuese a buscar en mi armario unos calcetines verdes que nunca he tenido, evidentemente no los encontraría por más que los buscase en el cajón de los calcetines. Haciendo analogía de «no están los calcetines = olvido» podríamos plantear: ¿se han perdido/olvidado los calcetines? No, nunca estuvieron allí. Imaginemos ahora otra situación donde empezase a buscar sin parar mi camisa azul claro favorita, pero no la encontrase en la sección de camisas del armario. Enfadado, podría exclamar en alto «¡se ha perdido la camisa!». Pero, en ese momento, podría perfectamente aparecer mi esposa y decir: «¿has mirado en ese otro cajón?». Entonces, podría abrir el cajón de los calzoncillos sugerido por parte de mi esposa y descubrir que, en efecto, mi camisa preferida estaba allí echa una bola. ¿Se había perdido = olvidado la camisa? No, estaba en el armario, pero en un lugar equivocado, quizá porque cuando la fui a guardar estaba distraído con el teléfono sin prestar atención a dónde la ponía. De modo que, al no ocupar su lugar, cuando la fui a buscar empleando la estrategia más lógica de ir al espacio de las camisas, no la encontré. Imaginemos un escenario peor. Voy a buscar mi ropa y descubro un enorme agujero en las paredes del mueble que, además, alcanza la pared y el suelo y llega al infinito de las profundidades. Entonces, constato que una parte importante de mi ropa ha desaparecido por ese agujero. Ahora sí, la ropa estuvo, pero ya no está y no la puedo recuperar por más que me esfuerce. Por ello, podría salir a comprar ropa nueva y disponerla en el mismo armario sin reparar. De hacer esto, es posible que las nuevas prendas pudiesen estar durante un rato en el armario, pero con toda probabilidad terminarían por desaparecer también por ese extraño agujero. En este contexto, no solo habría perdido ropa que antes tenía, sino que a pesar de mi esfuerzo económico y mi destreza guardándola, no sería capaz de mantener en el armario la ropa recientemente adquirida porque el armario ya no sería capaz de almacenar ropa. Ahora sí, podríamos hablar de olvido y de incapacidad para aprender nueva información. Finalmente, imaginemos un escenario aún más desolador, donde al entrar en la habitación del armario, descubriese que ya no hay armario. En este caso, no solo se habría perdido toda la ropa que previamente tenía, sino que sería totalmente imposible tener un lugar donde guardar cualquier prenda de ropa que fuese a comprar.

De algún modo, cuando hacemos arqueología neuropsicológica para averiguar dónde reside la explicación del problema, no hacemos otra cosa que intentar identificar cuál o cuáles de estos eventos ejemplificados con la metáfora del armario podría estar detrás del problema. De esta manera, como ya he expuesto, en ocasiones detectamos que el problema no está en el armario ni en su robustez, sino en la poca atención desplegada antes o durante el almacenaje. En otros casos, identificamos que claramente el problema reside en la pésima y rígida estrategia de almacenaje o de búsqueda en el armario haciéndose evidente que, a pesar de tener la impresión de haber olvidado, la información está presente, pero no se encuentra, algo que en muchas ocasiones obedece a problemas relativos a la función frontal sobre estos procesos de acceso y recuperación. Sin embargo, en otros casos, también identificamos que, a pesar de la dedicación desplegada, existe una profunda alteración de la capacidad para incorporar y mantener la información, de modo que el recuerdo resulta imposible, porque ya no existe ese elemento que se quiere recordar.

EL CUERPO EN ACCIÓN: ¿CÓMO NOS MOVEMOS?

Actuamos en el mundo, con el mundo y para el mundo a través del movimiento y, con ello, se hace visible el último eslabón de los procesos cognitivos: la acción. De este modo, el movimiento se convierte en nuestra herramienta esencial de interacción permitiéndonos expresar intenciones, ejecutar acciones y transformar lo que nos rodea.

Somos capaces de mover un brazo y la mano para alcanzar un objeto en movimiento, giramos la cabeza para observar algo con atención, movemos los ojos, modulamos la voz, escribimos libros y canciones, caminamos, corremos, acariciamos y bailamos. Y todo ello sucede en muchos casos de una manera organizada, ágil y fluida como consecuencia del modo en que, nuevamente, toda una compleja red de sistemas interconectados ha permitido convertir una intención en una acción útil, eficiente y ajustada al contexto.

Para entender cómo nos movemos y cómo se altera el movimiento, es necesario considerar tres grandes protagonistas del sistema motor: las áreas motoras corticales, los ganglios basales y el cerebelo.

En la región frontal del cerebro se ubican las áreas motoras corticales entre las que distinguimos la corteza motora primaria, el área motora suplementaria y la corteza premotora. La corteza motora primaria es la responsable de generar las órdenes motoras directas que descenderán por la médula espinal hacia los músculos. De un modo casi análogo a la representación somatotópica de nuestro cuerpo en la corteza somatosensorial a nivel parietal, el área motora primaria también alberga una representación de las partes del cuerpo que hay que mover u homúnculo motor. Si en el caso de todo lo relativo a la sensación, el tamaño de las áreas representadas en el homúnculo depende de la sensibilidad de las partes del cuerpo que se representan, cuando hablamos del movimiento, el tamaño de dichas representaciones en el cerebro depende de la fineza con la que se deberá articular el movimiento. Por ello, ocupa más espacio la lengua que el hombro.

Figura 16: Representación somatotópica de las áreas motoras y sensoriales.

Funciones de la corteza motora y sensitiva

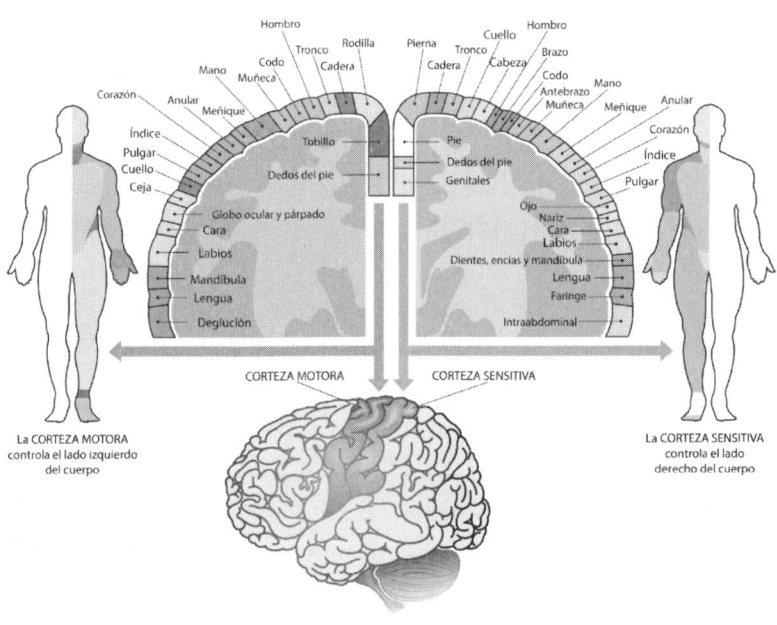

En cuanto a la corteza premotora y área motora suplementaria, estas se encargan de planificar y organizar secuencias de movimiento, seleccionar las acciones más apropiadas en función del contexto y preparar el cuerpo para el movimiento voluntario. La corteza premotora, por ejemplo, es especialmente sensible a estímulos externos, como la ubicación de un objeto en el espacio, mientras que el área motora suplementaria se activa más cuando los movimientos son internamente generados o requieren coordinación de dos extremidades.

Esta arquitectura permite de algún modo que los actos motores dejen de ser meros actos automáticos o reflejos en respuesta a estímulos, para ser actos dirigidos, intencionales, secuenciales y eficientes acorde a un plan preestablecido. Las lesiones o anomalías a nivel de corteza motora primaria suelen causar síntomas evidentes, visibles, en las regiones representadas en el homúnculo que controlan el lado contrario del cuerpo. Es decir, las lesiones en la corteza motora primaria derecha se expresarán en la parte izquierda del cuerpo y viceversa. En muchos casos, el síntoma resultante es la parálisis parcial o completa como consecuencia de la destrucción de la región representada en el homúnculo. Por ejemplo, en caso de verse afectado el territorio que representa el brazo izquierdo, este perderá su movilidad. Las lesiones a nivel de corteza premotora no suelen causar parálisis, pero sí alteraciones notables en la planificación del movimiento que se pueden expresar, por ejemplo, en forma de dificultades para ejecutar movimientos aprendidos como saludar, usar un peine o imitar un gesto constituyendo lo que conocemos como una forma de apraxia ideomotora. También es frecuente encontrar dificultades para usar información visual o espacial al guiar el movimiento en forma de errores al alcanzar un objeto, así como dificultades para seleccionar los movimientos que es apropiado desplegar ante estímulos determinados. Por su parte, las lesiones a nivel de área motora suplementaria comprometen la planificación de secuencias motoras internas, de la coordinación bimanual y del control motor voluntario no guiado por estímulos externos. En casos extremos, las alteraciones extensas del área motora suplementaria desencadenan lo que conocemos como mutismo acinético, donde la persona pierde completamente la iniciativa motora y verbal y no habla ni se mueve, aunque no esté paralizada ni inconsciente. Otras manifestaciones motoras atribuibles a la disfunción del área motora suplementaria son, por ejemplo, las dificultades para realizar movimientos secuenciales complejos, como podría ser vestirse o preparar un café, para iniciar movimientos voluntarios, incluyendo el habla, especialmente si no hay una señal externa que los dispare y para la coordinación bimanual, como si cada mano actuara de forma independiente o descoordinada.

Todas estas regiones corticales motoras mantienen un continuo diálogo con una serie de pequeñas estructuras ubicadas en la parte interna e inferior del cerebro que conocemos como ganglios basales. Los ganglios basales forman un conjunto de núcleos profundos como el núcleo caudado, el putamen, el globo pálido, la sustancia negra y el núcleo subtalámico. Este sistema directamente no ejecuta movimiento, pero resulta absolutamente esencial para el inicio, la selección, la ejecución fluida, el control y la finalización del acto motor. Todas y cada una de estas estructuras se encuentran interconectadas entre ellas y con las áreas corticales responsables del movimiento, manteniendo un continuo diálogo de entrada y de salida de información. Específicamente, determinadas regiones de los ganglios basales se conectan con determinadas regiones corticales, convirtiendo así los ganglios basales en algo parecido a una representación subcortical de la corteza cerebral.

Una de las funciones principales de los ganglios basales en lo relativo al movimiento la podemos simplificar considerándola como una función de selección, filtrado e inhibición de los programas motores, permitiendo de este modo inhibir o frenar movimientos que no son necesarios o adecuados, y seleccionar y activar aquellos que son oportunos, modulando su intensidad y velocidad y contribuyendo de manera muy notable a la progresiva automatización de los actos motores, incluso complejos. Por ello, las lesiones de los ganglios basales suelen provocar dos grandes tipos de síntomas motores que, en esencia, resulta de defectos en la inhibición y selección de los programas motores. Por un lado, identificamos lo que conocemos como síntomas hipercinéticos y que podemos simplificar entendiéndolos como un exceso de movimiento inoportuno o involuntario. Un ejemplo paradigmático de síntoma hipercinético son los movimientos impredecibles, oscilantes, de gran amplitud y que llegan a afectar a todas las extremidades que conocemos como «corea» y que nos recuerdan a una persona bailando sin control. Otro ejemplo paradigmático es la distonía que se traduce en el mantenimiento de una postura innecesaria y grotesca de manera prolongada, por ejemplo, la torsión del cuello de manera mantenida o la torsión y extensión de una extremidad. En el lado opuesto de estas manifestaciones, encontramos los síntomas hipocinéticos que podemos simplificar describiéndolos como una falta de movimiento. En este caso, un ejemplo paradigmático es el marcado enlentecimiento y pérdida de amplitud de los movimientos secuenciales que conocemos como bradicinesia o ciertas formas de temblor.

Finalmente, otra estructura crucial a efectos de dar forma al movimiento es el cerebelo. Esta estructura se encuentra situada en la parte posterior e inferior del encéfalo y resulta fundamental para afinar la ejecución del movimiento de manera que este se exprese de manera fluida, harmónica, coordinada y sin interrupciones. Este sistema además permite mantener el equilibrio y la postura, así como corregir errores en tiempo real durante la acción. De algún modo nos podemos imaginar que el cerebelo compara constantemente lo que se quería hacer con lo que efectivamente está ocurriendo y envía señales de corrección para que el movimiento sea lo más preciso y adaptado posible a las necesidades. Gracias a ello, los movimientos se hacen suaves, ajustados y eficaces. Además, el cerebelo resulta crucial a la hora de construir esa forma de memoria no declarativa, procedimental que antes comentamos, permitiéndonos así aprender nuevas secuencias motoras complejas mediante la práctica, como tocar una melodía, lanzar una pelota o escribir una palabra con buena caligrafía.

En este caso, las alteraciones del cerebelo conducen en esencia, en el ámbito motor, a alteraciones en la coordinación precisa de los movimientos voluntarios, especialmente al caminar, alcanzar objetos o mantener el equilibrio, lo cual conocemos como ataxia. Esta entidad clínicamente se suele manifestar en forma de una marcha inestable o amplia donde el paciente camina como si estuviese ebrio, una dificultad para ajustar la distancia o fuerza de un movimiento que conocemos como dismetría y que, por ejemplo, vemos como errores a la hora de intentarse tocar la nariz con un dedo, un temblor que aparece o se acentúa a medida que la mano se aproxima al objeto que intenta alcanzar y una habla lenta, monótona y con alteraciones en el ritmo y la articulación, como si se pronunciara sílaba por sílaba, que conocemos como disartria escándida. Por otro lado, encontramos también la incapacidad para realizar movimientos alternantes rápidos de forma fluida y coordinada que conocemos como disdiadococinesia.

EL PULSO AFECTIVO DE LA MENTE: ¿CÓMO NOS EMOCIONAMOS Y CÓMO NOS MOTIVAMOS?

Posiblemente, uno de los elementos que dota de mayor sentido a nuestra existencia es el hecho de que nuestra existencia se siente. A lo largo de nuestra vida, experimentamos miles de pensamientos, evocamos cientos de recuerdos, movilizamos millones de veces todos y cada uno de nuestros músculos, así como elaboramos y construimos un mundo externo e interno con precisión. Pero hay dos elementos absolutamente esenciales para que todas estas experiencias tengan sentido: las emociones y la motivación.

Las emociones no son una invención moderna ni un rasgo de sofisticación cultural. Son mecanismos adaptativos profundamente grabados en nuestro cerebro, construidos evolutivamente para garantizar la supervivencia y la vinculación con los demás. Los componentes primordiales del sistema emocional se encuentran en lo que se conoce como sistema límbico, formado todo él por un conjunto de estructuras cerebrales interconectadas que actúan como el corazón emocional del cerebro y que nos permite experimentar la emoción en aquello que sentimos, escuchamos, pensamos, vemos, hacemos o recordamos.

Desde un punto de vista anatómico y funcional, el sistema límbico integra información sensorial, visceral, cognitiva y endocrina para generar respuestas emocionales ajustadas al entorno y a las necesidades internas del organismo. En este sistema, las estructuras clave son la amígdala, el hipocampo, el cíngulo, el hipotálamo, así como áreas del córtex orbitofrontal y medial prefrontal.

Figura 17: Representación del sistema límbico.

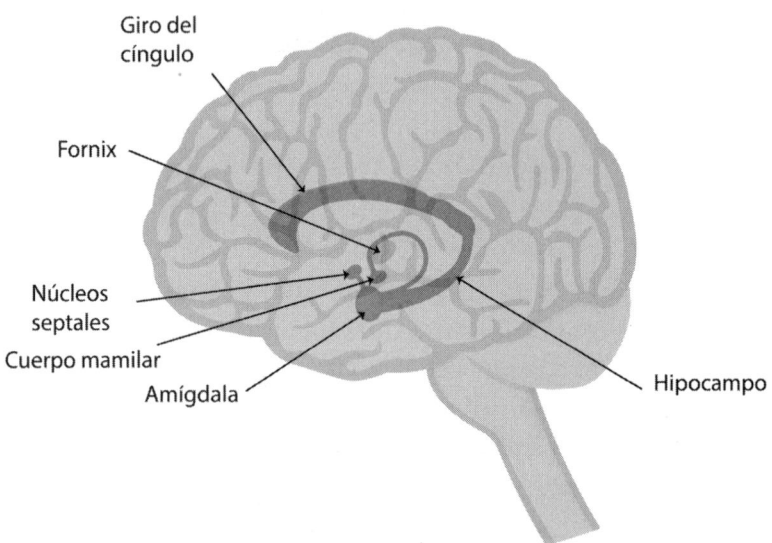

Sistema límbico

Giro del cíngulo

Fornix

Núcleos septales

Cuerpo mamilar

Amígdala

Hipocampo

La amígdala ejerce una función crítica en la detección de estímulos emocionalmente relevantes, en especial los asociados con el miedo, la amenaza o el peligro, a la par que actúa como un sistema de alarma que activa respuestas fisiológicas rápidas, muchas veces antes de que tengamos conciencia de lo que está sucediendo. El hipocampo, del que ya hemos hablado, mantiene un diálogo sumamente oportuno con la amígdala, permitiéndonos etiquetar rápidamente determinados eventos como emocional y adaptativamente relevantes y convertirlos en recuerdos persistentes en el tiempo, y es por ello que recordamos con tanta nitidez acontecimientos que nos marcaron emocionalmente. El hipotálamo traduce las emociones en respuestas corporales, activando el sistema nervioso autónomo y el eje hormonal del estrés. Así pues, es gracias a esta conexión que el miedo nos acelera el corazón, la tristeza reduce el apetito o la alegría provoca una oleada de energía. Pero las emociones se experimentan, se sienten y adquieren un significado. Esto es gracias a que, a nivel frontal, la región prefrontal medial y orbitofrontal integran activamente la información emocional y nos permiten sentir e interpretar el significado emocional de aquello que vivimos, permitiéndonos a su vez emplear estas sensaciones para guiar hacia un tiempo futuro nuestra decisiones y acciones. Es decir, la relación que mantienen determinadas áreas frontales con las estructuras profundas del sistema límbico nos permite no solo sentir, sino comprender lo que sentimos y anticipar lo que vamos a sentir.

Muy cerca de la emoción, encontramos la motivación definiendo aquella energía interna que nos impulsa a actuar y que, por lo tanto, convierte un deseo en una acción transformando un estado interno en una conducta dirigida a una meta determinada. El cerebro dispone de un sistema altamente especializado para gestionar la motivación, que se encuentra estrechamente relacionado con el sistema emocional, pero también con estructuras de los ganglios basales y de la corteza prefrontal que regulan el deseo, la búsqueda de recompensa, la anticipación y la persistencia en la conducta.

A un nivel muy primario, el hipotálamo participa activamente en las motivaciones primarias desencadenando las señales viscerales que configuran toda una serie de sensaciones, como el hambre, la sed, el frío, el calor o el sueño y que indefectiblemente nos mueven a ejecutar determinadas acciones o conductas motivadas.

En los ganglios basales encontramos el área tegmental ventral (VTA) y el núcleo accumbens, que conforman el eje central del llamado sistema de recompensa dopaminérgico. Nuestras acciones derivan en consecuencias, a veces previsibles y otras inesperadas. El cerebro utiliza un lenguaje para codificar el valor que atribuye a estas consecuencias y este lenguaje se articula en el seno del núcleo accumbens empleando el neurotransmisor dopamina. Por ello, cuando las consecuencias que derivan de nuestras acciones se codifican como valiosas o placenteras, ese sistema libera el neurotransmisor dopamina promoviendo un patrón de actividad neuronal que el cerebro emplea para considerar que estas consecuencias son adecuadas y que por lo tanto merece la pena repetirlas en el futuro, o promoviendo otro patrón de actividad neuronal que el cerebro emplea para considerar que las consecuencias no han sido las previstas y que por lo tanto mejor será evitar este tipo de acciones.

Figura 18: Representación de las principales vías del sistema dopaminérgico relacionadas con la motivación y con el movimiento.

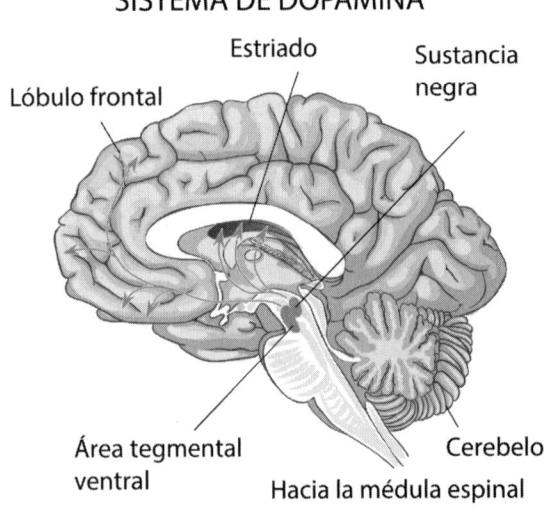

SISTEMA DE DOPAMINA

Estriado

Sustancia negra

Lóbulo frontal

Área tegmental ventral

Cerebelo

Hacia la médula espinal

En estrecha relación con estas estructuras de los ganglios basales, distintas regiones de la corteza prefrontal, especialmente sus regiones dorsolateral y orbitofrontal, participan en la evaluación de los objetivos a largo plazo, del análisis o ponderación de las consecuencias de nuestras decisiones, de la evaluación de la relación entre coste y beneficio de aquello que hacemos, así como del control sobre decisiones inmediatas que nos pudiesen llevar a actos motivados pobremente evaluados. Cuando un estímulo nos resulta atractivo o deseable, este sistema se activa generando un estado de anticipación motivacional que nos empuja hacia la acción porque anticipa una consecuencia positiva o deseable. De algún modo, estos sistemas nos permiten generar una representación hacia el futuro de las consecuencias que derivarán de nuestras acciones, desencadenando así una conducta dirigida a obtener estas consecuencias. Cuando el resultado es el esperado acorde a esa anticipación, se refuerza la probabilidad de que volvamos a emitir esa conducta en el futuro. Por el contrario, cuando las consecuencias son peores a las esperadas, disminuye considerablemente la probabilidad de que repitamos esa acción.

Al producirse un daño en alguna de las estructuras críticas del sistema límbico, las consecuencias afectan profundamente la experiencia, expresión y regulación emocional. Por ejemplo, las lesiones bilaterales de la amígdala pueden provocar una hiporresponsividad emocional, en la que la persona muestra una sorprendente indiferencia ante estímulos que normalmente generarían alerta o temor, como el peligro o la agresión, así como dificultades para reconocer emociones básicas como el asco o el miedo. Por su parte, las lesiones en regiones prefrontales orbitofrontales o ventromediales, que se encargan de integrar la emoción con la toma de decisiones y el control social, pueden generar un descontrol emocional evidente, caracterizado por impulsividad, irritabilidad o labilidad afectiva, de modo que la persona puede pasar bruscamente de la risa al llanto, tener reacciones exageradas ante estímulos menores o mostrar una preocupante falta de empatía o juicio emocional.

En lo relativo a la motivación, las lesiones en los distintos sistemas implicados pueden dar lugar a síntomas por defecto o por exceso de motivación. Por defecto o falta de motivación, especialmente por daño en estructuras como el área tegmental ventral, el núcleo accumbens o regiones prefrontales mediales, suele emerger lo que conocemos como apatía en forma de una pérdida notable de iniciativa, energía, interés o deseo. La persona no actúa no porque no pueda, sino porque no encuentra motivos para hacerlo. Puede dejar de hablar, de moverse por sí misma o de responder emocionalmente a estímulos positivos. En el otro extremo, cuando el sistema de recompensa se sobreactiva, por ejemplo, en casos de lesiones orbitofrontales o por abuso de sustancias que incrementan la dopamina, puede aparecer conducta impulsiva, búsqueda excesiva de gratificación inmediata y adicciones.

EL GOBIERNO DE LA MENTE: ¿CÓMO RAZONAMOS Y DECIDIMOS?

Nos relacionamos con el mundo y con nuestro propio cuerpo tanto a través de comportamientos aparentemente inconscientes y automatizados, como a través de actos voluntarios. Disponer de sistemas altamente especializados en el procesamiento de los sonidos, de los objetos dispuestos en el campo visual, del espacio o del propio cuerpo, no sería suficiente como para garantizar una correcta convivencia en un complejo mundo externo. Para que todo opere correctamente, sin interferencias, acorde a un plan, a unos objetivos, de manera supervisada y adecuada, se requiere un sistema que organice, anticipe, oriente, supervise y gobierne. Y todo ello, en esencia, recae sobre la corteza prefrontal. Esta región, ubicada en la parte más anterior del lóbulo frontal, representa una de las adquisiciones evolutivas más sofisticadas del reino animal, encargándose en gran medida de permitirnos ser lo que somos.

Figura 19: Corteza prefrontal humana.

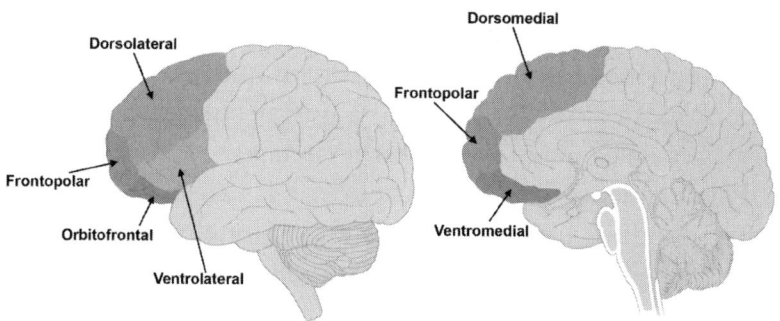

La corteza prefrontal la podemos dividir en distintas regiones, cada una de las cuales da sustento a distintas funciones o procesos cognitivos. En la parte lateral y superior del lóbulo frontal encontramos la corteza prefrontal dorsolateral, una de las regiones más íntimamente relacionadas con el conjunto de funciones cognitivas que conceptualizamos como «funciones ejecutivas». Las funciones ejecutivas son el conjunto de procesos que nos permiten planificar, organizar, iniciar, supervisar y corregir nuestras acciones en función de las metas. En esencia, como muchas veces se ha dicho, las funciones ejecutivas actúan como el director de orquesta de la mente, coordinando los recursos cognitivos disponibles para adaptarnos con flexibilidad a contextos nuevos, resolver problemas complejos y mantener el rumbo de la conducta en línea con nuestros objetivos.

En la parte más inferior y media, cerca de la línea media del cerebro, encontramos la corteza prefrontal ventromedial que cumple un papel esencial como centro integrador de la razón y la emoción. Es eminentemente esta región donde se analizan los posibles costos, consecuencias y beneficios de nuestras decisiones, no solo desde un punto de vista lógico, sino también afectivo. Es esta región la que nos permite anticipar si algo «nos conviene» no solo racionalmente, sino también emocionalmente.

Justo por encima de las órbitas oculares, en la base frontal del cráneo, encontramos la corteza orbitofrontal, la cual despliega un papel crucial en dar sustento a la capacidad que tenemos para la regulación del comportamiento social, el control de los impulsos y la evaluación emocional de las decisiones. En esencia, este sistema nos dota de capacidad de autogobierno, permitiéndonos inhibir conductas inapropiadas, evaluar consecuencias a corto y largo plazo, y ajustar nuestras acciones a normas sociales y contextos interpersonales.

Paralelamente, igual que sucede con las áreas motoras corticales, donde ya hemos explicado que su funcionamiento adecuado depende en gran medida de su interacción con los ganglios basales, las distintas regiones prefrontales también mantienen conexiones funcionales directas con los ganglios basales, formando lo que se conoce como circuitos frontosubcorticales. Por ello, las alteraciones localizadas en los ganglios basales podrán desencadenar toda una serie de problemas análogos a los que podemos encontrar cuando se dañan directamente las regiones prefrontales corticales.

Cuando por algún mecanismo se dañan regiones de la corteza prefrontal dorsolateral, o de los núcleos de los ganglios basales con quien esta región mantiene un diálogo, se puede desarrollar un conjunto de manifestaciones clínicas que denominamos síndrome disejecutivo. En estos casos, las personas pueden mantener preservadas sus capacidades sensoriales, lingüísticas y motoras, pero se vuelven incapaces o tienen grandes dificultades a la hora de planificar cómo ejecutar una conducta o resolver un problema, organizar el pensamiento, desplegar estrategias adecuadas y mantener una conducta dirigida a un fin. De este modo, las tareas que requieren secuencias de pasos, tomar decisiones, anticipar consecuencias o adaptarse a imprevistos se vuelven especialmente difíciles. Paralelamente, las personas pueden parecer desmotivadas, lentas o poco comprometidas, cuando en realidad han perdido la capacidad para construir una estrategia eficaz de actuación que las lleve a iniciar una acción sin terminarla, distraerse con facilidad, repetir errores sin corregirlos o tener dificultad para mantener una actividad en su mente.

Otra manifestación prototípica del síndrome disejecutivo es lo que conocemos como comportamiento perseverativo, donde la persona se queda anclada en la repetición de una misma acción, palabra o estrategia incluso cuando ya no es adecuada. En estos casos, fracasa la flexibilidad mental que nos permite dejar de hacer o pensar en algo, pasar a otra tarea y eventualmente volver a lo que estábamos haciendo antes; fracasa la capacidad para elaborar estrategias o acciones más adecuadas y fracasa la capacidad para suprimir el hecho de seguir repitiendo la misma acción que ya no toca. En muchos casos, estas manifestaciones se confunden con obsesiones, pero la obsesión obedece a un mecanismo de naturaleza ansiosa, donde la persona construye pensamientos intrusivos repetitivos que le generan malestar, por ejemplo, no puede dejar de pensar que sus manos están sucias e infectadas. Por el contrario, en la perseveración, no hay tal elemento de pensamiento intrusivo ansioso, simplemente la persona repite una acción, estrategia o pensamiento.

Las lesiones que comprometen determinadas regiones de la corteza prefrontal ventromedial y de una región próxima conocida como corteza cingulada anterior, así como a los núcleos de los ganglios basales con quienes se mantiene un diálogo, pueden llevar a una profunda pérdida de la motivación que configura el síndrome apático-abúlico. En estos casos, la persona pierde la iniciativa y la espontaneidad, mostrando en paralelo una profunda indiferencia o aplanamiento emocional. Son casos donde, por un lado, se hace evidente que la persona ha dejado de hacer o de interesarse por muchas conductas y actividades que antes hacía con interés e ilusión, y, por otro lado, no se quejan, no se aburren, no protestan, pero tampoco actúan. Algunos de estos casos obedecen al fracaso de la capacidad para elaborar estrategias mediante las cuales construir una determinada conducta. Por ejemplo, en ausencia de ser capaz de elaborar en la mente cómo organizar una fiesta de cumpleaños para su hijo, la persona afectada se pasa el día sentada en la cama incapaz de elaborar ese plan. En otros casos, se produce un daño que afecta eminentemente a la capacidad para atribuir un valor emocional o hedónico a las acciones y a sus consecuencias. En estos casos, la persona no actúa porque esa actuación no significa nada en el ámbito emocional ni aporta nada en cuanto a sus consecuencias. Finalmente, otros casos se rigen por la completa desconexión de los sistemas que permiten la activación automática de la iniciativa que nos permite en algún punto elaborar una acción. Estos casos pueden responder a la estimulación externa, comiendo si les dan comida o hablando si les preguntan, pero en ausencia de estos estímulos, permanecen inertes sin hacer absolutamente nada.

Cuando las lesiones afectan la corteza orbitofrontal o las estructuras subcorticales de los ganglios basales con las que esta región dialoga, uno de los síndromes más notorios es la desinhibición conductual. La persona, en esencia, pierde la capacidad para inhibir respuestas automáticas y primitivas, adquiriendo su conducta el aspecto de un comportamiento inapropiado. Tenemos que entender que nuestro cerebro integra un amplio repertorio de conductas y de reacciones sumamente primitivas que tienen que ver con la reproducción sexual, la comida, la lucha, etc. Estas conductas pueden desencadenarse en determinados contextos, pero somos capaces de gestionarlas y de regularlas gracias a un sistema orbitofrontal de autogobierno. Cuando este sistema fracasa, emergen conductas con un carácter profundamente impulsivo y no planeado, que además se caracterizan por una clara ausencia de resonancia emocional en quien las ejecuta a pesar de poder tener un carácter profundamente ofensivo para quien las recibe, o bien socialmente inapropiado. Son ejemplos paradigmáticos de este tipo de conductas la desinhibición sexual, el comportamiento grosero, la pérdida de hábitos de higiene, el patrón de comida impulsivo, la irritabilidad y la agresión sin motivo y toda una serie de comportamientos que hacen que el entorno de la persona habitualmente afirme que el afectado ha dejado de ser como era.

En las lesiones ventromediales y orbitofrontales, o en sus respectivas dianas subcorticales, pueden también producirse defectos en un conjunto de procesos que articulan lo que conocemos como cognición social. Esta forma de cognición es la que nos permite inferir lo que otros piensan, sentir lo que otros sienten y, como resultado, emplear la empatía para adecuar nuestro comportamiento a lo que experimentan los demás. Como consecuencia, este tipo de lesiones pueden desencadenar una profunda pérdida del comportamiento moral y social, llegando a ser totalmente insensibles a las consecuencias de sus acciones, egocéntricos, indiferentes a las normas e incapaces de empatizar. De este modo, podemos encontrar personas antes emocionalmente cálidas y socialmente exquisitas, que han pasado a actuar de un modo frío, irresponsable y sin moralidad, llegando eventualmente en casos extremos a la comisión de delitos graves.

EL GRAN DISTRIBUIDOR DE LA INFORMACIÓN: EL PAPEL DEL TÁLAMO

En este recorrido por las funciones mentales hay una estructura que ha estado silenciosamente implicada en cada uno de estos procesos y que aún no hemos comentado. Situado en lo profundo del encéfalo, en el centro del diencéfalo y justo por encima del tronco encefálico, encontramos el tálamo, el cual actúa como un gran centro de distribución y de modulación de la información que viaja entre el cuerpo y la corteza cerebral.

Casi toda la información sensorial que llega al cerebro ya sea visual, auditiva o somatosensorial, hace escala en el tálamo antes de alcanzar su destino cortical final. En el caso de la visión, las señales que provienen de la retina pasan por el núcleo geniculado lateral del tálamo, desde donde se proyectan hacia la corteza visual primaria. De forma similar, los estímulos auditivos hacen sinapsis en el cuerpo geniculado medial del tálamo, antes de dirigirse al área auditiva. La información táctil y propioceptiva, por su parte, se procesa inicialmente en núcleos somatosensoriales específicos del tálamo, como el núcleo ventral posterior, antes de alcanzar la corteza somatosensorial primaria.

Pero el papel del tálamo no se limita únicamente a los sentidos. Existen circuitos más complejos, como los circuitos talamocorticales frontales, donde de manera muy parecida a lo que ya hemos descrito en lo relativo a los circuitos frontosubcorticales, determinadas regiones del tálamo mantienen conexiones recíprocas con áreas prefrontales dorsolaterales, ventromediales y orbitofrontales. A través de estos lazos, el tálamo participa activamente en funciones como la atención, el control ejecutivo, la toma de decisiones o el estado de alerta, actuando como modulador del flujo y la sincronía entre regiones corticales.

Por todo ello, el tálamo no es una simple estación de paso, sino que es un núcleo regulador, un filtro que prioriza, organiza y estabiliza la información que circula por el sistema nervioso central. Las alteraciones del tálamo pueden dar lugar a síndromes con un impacto transversal. En el ámbito sensorial, pueden provocar disfunción visual, auditiva, pérdida de sensibilidad y formas de dolor sumamente intenso y persistente.

Cuando los núcleos que se comunican con áreas prefrontales se ven comprometidos, pueden emerger alteraciones que simulan lesiones corticales frontales como las que ya hemos descrito, traduciéndose en apatía, dificultades atencionales, desorganización del pensamiento, pobreza motivacional o déficit en la memoria de trabajo, aun cuando el daño cortical esté ausente.

Este fenómeno nos remite al concepto de *diasquisis* talámica, que hace referencia al impacto funcional que una lesión subcortical, como una lesión talámica, puede tener sobre áreas corticales conectadas, aunque estas últimas estén estructuralmente intactas.

EN EL CORAZÓN DEL SISTEMA: EL TRONCO ENCEFÁLICO

Si tuviésemos que identificar una estructura en el cerebro que encarne lo más esencial, automático y vital, esa sería, sin duda, el tronco encefálico. Ubicado en la base del encéfalo, el tronco encefálico alberga centros que regulan las funciones más básicas e imprescindibles para la vida: la respiración, el ritmo cardíaco, la presión arterial, la deglución, el vómito, la tos o el sueño. Se trata, por tanto, del núcleo más profundo y primitivo del cerebro, y también del más resistente a la evolución, porque allí reside el pulso vital de lo que somos.

Además, el tronco encefálico aloja una estructura especialmente relevante para el mantenimiento del estado de alerta y la consciencia que conocemos como la formación reticular. Esta red de núcleos distribuidos en columnas longitudinales regula el tono cortical, filtra la información sensorial entrante, participa en la atención sostenida y mantiene activada la corteza cerebral. Lesiones en esta red pueden dar lugar a estados de somnolencia profunda, obnubilación, o incluso coma.

El tronco encefálico también funciona como autopista de conexión entre estructuras superiores e inferiores, dado que por este ascienden las principales vías sensitivas que llevan información desde el cuerpo hacia el tálamo y la corteza, y descienden las vías motoras que ejecutan el movimiento desde la corteza hacia la médula espinal. De este modo, por pequeñas que sean, las interrupciones en estas rutas pueden tener consecuencias devastadoras.

Las lesiones del tronco encefálico son, por tanto, de una gravedad particular. No solo pueden producir alteraciones motoras y sensoriales, sino que también pueden comprometer funciones vegetativas esenciales, alterar el estado de consciencia, o postrar a la persona en un estado de plena consciencia, pero de completa parálisis, con excepción de los movimientos oculares, conocido como síndrome de cautiverio.

En última instancia, cuando el tronco encefálico falla o se lesiona gravemente, los circuitos que sostienen la respiración, el ritmo cardíaco y la consciencia se apagan. Y con ello, la vida misma se extingue.

Figura 20: Representación del tálamo y tronco cerebral.

Anatomía del tronco encefálico

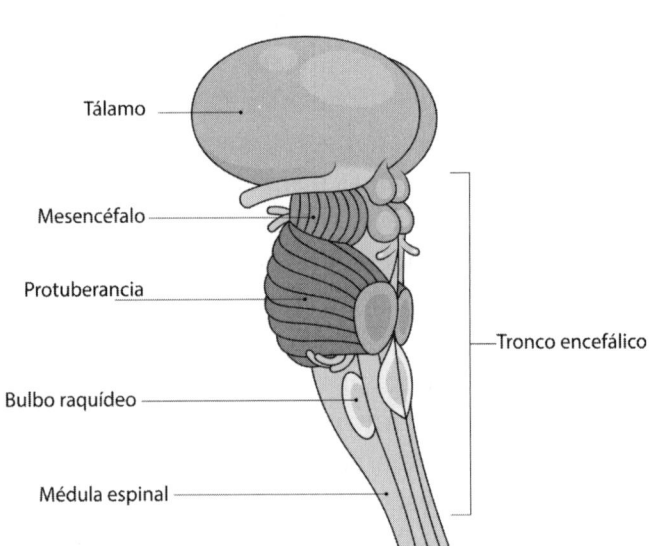

II

LOS MECANISMOS QUE EROSIONAN, FRACTURAN Y DERRUMBAN EL SER Y EL SENTIR

El cerebro es un sistema sumamente complejo capaz de provocar una ingente cadena de eventos, gracias a los cuales se construye todo lo que nos define y todo lo que significa el mundo que nos rodea. Lamentablemente, como ya hemos comentado, toda esta complejidad no priva al cerebro de otra de sus evidentes características: su extrema fragilidad.

Evidentemente, además de lo que entendemos como procesos neurodegenerativos, existe una infinidad de circunstancias, enfermedades y factores que pueden lesionar el cerebro de manera transitoria o persistente, dando lugar a múltiples manifestaciones clínicas. Estos factores incluyen la exposición a agentes tóxicos procedentes del exterior como pueden ser los metales pesados como el plomo, el mercurio o el manganeso, los disolventes, pesticidas o sustancias habitualmente banalizadas como el alcohol, la cocaína u otras drogas de abuso. En ocasiones, el medio lesivo se encuentra en nuestro interior fruto de desequilibrios químicos y del metabolismo, como sucede en la hipoglucemia o la hiperglucemia, en las alteraciones graves del sodio o del calcio, en el acúmulo de amonio o exceso de cobre. Por otro lado, las infecciones del sistema nervioso por virus, bacterias, hongos o parásitos que alcanzan el cerebro por la sangre —por contigüidad desde focos vecinos o a través de los nervios—, así como las excesivas respuestas del sistema inmune dirigidas por error contra estructuras nerviosas o activadas a distancia por tumores, también son claramente susceptibles de poder lesionar el cerebro. Igualmente, determinados fallos eléctricos como en la epilepsia, o interrupciones del riego sanguíneo, los traumatismos craneoencefálicos, las anoxias, el crecimiento celular anómalo de los tumores, así como un amplio grupo de trastornos genéticos y metabólicos congénitos pueden condicionar profundamente el desarrollo y la supervivencia neuronal. Pero en las páginas que siguen nos centraremos solo en uno de mecanismos lesionales: la neurodegeneración.

NEURODEGENERACIÓN:
CUANDO LAS PROTEÍNAS SE REBELAN

La neurodegeneración es un proceso biológico que tiene un claro carácter patológico caracterizado por la pérdida progresiva de la estructura, función y viabilidad de las neuronas, conllevando indefectiblemente a un patrón de progresiva muerte neuronal que sucede de manera insidiosa, pero continua e imparable.

Si bien existen distintos mecanismos que pueden llevar a la neurodegeneración, muchos de estos mecanismos comparten un elemento primordial muy similar que implica a distintas formas de proteínas. Eso es, determinadas proteínas juegan un papel central en la mayor parte de los procesos neurodegenerativos que conocemos y es por ello que muchos procesos neurodegenerativos los consideramos «proteinopatías». En el corazón de toda célula viva, y eso incluye las neuronas, se encuentra un conjunto de moléculas esenciales para la vida que conocemos como proteínas. Las proteínas ejercen distintas funciones esenciales para el equilibrio, la comunicación y la supervivencia celular. Por ello, inevitablemente las necesitamos para funcionar y para sobrevivir.

Las proteínas son cadenas complejas formadas por aminoácidos y ensambladas siguiendo toda una serie de instrucciones precisas que están escritas en nuestros genes. Los aminoácidos son como las letras del alfabeto con las que se escriben todas las proteínas del cuerpo. No son muchas letras, de hecho, son veinte, pero igual que sucede con el alfabeto tradicional, con veinte letras podemos construir muchas «palabras» o proteínas distintas y cada una con una función única. De este modo, la forma, la función y el comportamiento de cada proteína depende del orden exacto en el que estos aminoácidos están ensamblados. En nuestro lenguaje, una letra mal colocada puede hacer que una palabra pierda su significado o que se altere el sentido de un mensaje. Esto mismo, es lo que puede ocurrir cuando una proteína se construye de forma incorrecta.

Además, las proteínas no solo llevan escrito un mensaje, sino que están hechas a medida adquiriendo una forma tridimensional única. Esta forma consiste en un plegamiento específico que permite que, cual piezas de puzle, las proteínas encajen perfectamente con determinadas estructuras y de este modo activen procesos e interactúen con otras moléculas.

En el sistema nervioso, entre muchas otras funciones, las proteínas sostienen la arquitectura sináptica, regulan la transmisión de impulsos eléctricos, transportan neurotransmisores, reparan membranas de las células, desencadenan respuestas inmunes y permiten la plasticidad neuronal. Por todo ello, sin proteínas, la vida neuronal tal y como la entendemos no podría existir. Lamentablemente, existen determinados mecanismos precipitantes, algunos de los cuales los conocemos con exactitud por tener un carácter estrictamente genético, mientras que otros seguimos sin saber cuál es el proceso que los desencadena, y suponen que las proteínas pueden empezar a exhibir un comportamiento distinto al previsto, dando lugar a que aquello que antes era funcional y perfectamente integrado en la vida celular, se transforme en una amenaza latente. Uno de los eventos clave en este proceso es el mal plegamiento de las proteínas. Como hemos mencionado, cada proteína tiene una forma tridimensional específica que le permite ejercer su función. Sin embargo, bajo ciertas circunstancias, la proteína puede plegarse de manera errónea, generando una estructura inestable y de forma aberrante que no solo pierde su función original, sino que adquiere un carácter tóxico, tendiendo a acumularse cual desecho tanto dentro como fuera de la célula, interfiriendo con su función y supervivencia.

Además del mal plegamiento, existen otros tipos de alteraciones que también pueden cambiar por completo el comportamiento de una proteína. Por ejemplo, algunas proteínas pueden sufrir modificaciones químicas que alteran su estructura original y su función. Estas modificaciones, conocidas como hiperfosforilación, pueden volverlas más rígidas, insolubles o propensas a agruparse y pegarse entre ellas, formando acúmulos de desecho que impiden que sigan cumpliendo su papel correctamente y que además adquieran un carácter claramente dañino.

En muchos casos, cuando una proteína comienza a funcionar mal, no lo hace de forma aislada, sino que puede actuar como si «contagiara» su mal estado a otras proteínas, provocando que también se plieguen mal. Este efecto en cadena conduce a la formación de múltiples cúmulos anómalos que la célula ya no puede eliminar con eficacia. Así pues, poco a poco, estos residuos tóxicos se van acumulando, interfiriendo con el funcionamiento normal de las neuronas, afectando progresivamente a distintas regiones del cerebro y finalmente suponiendo la muerte neuronal de las regiones afectadas.

Por suerte, el cerebro dispone de un sistema de limpieza que trabaja constantemente para librarse de los desechos tóxicos que continuamente se generan. Uno de los mecanismos clave de este sistema es un proceso celular llamado autofagia, mediante el cual la célula es capaz de reconocer componentes dañados, viejos o anómalos, como, por ejemplo, proteínas mal plegadas, «empaquetarlos» como desechos y, empleando unos pequeños orgánulos conocidos como lisosomas, degradar y reciclar estos desechos celulares. De este modo, junto con otros procesos adicionales, el cerebro va «barriendo» continuamente los residuos biológicos que se van generando.

Sin embargo, cuando la producción de proteínas defectuosas rebasa la capacidad de los sistemas de limpieza celular, o cuando estos mecanismos comienzan a deteriorarse, ya sea por el paso del tiempo, por causas genéticas o por situaciones de estrés celular crónico, los residuos dejan de ser eliminados con eficacia, dando lugar a una acumulación progresiva de agregados insolubles y tóxicos cada vez mayor. Nos podemos imaginar una vivienda donde se van generando residuos que empaquetamos en bolsas de basura y que vamos llevando al contenedor. Con el tiempo, por distintas razones, quizá porque los habitantes de esa vivienda no hablan entre ellos, quizá porque no consiguen moverse bien o quizá porque no se dan cuenta de la cantidad de basura que hay acumulada, este proceso de empaquetar los residuos y de llevarlos al contenedor podría empezar a suceder cada vez con menor frecuencia. Ello, inevitablemente, llevaría a una progresiva acumulación de una cantidad cada vez mayor de residuos dentro de la vivienda que, poco a poco, se iría convirtiendo en un lugar inhabitable, desordenado, sucio y putrefacto. Posiblemente, en algún momento, habría tanta basura acumulada que ya no podríamos movernos ni respirar el aire de ese ambiente. Finalmente, existiría un riesgo inmenso de que todo ese material desprendiese gases y llegase a incendiarse destruyendo todo el conjunto de la vivienda.

Figura 21: Representación de la localización de las proteínas tóxicas y del daño cerebral en la enfermedad de Alzheimer.

Enfermedad de Alzheimer

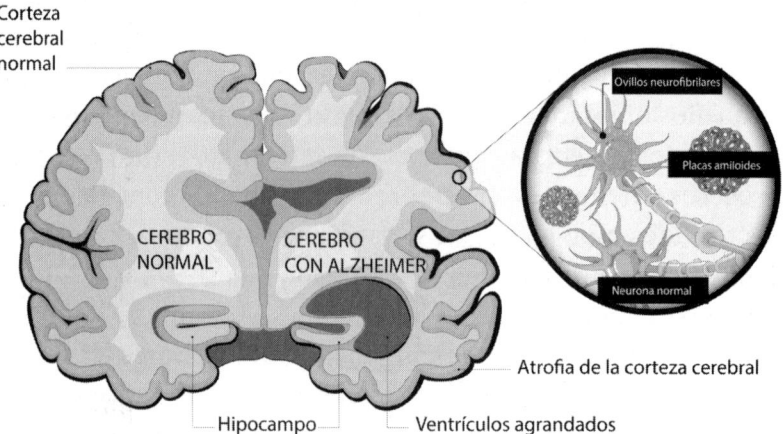

De algún modo, la acumulación progresiva en el cerebro de acúmulos de proteínas mal plegadas desencadena toda una serie de eventos equivalentes a los de la vivienda, pero en este caso, lo que sucede es que estos desechos interrumpen el transporte axonal, bloquean los nutrientes que alimentan la célula, distorsionan la sinapsis haciendo que la comunicación entre neuronas se vuelva errática o ineficaz, alteran la forma en que ciertos genes se expresan, promueven estrés oxidativo y, finalmente, activan respuestas inflamatorias sostenidas que, en un intento de proteger la neurona, terminan generando un entorno neurotóxico que agrava aún más el daño. El resultado de todo este proceso no es inmediato ni uniforme, pero si implacable: se ha iniciado la cadena de eventos que lleva a la neurodegeneración y hay tal cantidad de desecho acumulado y acumulándose, que el cerebro ya no será capaz de librarse de él. Por ello, la neurodegeneración avanzará de forma insidiosa, afectando primero funciones sutiles, para luego desencadenar síntomas clínicos más evidentes conforme las redes cerebrales implicadas comiencen a deteriorarse. De este modo, lo que inicialmente será un fallo molecular, microscópico, casi imperceptible, culminará en un trastorno devastador de la cognición, el movimiento, la emoción, la conducta, la persona, su historia y su futuro.

El daño que ejercen todos estos procesos suele tener una predilección concreta por determinados tipos de neuronas, regiones anatómicas o redes funcionales del cerebro en función de los mecanismos concretos implicados. Dicho de otro modo, no todas las zonas del cerebro son igualmente vulnerables ni todas las proteínas defectuosas afectan de la misma manera. Cada proteína, en su versión patológica, tiende a alterar estructuras específicas, dando lugar a síndromes clínicos distintos, con síntomas que reflejan con notable precisión el mapa del daño cerebral que ha ido aconteciendo y que definen, en última instancia, las características esenciales y distintivas de las múltiples enfermedades neurodegenerativas. Es como si en esta extensa ciudad llamada cerebro, determinadas proteínas tendiesen a generar residuos en determinados barrios y seguir determinadas carreteras evitando afectar otros caminos.

Además, estos patrones de afectación selectiva no solo explican la diversidad de los síntomas entre distintas enfermedades neurodegenerativas, sino que también permiten clasificar y entender las variantes clínicas dentro de una misma entidad. De modo que, como veremos más adelante, una misma enfermedad neurodegenerativa, por ejemplo, una enfermedad de Alzheimer, puede presentarse de múltiples maneras obedeciendo al modo en que la proteína patológica se distribuye y altera caprichosamente caminos, sistemas y redes concretas.

ENEMIGOS CON NOMBRE PROPIO

Las enfermedades neurodegenerativas, en su gran mayoría, pueden ser clasificadas según la proteína que se altera de forma predominante, ya que esta suele condicionar la trayectoria que seguirá el daño, la vulnerabilidad de determinadas neuronas y, en consecuencia, el aspecto y curso clínico de la enfermedad. Así pues, por ejemplo, teniendo en cuenta que algunas de las proteínas que frecuentemente se asocian con enfermedades neurodegenerativas son la proteína tau, la alfa-sinucleína, la proteína TDP-43 o la proteína priónica, podemos hablar de tauopatías, sinucleinopatías, proteinopatías TDP-43 o priono-patías, entre otras.

Sin embargo, esta clasificación no debe hacernos perder de vista una realidad mucho más compleja como lo es que en muchos cerebros afectados por procesos neurodegenerativos coexisten varias proteínas alteradas. Es decir, como si de una quimera molecular se tratase, en los cerebros de las personas afectadas por enfermedades neurodegenerativas podemos encontrar una forma anormal y predominante de una determinada proteína, junto con múltiples formas anormales de otras proteínas. Por ejemplo, en una persona con enfermedad de Alzheimer, siempre encontraremos depósitos de beta-amiloide y proteína tau, pero también podremos encontrar acúmulos de TDP-43 o de sinucleína, ambas implicadas de manera principal en procesos distintos a la enfermedad de Alzheimer como la esclerosis lateral amiotrófica, la demencia frontotemporal o la enfermedad de Parkinson.

Intentemos conocer un poco mejor estas proteínas y estos extraños nombres tales como tau o sinucleína. La proteína tau cumple una función esencial dando estructura a la neurona y facilitando el transporte axonal pues gracias a unas estructuras llamadas microtúbulos. Sin embargo, cuando tau se hiperfosforila y sufre alteraciones estructurales, se vuelve insoluble y comienza a agregarse en forma de filamentos anómalos. Estos acúmulos interfieren con el transporte intracelular, activan la respuesta inflamatoria y, finalmente, provocan la muerte de la neurona. Es entonces cuando hablamos de taupatías. Las taupatías, y de hecho cualquier proteinopatía, pueden ser primarias, es decir, ser el mecanismo principal que causa una enfermedad, o bien pueden ser secundarias, o sea, presentarse como copatología acompañante de una enfermedad. Dentro de las enfermedades que consideramos taupatías encontramos la enfermedad de Alzheimer, las demencias frontotemporales, la parálisis supranuclear progresiva, la degeneración corticobasal y la enfermedad de Pick.

Figura 22: Representación de los microtúbulos que la proteína tau estabiliza y su desconfiguración conforme esta se hiperfosforila.

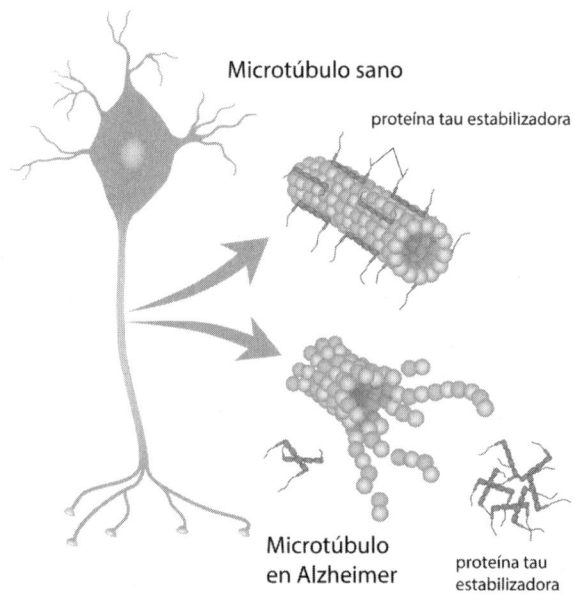

Por otro lado, la alfa-sinucleína es otra proteína muy abundante en el sistema nervioso que, entre otros procesos, está involucrada en la liberación de neurotransmisores. Cuando se pliega mal, forma unos agregados tóxicos conocidos como cuerpos de Lewy, que son el sello característico de las enfermedades que definimos como sinucleinopatías, entre las que encontramos la enfermedad de Parkinson, la demencia con cuerpos de Lewy y la atrofia multisistémica.

Figura 23: Localización de una inclusión de cuerpos de Lewy en una neurona.

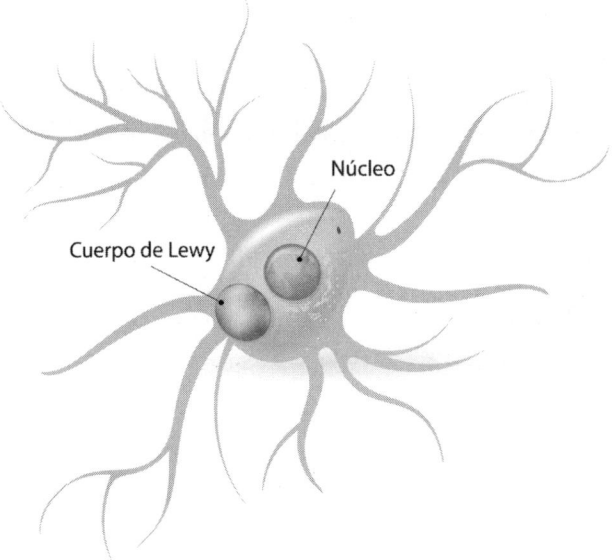

Núcleo

Cuerpo de Lewy

La proteína TDP-43 está implicada en la regulación de la expresión génica y del procesamiento del ARN. Eso es, actúa como un editor de textos en la biblioteca genética de la célula de modo que su trabajo consiste en revisar, corregir y organizar las instrucciones que se escriben, asegurándose de que cada mensaje llegue claro y correctamente estructurado para que la célula pueda fabricar las proteínas que necesita. En condiciones normales, esta proteína reside en el núcleo celular, pero cuando se altera, migra al océano interior de la célula, se fragmenta y se agrega de manera patológica convirtiendo ese entorno en un océano innavegable. Es entonces cuando, fruto del daño que causa este proceso, hablamos de proteinopatías TDP-43, como es el caso de la esclerosis lateral amiotrófica, algunas formas de demencia frontotemporal, y algunas variantes de la enfermedad de Alzheimer.

La proteína priónica celular es una molécula presente en prácticamente todos los mamíferos, incluidos los seres humanos. Esta proteína se encuentra de forma abundante en el sistema nervioso central, especialmente en la superficie de las neuronas. A pesar de que aún no se comprenden por completo todas sus funciones, la proteína priónica en su forma normal parece participar en múltiples procesos que resultan fundamentales para la integridad del sistema nervioso, como la protección frente al estrés oxidativo, la regulación de la actividad sináptica, la señalización celular y la plasticidad neuronal. El problema aparece cuando esta proteína sufre un cambio estructural y adquiere una forma mal plegada que promueve la pérdida de su función fisiológica y la ganancia de una terrible y única capacidad: la proteína priónica mal plegada induce el mismo cambio patológico a otras proteínas priónicas normales con las que entra en contacto. De este modo, como si se tratase de un proceso infeccioso, la proteína priónica alterada primordial propaga el mal plegamiento de forma exponencial y de una manera sorprendentemente rápida, generando acumulaciones tóxicas que dañan profundamente el tejido cerebral en cuestión de unos pocos días. Esta propiedad, la de inducir a otras proteínas priónicas a volverse «malas», convierte a las enfermedades priónicas en únicas dentro del campo de la neurología, puesto que son las únicas enfermedades neurodegenerativas transmisibles. Esto significa que, si una persona entrase en contacto directo con material biológico «infectado» por una única proteína priónica alterada, por ejemplo, por ingerirla de un animal enfermo o por contacto directo con la sangre de una persona afectada, eso desencadenaría una rápida proliferación de cambios patológicos en sus propias proteínas priónicas normales, originando un proceso neurodegenerativo rápidamente progresivo e imparable. Por todo ello, las enfermedades priónicas, a diferencia de otros procesos neurodegenerativos que progresan a lo largo de años, suelen tener un inicio abrupto y una evolución extremadamente rápida y devastadora en cuestión de pocas semanas. Entre estas enfermedades que comentaremos más adelante, destacan la enfermedad de Creutzfeldt-Jakob, el insomnio familiar fatal, la enfermedad de kuru o el síndrome de Gerstmann-Sträussler-Scheinker.

Figura 24: Representación de la proteína priónica en su estado normal (PrP^C) y alterado en las enfermedades priónicas (PrP^{Sc}).

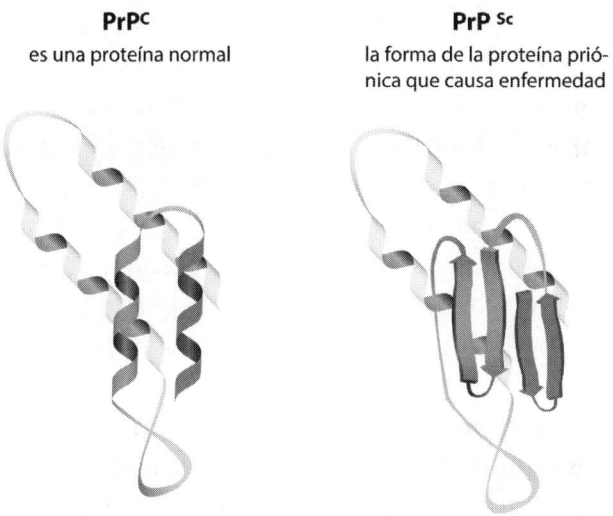

PrP^C
es una proteína normal

PrP ^{Sc}
la forma de la proteína priónica que causa enfermedad

Por otro lado, hay muchas otras formas de proteínas que ejercen una función fisiológica pero que, dadas determinadas circunstancias, habitualmente genéticas, sufren modificaciones que dan lugar a formas muy específicas de determinadas enfermedades neurodegenerativas. Por poner un ejemplo, la proteína huntingtina está presente en todas las células del organismo y, a pesar de que conocemos parcialmente su función, sabemos que resulta esencial para toda una serie de procesos que facilitan la supervivencia neuronal. En determinadas personas, la presencia de una mutación genética en particular hace que el conjunto de letras con las que se escribe esta proteína sea extremadamente largo, configurando una palabra irreconocible que conduce a la formación de una huntingtina totalmente aberrante y disfuncional que desencadena un proceso de muerte neuronal progresivo, el cual conduce a una enfermedad que conocemos como enfermedad de Huntington. Este mismo mecanismo, o mecanismos muy similares, son los que dan sustento a la mayoría de los procesos neurodegenerativos genéticamente determinados.

Pero ¿que origina toda esta tormenta que desencadena la alteración de las proteínas y que lleva a la neurodegeneración? Comprender cómo y por qué estas proteínas, que cumplen funciones esenciales en la célula, se transforman en enemigos de su propio entorno es uno de los grandes retos actuales. De algún modo, podemos asumir que, si supiésemos con exactitud el mecanismo causal, podríamos actuar sobre él y prevenir lo que llega después. Pero la realidad es que las causas que desencadenan estos procesos de mal plegamiento y acumulación son múltiples, complejas y todavía no del todo comprendidas. Aun así, sabemos que existen tres grandes grupos de mecanismos que, por separado o en conjunto, precipitan, facilitan o predisponen a las enfermedades neurodegenerativas: los mecanismos genéticos determinantes, los factores genéticos de riesgo y los factores ambientales.

En un pequeño porcentaje de casos, como en la enfermedad de Huntington de la que ya hemos hablado, las enfermedades neurodegenerativas tienen una única base genética bien definida. En estos casos, hablamos de formas hereditarias o monogénicas, en las que una sola mutación en un gen concreto es suficiente para poner en marcha el proceso neurodegenerativo. En estos escenarios, la enfermedad no es una probabilidad, sino una certeza biológica. Estas formas hereditarias suelen seguir un patrón autosómico dominante, lo que significa que basta con heredar una copia alterada del gen de uno de los progenitores para desarrollar la enfermedad, es decir, cada descendiente de una persona afectada tiene una probabilidad del 50 % de portar la mutación y, por tanto, de padecer la enfermedad en el futuro. Son ejemplos de estos casos, que desarrollaremos en mayor profundidad más adelante, las formas familiares de enfermedad de Alzheimer o de enfermedad de Parkinson, la enfermedad de Huntington, las formas genéticas de demencia frontotemporal y algunas enfermedades priónicas.

Figura 25: Representación de las formas de herencia autosómica recesiva y dominante en enfermedades genéticas.

Herencia autosómica recesiva

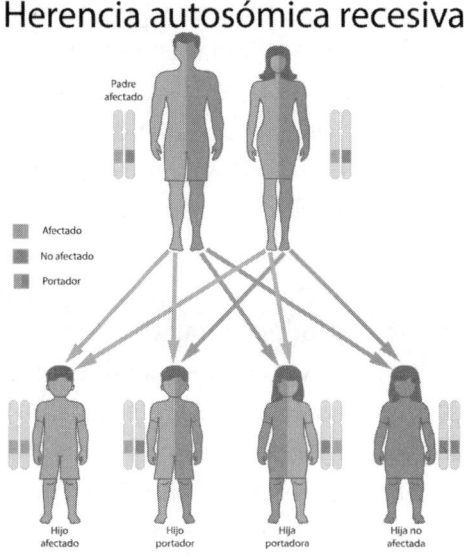

Herencia autosómica dominante

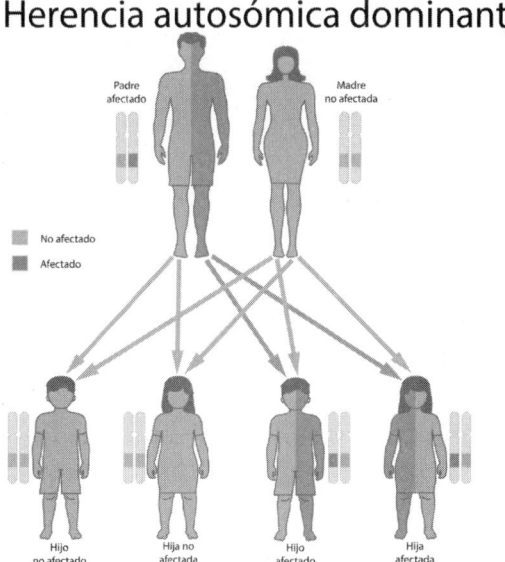

Además de las formas hereditarias, existe un conjunto mucho más amplio de casos en los que la genética no determina de forma directa que una persona vaya a desarrollar una enfermedad neurodegenerativa, pero sí influye de manera significativa en la probabilidad de que eso ocurra. Es lo que conocemos como factores genéticos de riesgo. Estos factores no son mutaciones determinantes, sino variantes genéticas comunes en la población general, también llamadas polimorfismos, que, por sí solas, no causan la enfermedad, pero sí modifican la vulnerabilidad del sistema nervioso, influyendo en cómo reacciona ante el envejecimiento, la inflamación, el estrés oxidativo o ciertos factores ambientales. Podemos imaginar estas variantes como pequeños empujones que, si se acumulan o se combinan con otros factores, pueden contribuir a desencadenar o acelerar un proceso neurodegenerativo.

Por ejemplo, el alelo APOE ε4 es posiblemente el factor genético de riesgo más conocido en el campo de las demencias. El gen APOE codifica la apolipoproteína E, una proteína esencial en el transporte y metabolismo de los lípidos en el sistema nervioso, donde cumple un papel crucial en la reparación neuronal, la plasticidad sináptica y la respuesta a daños celulares. Existen tres variantes o polimorfismos principales de este gen en la población general: ε2, ε3 y ε4. La mayoría de las personas portan dos copias del alelo ε3, considerado neutro desde el punto de vista del riesgo. Sin embargo, portar una copia del alelo ε4 aumenta entre dos y tres veces el riesgo de desarrollar enfermedad de Alzheimer, mientras que portar dos copias puede multiplicar ese riesgo hasta por doce. Este efecto es particularmente claro en la enfermedad de Alzheimer de aparición tardía, la forma más común del trastorno.

Ahora bien, no todas las personas con Alzheimer tienen APOE ε4, ni todas las personas con este alelo desarrollan la enfermedad. Tener APOE ε4 no es un diagnóstico ni una sentencia genética, sino una predisposición, un terreno biológico más vulnerable en el que, si se suman otros factores, es más probable que se desencadene el proceso patológico.

Otro ejemplo significativo de factor genético de riesgo lo encontramos en el gen GBA. Este gen codifica una enzima llamada glucocerebrosidasa, que actúa en el interior de los lisosomas, esos orgánulos responsables de degradar y reciclar desechos celulares. Cuando esta enzima no funciona correctamente, se altera la capacidad para gestionar adecuadamente el reciclaje de proteínas, entre ellas la alfa-sinucleína, una proteína que como hemos comentado está íntimamente relacionada con la enfermedad de Parkinson. Las personas que heredan dos copias alteradas del gen GBA desarrollan una enfermedad metabólica rara llamada enfermedad de Gaucher, caracterizada por acúmulo de lípidos en varios órganos, pero las personas que portan solo una copia alterada del gen tienen un riesgo significativamente más alto de desarrollar enfermedad de Parkinson en algún momento de su vida, en comparación con la población general.

A pesar de todos estos mecanismos genéticos, en la mayoría de los casos de enfermedades neurodegenerativas los genes no escriben el destino por sí solos, sino que la enfermedad es la consecuencia de una interacción a lo largo de décadas entre la biología y el entorno. La exposición ambiental y los mecanismos epigenéticos son dos grandes caras de esta interacción, donde la primera representa el efecto mediado por aquello que recibimos desde fuera, como lo que respiramos, comemos, tocamos, hacemos o evitamos, y la otra, los mecanismos biológicos internos que suceden como consecuencia de esta exposición al entorno y que modifican la actividad de nuestros genes. De hecho, existe una clara certeza que expone el mejor y mayor experimento jamás realizado: la propia vida. Esta certeza es que no todas las personas desarrollan las mismas enfermedades, ni todas las personas que conviven con factores genéticos determinantes desarrollan la enfermedad a la misma edad, ni todas las personas con factores genéticos de riesgo llegan a desarrollar una enfermedad. Por ello, durante años se ha intentado comprender qué mecanismos rigen esta variabilidad. Y en este intento de comprensión, hemos ido consolidando la idea de que más allá de los genes, existe todo un entorno que deja una huella progresiva en nuestro sistema nervioso y en su vulnerabilidad y capacidad de hacer frente al daño. Sabemos, por ejemplo, que la exposición prolongada a ciertos agentes como pesticidas, herbicidas o metales pesados puede aumentar de forma significativa el riesgo de desarrollar enfermedad de Parkinson. Sabemos también que la contaminación atmosférica en forma de partículas finas en suspensión que abundan en las grandes ciudades puede asociarse con mayor atrofia cerebral, mayor carga de beta-amiloide y un deterioro cognitivo más rápido.

Por otro lado, la inactividad física, el aislamiento social, la obesidad persistente en la mediana edad, el sueño de mala calidad y las enfermedades vasculares mal controladas debilitan la reserva funcional del cerebro, reducen su capacidad de reparación y aumentan el estrés oxidativo e inflamatorio, contribuyendo así notablemente a una mayor vulnerabilidad cerebral. Incluso algo tan aparentemente puntual como un traumatismo craneoencefálico puede dejar una huella indeleble, generando un punto vulnerable que años más tarde puede precipitar un proceso degenerativo en el contexto adecuado.

II

LOS MÚLTIPLES ROSTROS DEL DAÑO

Las enfermedades tienen un nombre. A veces, llevan el apellido de quien las describió y en otras ocasiones hacen referencia a lo que las causa o a los síntomas que provocan. Son etiquetas que intentan ordenar la complejidad del sufrimiento humano, pero que nunca consiguen definir la vivencia de quien padece y lo que todo ello implica para quien acompaña.

Una enfermedad neurodegenerativa es, en esencia, un proceso que de manera progresiva altera el funcionamiento normal del cerebro, dando lugar, como consecuencia, a la expresión de distintos síntomas. Un síntoma es cualquier señal que el cuerpo o la mente emite para decirnos que algo no va bien. Puede ser algo físico, como el dolor o el temblor, puede ser emocional o conductual, como la tristeza o la ira, o puede ser cognitivo, como olvidar cosas con frecuencia. Por ello, los síntomas son el lenguaje mediante el cual el cuerpo expresa que algo no funciona bien. Cuando existe un conjunto de síntomas que se presentan juntos y que definen una constelación que podemos reconocer, es entonces cuando hablamos de síndromes.

ENFERMEDAD DE ALZHEIMER

La enfermedad de Alzheimer constituye no solo la enfermedad neurodegenerativa más frecuente, sino que es la principal causa de demencia provocada por un proceso neurodegenerativo. Se estima que en el mundo se diagnostican cerca de diez millones de nuevos casos de demencia cada año, y de entre todos ellos, la gran mayoría estarán provocados por una enfermedad de Alzheimer.

El concepto de demencia no hace referencia a una enfermedad, sino a cómo un conjunto de síntomas cognitivos se expresa con la suficiente gravedad como para afectar de manera significativa el nivel de independencia funcional de una persona. De este modo, cuando una persona presenta, por ejemplo, un trastorno de la memoria y de la capacidad de razonar y de resolver problemas y este trastorno es tan intenso como para que se vea afectada su funcionalidad diaria y se requiera supervisión, es entonces que hablamos de demencia. Por otro lado, cuando existen indicadores evidentes de compromiso cognitivo, pero la severidad con la que este compromiso se expresa no es suficiente como para interferir de manera significativa la independencia funcional de la persona, hablamos de deterioro cognitivo leve. Así que una persona puede presentar un síndrome de demencia como consecuencia de una infinidad de actores desencadenantes, entre los cuales evidentemente podemos y debemos incluir las enfermedades neurodegenerativas, pero también podrían estar los TCE, el ictus, etcétera.

En países como España, más de 800 000 personas viven con algún tipo de demencia, y la enfermedad de Alzheimer representa cerca del 70 % de los casos. En este contexto, no pasa desapercibido que la edad juega un papel en el desarrollo de esta enfermedad, puesto que habitualmente la vemos en personas mayores. De hecho, resulta evidente que la prevalencia del Alzheimer aumenta exponencialmente con la edad, resultando más frecuente a partir de los 65 años.

Si observamos el porcentaje de casos con enfermedad de Alzheimer acorde a distintos grupos de edad, podemos constatar que en el grupo que comprende desde los 65 hasta los 74 años, aproximadamente padecen enfermedad de Alzheimer entre un 3 % y 5 % de las personas. Si pasamos al grupo que engloba la población entre 75 y 84 años, los casos con enfermedad de Alzheimer incrementan notablemente, con un 20 % de presencia en la población en esta franja de edad. Finalmente, por encima de los 85 años, la prevalencia de la enfermedad de Alzheimer se sitúa entre el 30 % y el 40 % de las personas. En cualquier caso, es importante tener en cuenta que, aunque la edad sea un factor claramente relacionado con la enfermedad de Alzheimer, no es la edad avanzada en sí misma la causa de la enfermedad, ni resulta imposible que la enfermedad afecte a personas más jóvenes. De hecho, entre un 5 % y un 10 % de los casos de personas con enfermedad de Alzheimer, la enfermedad ha debutado antes de los 65 años, incluso en la década de los 40 y 50 años, constituyendo lo que se conoce como enfermedad de Alzheimer de inicio precoz.

Todo proceso neurodegenerativo implica una secuencia de eventos biológicos y clínicos, que no necesariamente suceden de manera acompasada a lo largo del tiempo. De hecho, asumimos que cuando una enfermedad neurodegenerativa empieza a manifestarse clínicamente en forma de los distintos síntomas que la definen, hace mucho tiempo que ya vienen sucediendo toda una serie de cambios en la biología que han ido dañando lentamente la estructura y función cerebral, a pesar de que no existían ni signos ni síntomas visibles. A esta etapa previa, y que sucede en cualquier proceso neurodegenerativo, la conocemos como etapa o fase preclínica o presintomática.

La etapa preclínica de la enfermedad de Alzheimer ocupa todo ese espacio de tiempo a lo largo del cual han ido sucediendo distintos eventos patológicos propios de la enfermedad, en ausencia de manifestaciones clínicas en forma de síntomas. En el caso de esta enfermedad, asumimos que, posiblemente, unos diez o hasta veinte años antes de que aparezcan los primeros síntomas, ya se han iniciado y siguen sucediendo los distintos cambios moleculares que evocarán la aparición de la enfermedad. El primero de estos cambios suele ser la acumulación anómala del péptido beta-amiloide en el cerebro. Este péptido, que normalmente es producido y eliminado de forma equilibrada, empieza a acumularse en forma de placas en el espacio extracelular entre las neuronas, especialmente en regiones como la corteza frontal y el hipocampo, estructuras, como ya hemos comentado, que resultan claves en la memoria y el pensamiento. Esta acumulación de beta-amiloide desencadena una respuesta inflamatoria crónica del sistema inmunitario cerebral, particularmente por parte de la microglía, las células encargadas de la defensa del tejido nervioso. Esta activación mantenida en el tiempo, lejos de ser protectora, contribuye a un entorno tóxico para las neuronas. Paralelamente, y quizá en una etapa ligeramente posterior, comienza un segundo proceso patológico clave que lleva a la hiperfosforilación de la proteína tau, promoviendo que se agrupe formando lo que conocemos como ovillos neurofibrilares en el interior de las neuronas.

Estos dos procesos, la acumulación de placas de beta-amiloide y la formación de ovillos de tau, crean un entorno progresivamente más hostil para las neuronas, que promueve el deterioro de las conexiones sinápticas, disminuye la eficacia de la comunicación entre células cerebrales y, eventualmente, induce a la pérdida sináptica y a la muerte neuronal.

Durante toda esta fase silenciosa, si analizásemos el líquido cefalorraquídeo o el plasma de las personas afectadas empleando determinadas técnicas, ya podríamos detectar biomarcadores específicos. Los biomarcadores son una característica biológica que puede medirse objetivamente y que nos proporciona información sobre un proceso fisiológico normal, una condición patológica o la respuesta a una intervención terapéutica. En otras palabras, un biomarcador es una señal o indicio medible que nos orienta sobre lo que está ocurriendo en el cuerpo, muchas veces incluso antes de que aparezcan los síntomas visibles de una enfermedad. De este modo, en esta etapa preclínica, los biomarcadores cuantificados en líquido cefalorraquídeo o plasma nos mostrarían una disminución de los niveles de beta-amiloide libre debido a que se está acumulando en el tejido cerebral, junto con un aumento de tau total y de tau fosforilada. En paralelo, disponemos de otros biomarcadores que, de manera indirecta e inespecífica, nos permiten objetivar que está sucediendo algún tipo de daño neuronal. Específicamente, disponemos actualmente de técnicas que nos permiten cuantificar los niveles de lo que conocemos como neurofilamentos de cadena ligera o NfL. Estos neurofilamentos son, en gran medida, desechos producto del daño en los axones de neuronas que fallecen. De este modo, cualquier proceso que cause daño neuronal y axonal se verá acompañado de un aumento de los niveles de NfL y, por ello, consideramos que es un marcador inespecífico, desde el punto de vista de que no se asocia con una enfermedad en concreto, pero que claramente nos permite objetivar la presencia de daño neuronal. En el caso de la enfermedad de Alzheimer, resulta previsible que durante la etapa preclínica ya veamos un progresivo incremento de los niveles de NfL en respuesta al daño que ya acontece. Paralelamente, también disponemos de técnicas de imagen avanzadas como la tomografía por emisión de positrones (PET) que, empleando trazadores específicos, nos permiten detectar la presencia de depósitos de amiloide en el cerebro. Si empleásemos estas técnicas en individuos en etapa preclínica, se podría observar cómo, en ausencia de síntomas visibles, ya existe un patrón incipiente de acumulación de depósitos de amiloide o de proteína tau.

En esta etapa silente, determinadas poblaciones de neuronas muestran una notable vulnerabilidad al daño mediado por estos procesos moleculares. Específicamente, en la enfermedad de Alzheimer las estructuras más tempranamente comprometidas se sitúan en el lóbulo temporal medial, especialmente en el hipocampo y la corteza entorrinal, regiones que como ya hemos descrito están profundamente implicadas en los procesos de memoria y navegación espacial.

A medida que la enfermedad avanza, el patrón de daño progresa, siguiendo generalmente rutas funcionales y anatómicas bien definidas, propagándose de la corteza temporal medial hacia regiones límbicas, para posteriormente alcanzar áreas asociativas temporales, parietales y prefrontales y finalmente implicar, en etapas más evolucionadas, áreas sensoriales y motoras primarias. Esa trayectoria patológica irá dando sustento al fracaso de distintos sistemas y, en consecuencia, a la expresión de diferentes síntomas que irán configurando las características clínicas de la enfermedad a lo largo de su curso evolutivo y en sus diferentes formas.

Figura 26: Comparación de un cerebro sano con un cerebro afectado por la enfermedad de Alzheimer.

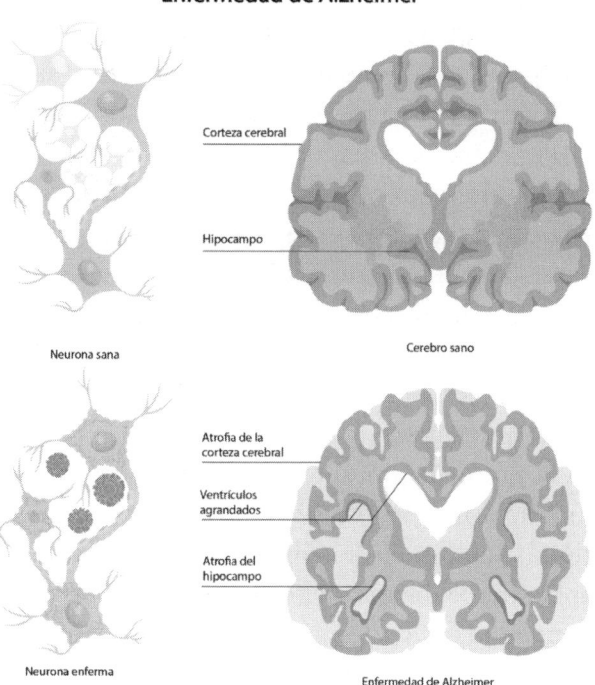

Enfermedad de Alzheimer

Corteza cerebral

Hipocampo

Neurona sana

Cerebro sano

Atrofia de la corteza cerebral

Ventrículos agrandados

Atrofia del hipocampo

Neurona enferma

Enfermedad de Alzheimer

En el cerebro enfermo destaca la marcada atrofia cerebral y la pérdida de la anatomía del lóbulo temporal, comprometiendo especialmente al hipocampo.

De este modo, tras un período asintomático, pero biológicamente activo, el daño neuronal empezará a ser lo suficientemente intenso como para que aparezcan las primeras manifestaciones de la enfermedad.

En ese momento, la persona entra en una etapa en la que suele predominar lo que concebimos como quejas o cambios subjetivos, especialmente relativos a los fallos de memoria. En esta etapa, la persona empieza a tener la sensación de que su memoria no funciona como antes y esto lo puede notar en forma de dificultades para recordar nombres propios, perder con más frecuencia objetos cotidianos, o sentir que necesita más tiempo para recordar información reciente. A menudo, estas quejas resultan invisibles para el entorno familiar puesto que estas sensaciones subjetivas no se traducen en cambios relevantes en el funcionamiento diario de la persona.

Con el tiempo, algunas personas que han venido experimentado esta impresión de cambios subjetivos, progresan, acorde a la propagación del daño neuronal, a una fase en la que los déficits de memoria ya son medibles objetivamente, aunque la persona aún mantiene su independencia funcional y, por lo tanto, como ya hemos mencionado, la persona entra en una fase de deterioro cognitivo leve (DCL). Un DCL, igual que una demencia, puede estar causado por distintos mecanismos y puede caracterizarse por dificultades en diferentes procesos o funciones cognitivas, no necesariamente la memoria. Pero en contexto de la enfermedad de Alzheimer, resulta particularmente evidente que este DCL adquiere habitualmente una forma muy concreta: el síndrome amnésico.

Dada la predilección que tiene el daño neuronal que acontece de manera más frecuente en la enfermedad de Alzheimer por regiones temporales íntimamente relacionadas con la memoria episódica, la forma más frecuente de DCL en contexto de una enfermedad de Alzheimer es la que conocemos como DCL amnésico. Por ello, cuando identificamos un DCL amnésico y no existen otras causas que lo puedan explicar, sabemos que muy posiblemente este proceso esté causado por una enfermedad de Alzheimer y que nos encontramos en una fase previa a la demencia.

En este punto, a pesar de que la autonomía funcional de la persona siga preservada, empezará a ser evidente por parte del afectado o, en ocasiones, de manera más intensa por parte de sus allegados, que hay aspectos de la memoria que no funcionan como antes. Específicamente, estos primeros déficits relativos a la memoria episódica se expresarán, por ejemplo, como una clara tendencia a olvidar repetidamente conversaciones recientes o citas, con tendencia a repetir ciertas preguntas o historias que ya se han contado, así como a usar ayudas externas como anotaciones o recordatorios que antes no se requerían.

Recuperando algunos de los aspectos descritos en la primera parte de este libro en relación con el funcionamiento de la memoria, si aplicásemos la metáfora del armario como sistema de almacenaje, podríamos asumir que, en esencia, el tipo de fallos de memoria que empieza a presentar una persona afectada por esta patología son consecuencia de que el armario empieza a estar agujereado y a perder su forma y estructura. Por ello, en las primeras etapas de la enfermedad, los defectos con respecto a la memoria tienen que ver con dificultades para aprender y mantener nueva información, por ejemplo, una conversación reciente, y para evocar recuerdos relativos a eventos que antes estaban almacenados, puesto que estos se han ido perdiendo. Paradójicamente, estos fallos de memoria suelen afectar predominantemente a eventos recientes, mientras que recuerdos anclados en un pasado remoto se mantienen completamente preservados.

En cualquier caso, ni toda alteración subjetiva o leve de la memoria implica una enfermedad de Alzheimer, ni siempre una enfermedad de Alzheimer debuta o se expresa como un trastorno predominante de la memoria. Existen una infinidad de escenarios que pueden afectar al conjunto de procesos que intervienen en la construcción y recuerdo de la memoria y solo el fracaso de un determinado tipo de estos procesos define el perfil clínico prototípico de la enfermedad de Alzheimer.

Conforme el proceso patológico va progresando y extendiéndose, empiezan a manifestare cambios cognitivos cada vez más evidentes por lo que respecta a la memoria, pero que también empiezan a abarcar otras funciones, además de incorporar los primeros cambios conductuales y el evidente impacto sobre la funcionalidad. A partir de ese momento es cuando dejaremos de usar el concepto de DCL y hablaremos de demencia.

En esta etapa, además de que la memoria episódica puede encontrarse desproporcionadamente alterada, pueden empezar a desconfigurarse eventos anclados a un pasado no tan reciente o a desacoplarse ciertos recuerdos del momento en el tiempo cuando estos sucedieron. Por ello, es fácil que en esta etapa las personas puedan confundir el cuándo sucedió un determinado evento o puedan creer que va a suceder algo que en realidad ya sucedió hace días, semanas o años. Estas manifestaciones dan lugar a lo que comúnmente muchas personas definen como confusión o desorientación temporal, aunque en esencia, son fenómenos de incorrecta actualización de la persona con respecto al momento presente que vive. Dicho de otro modo, imaginemos un escenario catastrófico como que perdiésemos toda esa información con la que hemos ido construyendo el relato de nuestra vida a lo largo de los últimos veinticinco años. En mi caso, teniendo en cuenta que actualmente tengo 44 años, eso implicaría que de pronto, mi presente a los 44 años esperaría encontrarse con una realidad acontecida hace veinticinco años, eso es, cuando tenía 19 años. Teniendo en cuenta que en esa época aún vivía con mis padres, una posible situación que se podría dar sería la de decirle a alguien que estoy esperando que lleguen mis padres a casa para comer o que esa tarde tengo que acompañar a mi madre a hacer unos recados. No estaría confuso en el sentido estricto del término, sino profundamente desactualizado.

Este tipo de situaciones resultan muy frecuentes en la enfermedad de Alzheimer y profundamente desconcertantes, tanto para quien convive con la persona que padece, como para quien la padece. Pongámonos en situación. Si de pronto estuviésemos viviendo una parcela de la realidad tal y como esperaríamos que fuese cuando teníamos 19 años ¿Cómo esperarías reaccionar si vuestro entorno os confrontase con lo que estáis experimentando? En ocasiones, cuando me encuentro con este tipo de situaciones en la consulta y los acompañantes me explican los incesantes esfuerzos que hacen para intentar convencer a la persona de que está confundida y cómo la persona suele reaccionar mal a esta insistencia, les suelo poner un ejemplo. Primero miro el color de la ropa que llevan y les pregunto su nombre. Supongamos que lleva una camisa verde y que se llama María. Entonces les planteo lo siguiente: «María, ¿cuál cree que sería su reacción si ahora yo empezase a decirle que su camisa no es verde y que usted no se llama María?».

Hay una parcela de los cambios de conducta que vemos en las personas afectadas por una enfermedad como el Alzheimer que obedece de manera invariante al daño neuronal circundante, pero, por otro lado, hay una parcela que explica estos cambios como consecuencia de lo profundamente desconcertante y humillante que puede resultar para un individuo toparse con una realidad que nadie experimenta como lo hace la persona afectada.

En esta misma etapa de la enfermedad, atendiendo a que el proceso patológico se va extendiendo, suelen aparecer también problemas persistentes a la hora de encontrar palabras, como, si de algún modo, ese sistema de acceso y recuperación no supiese reconocer y encontrar las palabras que se quieren usar. En muchos casos, esto lleva a la persona a emplear descripciones del uso de aquello que no consiguen nombrar como «Pásame el... la... lo de cortar el pan» para referirse a «cuchillo», o a errores que conocemos como parafasias semánticas donde la persona pronuncia el nombre de lo que quiere nombrar por un objeto similar en categoría, como por ejemplo decir «cuchara» en lugar de «cuchillo». En lo relativo al lenguaje, si el daño neuronal ha empezado a extenderse hacia regiones temporales anteriores, donde situamos esa especie de diccionario de conceptos, podría también suceder que la persona tuviese grandes dificultades para disponer del nombre de determinadas cosas, no tanto por un problema a la hora de acceder, encontrar el nombre y evocarlo, como sí por una pérdida del nombre o del concepto del diccionario cerebral.

En esta etapa, es fácil que también existan signos de compromiso de las funciones frontales expresándose, por ejemplo, mediante una limitada capacidad de uso y despliegue de la memoria de trabajo, y que ello afecte en particular a determinados procesos, como por ejemplo la habilidad previamente intacta de hacer cálculos mentales simples. Por ello, es frecuente que en este punto empiecen a suceder fallos a la hora de organizar los pagos o de calcular si se ha devuelto bien o mal el cambio. Como consecuencia también de estas primeras manifestaciones frontales, es fácil que empiece a ser evidente el componente de planificación y organización deficitaria propio de un síndrome disejecutivo, dando lugar a una gestión de las tareas más desorganizada, con dificultades para seguir múltiples instrucciones o para planificar actividades simples, como un viaje. Ocasionalmente, también en esta etapa pueden aparecer los primeros instantes de confusión en lo relativo a cómo ubicar o cómo desplazarse por determinados lugares, así como errores relativos al paso del tiempo en forma de confusión de un día por otro o mostrando ciertas dificultades para ubicarse o desplazarse por un lugar conocido.

Es bien sabido que muchas personas en etapas iniciales de una enfermedad como el Alzheimer pueden presentar episodios que resultan sumamente estresantes para la familia, como son que la persona se pueda perder por la calle. El hecho de perderse, en contexto de una alteración cognitiva, puede obedecer a distintos factores. Por un lado, podemos perder la habilidad de usar algo así como el sistema de GPS interno que todos hemos incorporado y que nos permite orientarnos en un entorno y espacio. Algo distinto es que una persona ejecute una ruta sin plan y supervisión, esto es, que, para ir de un lugar a otro, sin valorar mínimamente la estrategia, tome una ruta que en ningún caso le podría llevar donde pretende.

Finalmente, otro escenario posible es que la persona se desplace por un mundo conocido, pero no consiga reconocer los edificios, las calles u otros indicadores que le permitirían ubicarse. En el primer caso, cuando falla el GPS interno, hablamos de desorientación topográfica. Este tipo de desorientación es una de las formas más precoces y características de desorientación en el Alzheimer como consecuencia de la pérdida del sentido de orientación espacial en entornos conocidos, incluso cuando no hay obstáculos físicos ni errores de memoria evidentes. Este tipo de desorientación se asocia a la disfunción del lóbulo temporal medial, en especial del hipocampo, la corteza entorrinal y la corteza parahipocampal, todos ellos fundamentales para codificar y recordar mapas cognitivos del entorno, reconocer rutas familiares e integrar señales espaciales internas y externas que nos permiten situar en un lugar del mundo y navegar por él. En el segundo caso, cuando falla el plan o la estrategia de navegación, en esencia estamos hablando de un síndrome frontal y de cómo este repercute en las habilidades del individuo afectado a la hora de trazar un plan mental para desplazarse, cambiar de estrategia si hay un imprevisto, o evaluar si se está yendo en la dirección correcta. En estos casos, es la progresiva disfunción de la corteza prefrontal dorsolateral la que da sustento a la incapacidad para desplegar de manera adecuada todos estos procesos. Finalmente, en el tercer caso, cuando falla la capacidad de reconocer el entorno, hablamos de agnosia topográfica. Este tipo de mecanismo precipitante de la desorientación no es tan frecuente en la enfermedad de Alzheimer como sí en otros procesos neurodegenerativos que comentaremos más adelante. En cualquier caso, la persona afectada, aunque puede ver y describir las calles, los edificios y otros elementos con los que se encuentra, no los identifica como familiares. Por ello, podría encontrarse delante de su casa y no reconocer el portal. En estos casos, el daño cerebral acontece en regiones occipitales o temporales posteriores como la corteza retrosplenial, que juegan un papel central en la percepción del entorno como un todo coherente y en el acceso a la memoria visual de entornos conocidos.

En el plano conductual, esta etapa se caracteriza por la posible ocurrencia de dos grandes escenarios. Por un lado, la plena o parcial consciencia de que algo está sucediendo a nivel cognitivo, y el consecuente miedo a poder presentar una enfermedad, puede propiciar el desarrollo de síntomas afectivos de tipo reactivo como sintomatología ansiosa o depresiva. Por otro lado, la existencia de cierto compromiso frontal puede implicar que algunos de los procesos relacionados con el autogobierno, la regulación de la conducta y de la motivación sean deficitarios y ello se traduzca en cambios habitualmente percibidos por el entorno y no tanto por parte del afectado, como una mayor irritabilidad o cambios de humor más frecuentes, menor iniciativa, cierta dejadez, o la limitada consciencia de problema o de enfermedad.

Como ya hemos dicho, las funciones frontales ejercen un papel central a la hora de desplegar los procesos que nos permiten gobernar la expresión de nuestras emociones, así como adecuar nuestra conducta acorde a unas reglas. La disfunción progresiva de estos sistemas en la enfermedad de Alzheimer explica todos esos cambios, inicialmente sutiles y muchas veces atribuidos a causas externas, que de manera progresiva van apoderándose de la vida del individuo mientras descomponen a su entorno. En este sentido, es importante entender que, del mismo modo que una disfunción frontal favorece la ocurrencia de conductas inadecuadas, la propia disfunción frontal favorece también la dificultad para integrar y elaborar los razonamientos que le hacemos al paciente en lo relativo a estas conductas. Es un sistema que falla, y por lo tanto emite conductas que no tocan. Pero en tanto que es un sistema que falla, no consigue usar la información que le proporcionamos para comprender que no debe ejecutar esas conductas.

En este contexto, uno de los escenarios más desconcertantes, a la par que agotadores, con el que se enfrentan las personas que conviven con la enfermedad, es la pobre, y en ocasiones nula, consciencia de enfermedad que tienen quienes la padecen. Esta realidad no obedece a un mecanismo psicológico de defensa, ni puede explicarse como un simple proceso de negación ante lo que resulta doloroso aceptar. Lo que ocurre es que esta falta de consciencia es, en sí misma, un síntoma clínico, un fenómeno ampliamente descrito en la literatura neurológica bajo el nombre de anosognosia.

El término anosognosia proviene del griego y significa literalmente «sin conocimiento de la enfermedad». En el contexto de la enfermedad de Alzheimer, se refiere a la incapacidad parcial o total del paciente para reconocer que está teniendo dificultades cognitivas o funcionales, incluso cuando estas resultan evidentes para quienes lo rodean. Es decir, no se trata de alguien que no quiere aceptar su deterioro, sino de alguien que no puede percibirlo, porque su cerebro ya no está en condiciones de monitorizar adecuadamente su propio funcionamiento. Desde el punto de vista neurológico, la anosognosia se produce porque las estructuras predominantemente frontales, encargadas de supervisar, comparar y evaluar el rendimiento cognitivo interno están alteradas, de modo que la persona pierde la capacidad de observarse a sí misma de forma crítica.

Conforme la enfermedad progresa, el impacto de los trastornos cognitivos sobre el nivel de independencia funcional va alcanzando niveles cada vez más extremos, como consecuencia de la pérdida de capacidad para desplegar una infinidad de procesos cognitivos necesarios para sobrevivir. En esta etapa, la persona ya se encuentra, por definición, en una situación de demencia moderada claramente instaurada. La extensión del proceso patológico hacia extensas áreas temporoparietales y frontales, da lugar a múltiples manifestaciones como las dificultades del reconocimiento o agnosias visuales, así como distintas formas de trastornos de la identificación. En las agnosias visuales, como ya comentamos, la persona puede perder la capacidad para reconocer ciertos objetos e incluso para reconocer rostros conocidos. Estos fallos pueden suceder bien porque las etapas más iniciales del procesamiento visual en áreas secundarias son defectuosas, o bien porque la comunicación entre estas áreas secundarias y las regiones temporales responsables de almacenar los conceptos se han perdido. En cualquier caso, cuando el daño desencadena esta fractura entre un determinado estímulo, pongamos por caso un rostro y un significado, por ejemplo «mi hijo», aparecen esos escenarios desoladores, donde ese hijo descubre que su padre o su madre le mira y con una sonrisa le pregunta: «¿quién eres?». En otros casos, estos errores iniciales a la hora de atribuir un nombre a un rostro o a un lugar que debiera ser conocido, precipitan el desarrollo de otro tipo de síntomas sumamente llamativos a la par que desconcertantes que conocemos como trastornos de la identificación. En ellos, el evento en cuestión es que la persona no solo no reconoce correctamente bien un lugar o persona, sino que le atribuye un carácter o significado distinto. Por ejemplo, una forma particularmente frecuente y desconcertante de este fenómeno, que vemos en cerca del 15 % al 20 % de los casos con demencia moderada o avanzada, es el síndrome de Capgras, en el que la persona está convencida de que su familiar, sea este su cónyuge, hijo o cuidador habitual, ha sido sustituido por un impostor idéntico. Lo ve, lo escucha, pero no logra conectar emocionalmente con esa imagen, y entonces el cerebro buscando una explicación que encaje con esa experiencia interna elabora como mejor solución posible: «este no es mi marido. Se parece, pero no lo es». Existen otras manifestaciones que, si bien son menos frecuentes en la enfermedad de Alzheimer y más frecuentes en entidades que comentaremos más adelante, resultan muy llamativas y pueden suceder también en esta enfermedad. Un ejemplo es cuando la persona cree que un mismo individuo adopta diferentes apariencias físicas para engañarla o perseguirla. Puede decir, por ejemplo «la enfermera es en realidad mi vecina, disfrazada». Aquí, el error es inverso al de Capgras, se reconoce erróneamente a diferentes personas como si fueran una sola constituyendo lo que conocemos como síndrome de Fregoli. En las intermetamorfosis, la persona cree que las personas de su alrededor han cambiado de identidad entre sí. Por ejemplo, puede decir que su hija ahora es su madre, o que su cuidador se ha convertido en su sobrino. Finalmente, tenemos los fenómenos de paramnesia reduplicativa donde el paciente cree que una persona o un lugar existen duplicados en otro sitio. Por ejemplo, puede decir que está en una «casa idéntica» a la suya, pero no en la real, o que tiene dos hijas con el mismo nombre.

Atendiendo que nos relacionamos con el mundo a través de la conducta, y que en la conducta en muchas ocasiones empleamos objetos cotidianos, resulta imperativo asumir que el correcto uso de objetos cotidianos implica que conocemos lo que son y cómo se usan. Este tipo de conocimiento no deja de ser una forma de memoria que también puede verse profundamente comprometida en la enfermedad de Alzheimer. Como consecuencia, la persona puede perder la capacidad para usar objetos cotidianos, en esencia, porque a pesar de preservar las funciones motoras, ha perdido la representación relativa a cómo se usa el objeto. En estos casos, hablamos de apraxias ideacionales y, en ellas, ni siquiera hay una intención correcta que no consigue elaborarse de manera adecuada como vemos en otras formas de apraxia, sino que el movimiento es deficitario en su forma y finalidad porque se ha perdido el significado. Por ejemplo, en este tipo de apraxia, si le damos a la persona una caja de cerillas y una vela, no ejecutaría ninguna acción porque no entendería qué tiene que hacer con la caja de cerillas y la vela, o en caso de ejecutar la acción, esta podría adquirir la forma de una secuencia absurda de movimientos confusos que para nada parecen obedecer al propósito de usar las cerillas para encender la vela.

A partir de este punto, la evolución natural del cuadro clínico obedece a la pérdida radical de los sistemas cerebrales implicados a gran escala en la regulación y expresión de los procesos cognitivos que nos definen como seres humanos. La desintegración del lenguaje ocupa en esta etapa un lugar evidente, llevando a la persona al mutismo. Evidentemente, los sistemas relacionados con la memoria, con la orientación, con el reconocimiento y con el razonamiento se encuentran profundamente alterados evocando a la persona a un estado de progresiva desconexión con el medio, donde suelen predominar manifestaciones de conductas primitivas y repetitivas. El eventual compromiso de los sistemas implicados en la producción del movimiento sumerge a la persona en un estado de parálisis, que no solo afecta a las extremidades, sino también a los órganos y procesos como la respiración. Es entonces cuando las personas alcanzan un estado de profunda vulnerabilidad a complicaciones relacionadas con todos estos problemas, como las neumonías por broncoaspiración y otros procesos que suelen llevar a la muerte. Pero yo prefiero, de un modo más mágico que científico, algo que una vez escribió mi buen amigo Román, narrando la historia del final de la vida de su madre afectada por esta dichosa enfermedad, cuando en una exquisita descripción del proceso afirmó que su madre fue perdiendo la memoria y olvidándolo todo, tanto, que finalmente a su corazón se le olvidó latir.

LAS OTRAS CARAS DE LA ENFERMEDAD DE ALZHEIMER

A pesar de que el aspecto prototípico de la enfermedad de Alzheimer, obedeciendo a la caprichosa y selectiva trayectoria neurodegenerativa que la caracteriza, sea el de un cuadro de deterioro progresivo de la memoria episódica que se va extendiendo en las direcciones comentadas, esta enfermedad no siempre se comporta de la misma manera. Existen otras formas de presentación, menos frecuentes, pero clínicamente muy relevantes, en las que el deterioro cognitivo no comienza con una pérdida clara de memoria, sino que adopta otras formas, a menudo desconcertantes, que pueden retrasar o desviar el diagnóstico si no se reconocen adecuadamente. El hecho de que una misma enfermedad adquiera distintas caras define el concepto que conocemos como fenotipos clínicos. Que un individuo exprese alguno de estos fenotipos distintos puede obedecer en ocasiones a determinados mecanismos relacionados con el desarrollo de la enfermedad, como pueden ser algunas mutaciones genéticas. En otros casos, simplemente la enfermedad adquiere por algún motivo no comprendido el aspecto de un síndrome distinto al habitual.

En la enfermedad de Alzheimer, reconocemos distintos fenotipos clínicos acorde a la forma de presentación de la enfermedad. En primer lugar, encontramos el síndrome clínico que identificamos como «variante logopénica de una afasia progresiva primaria». El concepto «afasia» se define como el trastorno del lenguaje que se produce como consecuencia de una patología cerebral y que supone la pérdida aguda o progresiva de la capacidad de producir o comprender el lenguaje, debido a lesiones en áreas cerebrales especializadas en estas funciones. Las afasias pueden presentarse de manera brusca, por ejemplo, como consecuencia de ictus, pero también pueden desarrollarse de manera progresiva, como consecuencia de un proceso neurodegenerativo. Atendiendo al tipo de dificultades que desarrolla la persona con afasia, por ejemplo, si tiene problemas para denominar objetos, repetir frases o comprender lo que se le dice, clasificamos las afasias de distintas maneras. Cada una de estas formas clínicas refleja una alteración específica en alguna de las funciones del lenguaje, y, por tanto, en regiones cerebrales diferentes implicadas en su procesamiento. Cuando hablamos de afasia logopénica, hacemos referencia a una variante en la que lo más característico no es ni una pérdida de fluidez verbal ni una incomprensión profunda, sino una dificultad creciente para encontrar palabras (anomia) y para repetir frases o secuencias verbales más largas. El habla de la persona es, al inicio, gramaticalmente correcta y articulada, pero está interrumpida constantemente por pausas vacilantes, debidas a la dificultad para recuperar las palabras deseadas. A diferencia de otras formas de afasia progresiva, en la logopénica la comprensión del lenguaje cotidiano y la pronunciación permanecen relativamente intactas en las fases iniciales. Sin embargo, con el tiempo, se hace evidente una reducción de la capacidad para mantener en mente fragmentos de información verbal, lo que afecta a la repetición y la fluidez del discurso. La persona puede entender una pregunta sencilla, pero tiene dificultad para retener su formulación exacta o responder con frases completas como consecuencia de las dificultades a la hora de retener y manipular información en su bucle fonológico.

La variante logopénica de la afasia constituye la forma de alteración progresiva del lenguaje que de manera más frecuente encontramos a lo largo de la enfermedad de Alzheimer, pero, además, existe la posibilidad de que una enfermedad de Alzheimer debute como una afasia logopénica. Es entonces cuando hablamos de que la persona padece una variante logopénica de una afasia progresiva primaria causada por una enfermedad de Alzheimer. Este fenotipo predomina habitualmente en formas de inicio precoz de la enfermedad, eso es, en personas menores de 65 años que empiezan a manifestar como primeros síntomas un trastorno progresivo del lenguaje, en ausencia de una alteración franca de la memoria episódica. Evidentemente, como consecuencia del carácter neurodegenerativo de la enfermedad, conforme el proceso vaya evolucionando, el cuadro clínico irá adquiriendo características cada vez más difusas y alejadas de un trastorno del lenguaje, comprometiendo con el tiempo también a los procesos de memoria, de movimiento o de reconocimiento.

En segundo lugar, encontramos lo que conocemos como «variante o presentación frontal de una enfermedad de Alzheimer». En estos casos, nuevamente no predomina una alteración de la memoria episódica como primer síntoma ni como manifestación central de la enfermedad. En estos casos, predominan todo un conjunto de manifestaciones progresivas atribuibles en esencia a la disfunción de los procesos relacionados con la función de la corteza prefrontal. Por ello, en estas formas de presentación predomina un síndrome disejecutivo tal y como ya lo hemos descrito, que puede acompañarse de muchas de las manifestaciones conductuales prototípicas de los síndromes frontales, como las alteraciones del juicio, de la conducta y del control de impulsos.

En tercer lugar, encontramos un cuadro clínico donde predominan síntomas atribuibles a la disfunción de las regiones cerebrales posteriores implicadas en el procesamiento visual y espacial. A esta variante la conocemos como «atrofia cortical posterior», precisamente porque a nivel de imagen, destaca una prominente pérdida de volumen circunscrita a extensos territorios posteriores. Como consecuencia, los primeros síntomas de esta variante se manifiestan en forma de alteraciones progresivas en la percepción visual, desintegración del espacio, dificultades para leer, localizar objetos o reconocer caras, en ausencia de problemas oftalmológicos y sin que predomine una desintegración de la memoria episódica. En la atrofia cortical posterior, en función de si se ven afectadas regiones estrechamente relacionadas con los procesos visuales, o si se ven más afectados territorios posteriores implicados en el procesamiento espacial o en la composición del movimiento, puede adquirir formas específicas que nos permiten distinguir la variante con apraxia predominante y la variante con agnosia o desorientación espacial como síntoma inicial. En el primer subtipo, el que cursa con apraxia predominante, lo que emerge de forma más llamativa no es tanto un problema de visión en sí misma, sino una dificultad progresiva para interactuar correctamente con el entorno a través del movimiento dirigido. La persona ve los objetos, los reconoce e incluso puede describirlos, pero fracasa en la ejecución de acciones coordinadas sobre ellos. Por ejemplo, puede tener problemas para servirse un vaso de agua, abotonarse la camisa o utilizar herramientas cotidianas como un peine o unos cubiertos, a pesar de tener fuerza, sensibilidad y comprensión preservadas. Esto ocurre porque lo que está alterado no es el sistema motor en sí, sino la capacidad para planificar y ejecutar gestos complejos en respuesta a estímulos visuales, un trastorno conocido como apraxia óptica. En el segundo subtipo, lo que predomina no es tanto la torpeza al actuar sobre el entorno, sino la incapacidad progresiva para interpretarlo correctamente. La persona ve los objetos, los espacios o las personas, pero no logra identificar, localizar o integrar esa información visual de forma coherente. Es como si el mundo que le rodea empezara a perder estructura, forma o significado. En este caso, los síntomas iniciales se presentan bajo la forma de agnosia visual y desorientación espacial, dos manifestaciones que, aunque distintas, comparten una raíz común: el fallo en el procesamiento visual de alto nivel.

En cuarto lugar, encontramos la presentación de una enfermedad de Alzheimer como un síndrome corticobasal. Aunque el síndrome corticobasal se puede relacionar con una enfermedad neurodegenerativa propia, distinta a la enfermedad de Alzheimer —que posteriormente comentaremos y que conocemos como degeneración corticobasal—, no en pocos casos, lo que se manifiesta clínicamente como un síndrome corticobasal tiene como causa subyacente una enfermedad de Alzheimer. Es decir, si observásemos debajo del microscopio las características del proceso patológico que está sucediendo, veríamos que se trata de una enfermedad de Alzheimer.

A diferencia de la forma clásica de presentación de la enfermedad de Alzheimer en forma de una alteración progresiva de la memoria, el síndrome corticobasal se caracteriza por la combinación de síntomas motores, sensitivos y cognitivos, que suelen iniciarse de forma asimétrica, afectando más a un lado del cuerpo. En este sentido, las manifestaciones más características son la presencia de dificultades para ejecutar gestos o movimientos voluntarios a pesar de tener la fuerza, la coordinación y la intencionalidad preservada, componiendo lo que conocemos como apraxia ideomotora. En estos casos, llama mucho la atención cómo los pacientes son capaces de, por ejemplo, imitar con una mano los gestos sin significado que el evaluador ejecuta, pero son incapaces de hacerlo con la otra mano. En ocasiones, estas manifestaciones se acompañan de una sensación de miembro o de mano ajena que los pacientes describen haciendo referencia a que una extremidad no les pertenece, o hace movimientos automáticos como agarrar objetos. Otro síntoma prototípico del síndrome corticobasal es la rigidez y la lentitud de toda una parte del cuerpo, recordando mucho a algunos de los síntomas motores que vemos en personas con enfermedad de Parkinson. Los pacientes suelen también presentar pequeñas sacudidas en forma de movimientos anómalos, sin propósito, involuntarios, que conocemos como mioclonías. En el plano cognitivo, los déficits de memoria no suelen ser el elemento central, mientras que suelen predominar dificultades relativas a la percepción del espacio, llegando a ser incapaces de componer de manera unificada el conjunto de elementos que forman una escena. Eso es, si se les presenta una imagen formada por diferentes objetos, formas o elementos, no consiguen integrar el conjunto, sino que ven pequeñas parcelas segmentadas de la realidad. En este sentido, no son infrecuentes tampoco las alteraciones del reconocimiento de ciertos objetos en forma de agnosia visual.

Finalmente, cuando hablamos de formas clínicas de enfermedad de Alzheimer, no podemos obviar nombrar aquellos casos en los que el comportamiento de la enfermedad, generación tras generación, sugiere claramente un mecanismo genético directamente implicado. Es entonces cuando hablamos de formas familiares de enfermedad de Alzheimer, por lo general de inicio precoz y con herencia autosómica dominante, de modo que los descendientes de las personas afectadas tienen un 50 % de riesgo de haber heredado la mutación y desarrollar la enfermedad. En estos casos, el problema nace en genes que actúan sobre una proteína clave llamada APP o proteína precursora de amiloide y en la «herramienta» celular que la corta, y que conocemos como la γ-secretasa, cuyo filo funcional son las presenilinas y que pueden ser PSEN1 y PSEN2.

Podemos imaginar que APP es una barra de pan incrustada en la membrana de la neurona. Para aprovecharla, la célula la rebana con distintos «cuchillos» que denominamos secretasas. En condiciones normales, esos cortes generan trozos manejables. Esta barra de pan se corta primero con la β-secretasa y luego con la γ-secretasa y según por dónde pase el filo, salen rebanadas más cortas o largas. Las presenilinas (PSEN1/PSEN2) son, literalmente, el filo de esa γ-secretasa, de modo que, si el filo cambia, también cambia el corte. Las mutaciones en PSEN1 o PSEN2 sesgan el corte hacia rebanadas más largas que llamamos Aβ42 y que son más pegajosas y tienden a agruparse. Por su parte, las mutaciones en APP hacen que haya más barra para cortar o que el pan tenga una miga que se apelmace con facilidad. En cualquier caso, tanto en las mutaciones de APP como de PSEN nos encontramos con un incremento de la proporción de rebanadas demasiado largas o de Aβ42 que precipita la formación de agregados tóxicos. En el aspecto clínico, estas formas familiares suelen comenzar de manera más temprana que las formas «típicas» de la enfermedad, debutando entre la tercera y quinta década y además pueden progresar con mayor rapidez. En muchos casos, estas formas familiares de enfermedad de Alzheimer debutan con el patrón amnésico típico, aunque no es extraño que la primera manifestación pueda ser la de cualquiera de las otras variantes que hemos comentado. De hecho, los casos mediados por mutaciones de APP suelen debutar habitualmente en forma de un síndrome amnésico temprano, eso es, que afecta a personas jóvenes. Por su lado, las mutaciones en PSEN1 suelen asociarse a un inicio aún más precoz y a una forma clínica no amnésica o mixta, donde se combinan múltiples síntomas. Por ejemplo, en algunos casos de mutaciones en PSEN1, la enfermedad cursa con una presentación motora atípica acompañada de crisis epilépticas, rigidez, posturas anormales mantenidas y síndrome corticobasal. En lo relativo a las mutaciones en PSEN2, suelen tener un inicio algo más tardío que las otras formas genéticas.

Existe, además, un escenario singular que confirma la lógica biológica inherente a la enfermedad de Alzheimer: el síndrome de Down. En la mayoría de los casos, el síndrome de Down se debe a una trisomía 21 «libre», es decir, tres copias del cromosoma 21 en todas las células. Con menor frecuencia, se debe a una translocación (un fragmento extra del 21 pegado a otro cromosoma) o a mosaicismo (una mezcla de células con dos y con tres copias). El detalle clave es sencillo: cuantas más copias del cromosoma 21, más «dosis» de los genes que viajan en ese cromosoma. El problema aquí reside en que entre estos genes del cromosoma 21 se encuentra el gen APP que codifica para la proteína precursora de beta-amiloide y que, al tener tres copias de este gen, la neurona produce más amiloide. Por eso, en el síndrome de Down encontramos cambios neuropatológicos compatibles con Alzheimer a partir de los 40 años y, con frecuencia, síntomas clínicos poco después.

En cuanto a la clínica, la enfermedad de Alzheimer asociada a síndrome de Down no siempre debuta como un problema de memoria, y hay que tener en cuenta que la evaluación de las manifestaciones clínicas en esta población resulta particularmente difícil dado el efecto de los problemas cognitivos y motores inherentes al síndrome. En cualquier caso, es habitual que las primeras señales de enfermedad de Alzheimer en la población con síndrome de Down sean cambios de conducta, apatía, pérdida de habilidades instrumentales, lentificación, alteración del lenguaje o desorientación, y con relativa frecuencia aparecen crisis epilépticas en el curso de la evolución.

EL CASO DE MARIBEL

Conocí a Maribel un 23 de abril, llegando tarde a la consulta por estar las calles de Barcelona a rebosar de puestos de libros y de gente paseando, vendiendo y comprando rosas. Para muchas personas, el 23 de abril es en Cataluña el día más bonito del año, pero cuando llegué al portal de la consulta, entré al rellano y vi a un hombre y a una mujer sentados, y tras intercambiar cuatro palabras con ellos que confirmaban que me estaban esperando, supe que este no iba a ser para nosotros el día más bonito del año.

Una vez sentados en el despacho, me dirigí a ella, a Maribel. Era una señora de 62 años, arreglada, delgada, rubia, con pelo largo recogido, estaba sentada al lado de su marido. Rápidamente me dijo que el motivo de la visita era una depresión que le habían diagnosticado, pero cuando quise que me hablase de cuándo había empezado a sentirse mal, qué había notado y cómo había evolucionado, en sus respuestas se hacía evidente un notable esfuerzo para encontrar las palabras y organizar el discurso, un discurso que resultaba muy poco informativo desde el punto de vista de lo que me contaba, pero sumamente revelador desde el punto de vista de cómo lo contaba.

Entonces, su esposo me explicó que hacía aproximadamente un año que Maribel había empezado a presentar algo parecido a fatiga, dolor de cabeza, algunos fallos puntuales de la memoria y algunas dificultades para encontrar las palabras. Incidiendo en estos puntos, su esposo no parecía dar demasiada importancia a estos síntomas, aunque quizá era debido a que ese debía ser el día más bonito del año. Sea como fuere, estos primeros síntomas derivaron en que fuese valorada por un equipo médico que consideró que, con toda probabilidad, se trataba de un cuadro depresivo. Por ello, le iniciaron un tratamiento con antidepresivos que no supuso ningún cambio y, de hecho, no me parecía algo sorprendente, puesto que en ningún momento mi impresión fue que Maribel padeciese una depresión.

Cuando le pregunté acerca del día en que estábamos o la estación del año, sus respuestas claramente dubitativas se acompañaban de una tensa sonrisa propia de quien intenta disimular la inquietud que le genera darse cuenta de que le está costando mucho aportar una respuesta. Lamentablemente, esa sonrisa desplegada como un muro de protección se fue difuminando a medida que avanzábamos en la exploración, dando paso a unos ojos cada vez más vidriosos, tanto en ella como en su esposo.

No supo dibujar un reloj, ni recordar pasados pocos segundos las tres palabras que le acababa de decir. Tampoco supo encontrar los gestos que definen actos tan universales como decir adiós con la mano, pedir silencio o simular que remueve una taza de café con una cucharilla imaginaria.

Su habla espontanea era un continuo de interrupciones, titubeos y pausas para encontrar palabras que nunca llegaban. Podía repetir y comprender palabras aisladas, pero la repetición de frases mínimamente largas se desvanecía convirtiéndose en silencio. Su capacidad para aprender y retener nueva información estaba profundamente alterada y, como consecuencia, no era capaz de recordar nada de lo que lo yo intentaba que aprendiese, por el mero hecho de que no era capaz de aprender.

Todo esto sucedía un 23 de abril en Barcelona, mientras a pocos metros la gente disfrutaba de los libros, de una tarde soleada y de las rosas. Pero en lugar de eso, nosotros tres estábamos sentados cara a cara haciendo que se tornasen totalmente visibles toda una serie de síntomas prototípicos de una enfermedad de Alzheimer que, posiblemente, había debutado en forma de una afasia progresiva logopénica para ir evolucionando a un cuadro clínico generalizado, donde el compromiso de la memoria episódica, de la praxis y del razonamiento se entremezclaban con el fracaso del lenguaje.

De regreso a casa pensé en ellos y, como en muchas otras ocasiones hago, pensé en cómo sería esa tarde y su vida a partir de ese momento. Esquivando vendedores de rosas y de libros, me los imaginé llorando, me lo imaginé a él abatido y a ella simulando una sonrisa a modo de muralla. Entonces los vi, no muy lejos, paseando, agarrados de la mano, él con un libro nuevo en su mano derecha, ella con una radiante rosa en su mano izquierda. Quizá no pudimos cambiar su destino, pero ellos, sin duda, decidieron que ese tenía que ser el día más bonito del año, aunque fuese el día en que su vida cambió.

EL ELEGANTE SEÑOR LÁZARO

El señor Lázaro era un elegante abogado jubilado de 68 años que, impoluto, sentado al lado de su esposa, me miraba inquieto tras haber resumido unos pocos minutos antes que desde hacía algunos meses tenía la impresión de que le costaba llegar a sitios y que se había perdido por su barrio.

Resultaba evidente que estaba preocupado, pero dejaba muy claro que los problemas que había detectado se limitaban a lo que él mismo definió como «orientación espacial» y que, en ningún caso, tenía problemas de memoria o de lenguaje o de otras funciones superiores. Su esposa estaba totalmente de acuerdo con su marido, aunque a diferencia de él, consideraba que además de los problemas de orientación, que los habían llevado a perderse conduciendo por Barcelona o a no encontrar el coche aparcado, algo en el carácter de su esposo había ido cambiando. Él, que era un hombre pulcro, sumamente estudioso y un ávido lector, parecía que se había ido abandonando, perdiendo poco a poco la motivación y volviéndose quizá algo más irritable, insensible e impaciente.

Efectivamente, tal y como me había indicado, no impresionaban problemas evidentes con respecto a la memoria, ni de atención ni de lenguaje. Pero había algunos pequeños detalles que llamaban la atención, más aún teniendo en cuenta el nivel educativo del cual partía el señor Lázaro. Le pedí que intentase copiar una figura relativamente compleja y, al hacerlo, resultó evidente que él tenía importantes dificultades para componer y unificar los elementos que configuraban esa figura. Con un trazo dubitativo, iba mirando su mano, la figura, su mano, la línea que hacía, de nuevo la figura... sin ser capaz de corregir o quizá de detectar que lo que estaba dibujado no tenía prácticamente nada que ver con la figura que yo le estaba mostrando. Luego, intentamos hacer algunas operaciones aritméticas tanto sobre el papel como mentalmente y, de nuevo, resultó evidente que tenía notables dificultades que nunca había experimentado. Cuando le pedí que imitase toda una serie de gestos que yo hacía primero con mi mano derecha y luego con mi mano izquierda, fue capaz de reproducirlos con precisión con la mano derecha, pero hacerlo con la mano izquierda era prácticamente imposible. Se miraba su mano, luego la mía, se fijaba en mis dedos, se miraba los suyos, intentaba moverlos, pero se movían mal, construía un gesto distinto al que yo le mostraba, volvía a empezar y volvía a fracasar.

En algún momento, le dije que haría algunas cosas con sus manos, como tocárselas o como aproximarle algún objeto, por ejemplo, un bolígrafo. Le pedí que independientemente de lo que yo hiciese, tratase de mantener sus manos quietas. Así pues, cuando acaricié la palma de su mano derecha y luego le acerqué un bolígrafo no sucedió nada. Pero cuando hice lo mismo con su mano izquierda, el mero roce de mis dedos en su palma hizo que su mano tratase de agarrar la mía, del mismo modo que al acercarle el bolígrafo, su mano se movió súbitamente en un intento por alcanzarlo.

Era evidente que el señor Lázaro no tenía un síndrome amnésico ni un trastorno del lenguaje, pero también era evidente que presentaba múltiples signos sugestivos de un síndrome corticobasal que se expresaban tanto en forma de una apraxia asimétrica como de un déficit en el cálculo y en el procesamiento espacial, y que a todo ello se añadían sutiles cambios conductuales sugestivos de cierto compromiso prefrontal.

A las pocas semanas, llegaron los resultados de las pruebas complementarias que solicitamos. Una de ellas era una prueba de PET dirigida a cuantificar anomalías en la distribución del metabolismo de glucosa en el cerebro, la otra, era una prueba de biomarcadores en sangre dirigida a cuantificar la presencia de proteínas anormales relacionadas con enfermedades neurodegenerativas.

La prueba de PET mostró un claro patrón de hipometabolismo de glucosa, asimétrico, a nivel parietal, temporal posterior y frontal derecho, y la prueba de biomarcadores mostró un patrón típico de enfermedad de Alzheimer. Con todo ello, el señor Lázaro había desarrollado los primeros síntomas de un síndrome corticobasal causado por la enfermedad de Alzheimer.

ENFERMEDAD DE PARKINSON

Cuando nombramos la palabra «Parkinson» es fácil que esta se asocie con la imagen de una persona mayor temblorosa, pero ni todas las personas con enfermedad de Parkinson presentan temblor, ni mucho menos todas las personas afectadas son personas mayores.

Se calcula que una de cada 100 personas mayores de 60 años vive con la enfermedad de Parkinson. La edad media de inicio de esta enfermedad se sitúa entre los 60 y 65 años, aunque en algunos casos puede comenzar antes. De hecho, entre un 5 % y un 10 % de los casos de enfermedad de Parkinson debutan antes de los 50 e incluso de los 40 años, constituyendo lo que conocemos como enfermedad de Parkinson de inicio precoz o juvenil.

En cuanto a clínica, la enfermedad de Parkinson tiene una serie de características centrales que definen el conjunto de síntomas que engloban lo que llamamos parkinsonismo y que va mucho más allá de un mero temblor. Además, es importante en este punto destacar que una persona con enfermedad de Parkinson presentará un parkinsonismo o síndrome parkinsoniano, pero que muchas otras enfermedades o procesos patológicos pueden acompañarse del desarrollo de este conjunto de síntomas que denominamos parkinsonismo. Por ello, por ejemplo, podemos encontrarnos con parkinsonismo secundario a fármacos y drogas o a lesiones vasculares o traumáticas.

El término «parkinsonismo» no alude a una enfermedad concreta, sino a un síndrome clínico, es decir, a un conjunto de signos y síntomas que comparten ciertas características. En este caso, hablamos de síntomas predominantemente motores que, en su conjunto, reflejan una alteración en los circuitos cerebrales responsables del control del movimiento y que puede deberse a múltiples causas. En esencia, en el parkinsonismo existe una forma de enlentecimiento motora evidente, conocida como bradicinesia, que claramente afecta a la ejecución de movimientos voluntarios. Esta bradicinesia se puede acompañar de otros síntomas como la rigidez muscular, el temblor en reposo, que configura la forma prototípica de temblor parkinsoniano rítmico, lento y desencadenado cuando la persona no ejecuta acciones y la inestabilidad postural, donde fallan los mecanismos automáticos e inconscientes que utiliza el cuerpo para mantener el equilibrio. En consecuencia, la persona con un parkinsonismo muestra un patrón de movimiento terriblemente lento donde además disminuye la amplitud del movimiento, dando lugar a pasos cortos, a una escritura sumamente empequeñecida que denominamos micrografía y a una pérdida de la expresividad facial, que se acompaña de rigidez, ocasionalmente de temblor en reposo y de inestabilidad.

El temblor es un movimiento rítmico, oscilatorio e involuntario de una parte del cuerpo, generado por la activación alternante o sincrónica de músculos. De manera general, el temblor lo podemos describir acorde a distintos dominios. En primer lugar, encontramos el contexto, distinguiendo entre temblor que aparece en reposo, al mantener una postura o al realizar una acción. En segundo lugar, lo podemos describir acorde a la frecuencia con la que suceden las oscilaciones, diferenciando entre temblores de baja amplitud o de menos de 6 Hz, de amplitud intermedia, entre 6 y 8 Hz, y de alta amplitud por encima de los 8 Hz. Finalmente, también podemos clasificarlos acorde a su distribución, eso es, atendiendo a la región corporal afectada, como manos, cabeza, voz o piernas; acorde a su simetría, eso es si aparece en un lado o en los dos lados del cuerpo; acorde a determinados desencadenantes, como por ejemplo secundario al estrés, así como en respuesta a determinadas maniobras como la distracción.

Existen muchas formas de temblor y, detrás de ellas, existen muchas causas que no necesariamente incluyen una enfermedad de Parkinson. El temblor fisiológico, o temblor aumentado, es el temblor totalmente normal que todos experimentamos y que tiene unas características de ser rápido, de baja amplitud, habitualmente exacerbado por determinadas posturas, con distribución simétrica y en muchos casos amplificado por la ansiedad, el consumo de cafeína y otros estados fisiológicos.

Dentro de los temblores patológicos, pero no relacionados con la enfermedad de Parkinson, el más frecuente es el conocido como temblor esencial. Este tipo de temblor es postural y de acción, generalmente bilateral, afectando típicamente a las manos y antebrazos, pero pudiendo también afectar a la cabeza y a la voz. Empeora con el estrés y mejora de manera transitoria con el consumo de alcohol. A pesar de tener un origen patológico, el temblor esencial no configura la manifestación de una enfermedad neurodegenerativa.

El temblor cerebeloso es una forma de temblor lento y de gran amplitud, causado por lesiones que afectan al cerebelo y que aumenta notablemente cuando la extremidad afectada se dirige y acerca a un blanco, por ejemplo, al intentar tocar con el dedo la nariz. Este tipo de temblor habitualmente se acompaña de dismetría, donde se calcula mal la distancia y la fuerza del movimiento de una extremidad dirigido a un objetivo, de modo que, por ejemplo, al intentar tocar con el dedo la nariz, el movimiento se queda corto o se hace más largo de lo necesario. Otro acompañante habitual es la disdiadococinesia, que no es otra cosa que la dificultad para realizar movimientos alternantes rápidos de forma fluida y rítmica, de modo que, por ejemplo, al abrir y cerrar la mano, el movimiento se vuelve torpe, lento e irregular.

El temblor distónico aparece acompañando al síntoma que denominamos distonía y que refiere a la existencia y persistencia de posturas anormales mantenidas, como un brazo torcido o el cuello arqueado. Este tipo de temblor suele tener una distribución asimétrica, ligado precisamente a la extremidad afectada por la postura distónica, un ritmo irregular y suele empeorar al forzar la postura.

El temblor ortostático es un temblor muy rápido, de más de 13 Hz, que afecta a las piernas al ponerse de pie y que la persona experimenta como una inestabilidad que mejora al caminar o sentarse. Por otro lado, el temblor de Holmes, también conocido como temblor rubro-talámico, es un temblor lento, de gran amplitud, donde se mezcla el temblor de reposo, postural y de acción y que suele aparecer varias semanas después de haber padecido algún tipo de lesión que haya comprometido el mesencéfalo o el tálamo.

Finalmente, el temblor parkinsoniano de reposo es un temblor lento, de entre 4 y 6 Hz, que habitualmente en contexto de una enfermedad de Parkinson empieza de manera asimétrica, que disminuye al movilizar la extremidad y aumenta al dejarla en reposo, aunque puede reemerger al mantener una postura durante varios segundos y que se suele acompañar de bradicinesia y rigidez. Por lo tanto, es un temblor que aparece cuando la persona está quieta, sentada o con las manos apoyadas sin hacer nada o distraída. A pesar de que en contexto de una enfermedad de Parkinson el temblor de reposo afecta inicialmente a una extremidad, conforme la enfermedad progresa, suele afectar a ambos lados del cuerpo, pudiendo extenderse al mentón, los labios y las piernas.

La enfermedad de Parkinson es el resultado de un proceso neurodegenerativo que afecta de forma preferente, aunque no exclusiva, a un sistema del cerebro íntimamente relacionado con la producción de dopamina y que conocemos como *substantia nigra pars compacta*. Esta región proyecta vías dopaminérgicas hacia los ganglios basales, que, a su vez, como ya vimos anteriormente, mantienen un estrecho diálogo con distintas regiones corticales. Por razones que no conocemos con exactitud, en la enfermedad de Parkinson las neuronas dopaminérgicas de la sustancia negra van muriendo de forma progresiva y, en consecuencia, los niveles de dopamina disminuyen drásticamente. Esta pérdida de dopamina rompe el equilibrio funcional de distintas rutas que permiten y modulan el control del movimiento, dando lugar en consecuencia a los síntomas motores típicos del parkinsonismo.

Figura 27: Pérdida de la *substantia nigra* en la enfermedad de Parkinson.

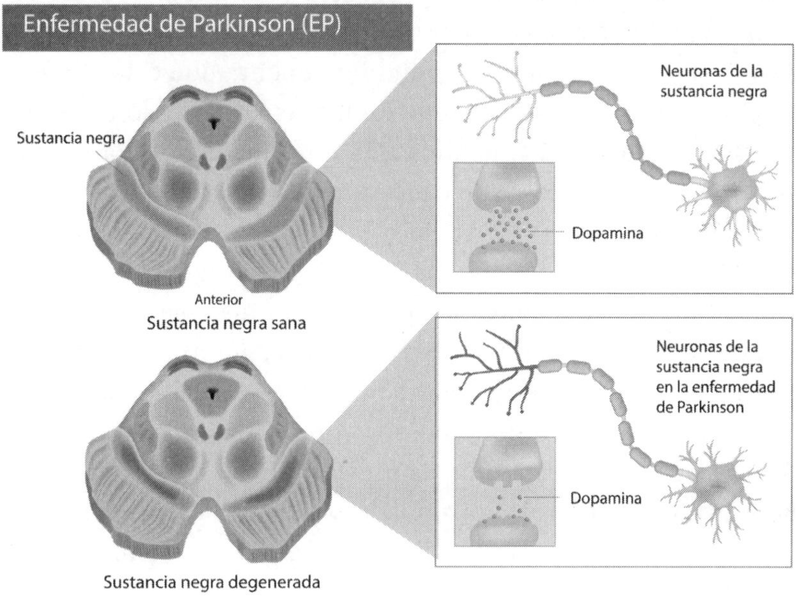

Igual que en la enfermedad de Alzheimer, también existe en la enfermedad de Parkinson una etapa preclínica donde ya están aconteciendo toda una serie de cambios graduales, en este caso, mediados por la progresiva acumulación de la proteína alfa-sinucleína y la formación de cuerpos de Lewy. En esta etapa preclínica, los signos sutiles que pueden identificarse habitualmente son la pérdida del olfato o anosmia, el estreñimiento crónico, algunos cambios sutiles en el estado de ánimo y motivación y lo que conocemos como trastorno de conducta del sueño REM, donde los pacientes, durante una fase de sueño profundo conocida como fase REM, en lugar de estar quietos y en silencio, se mueven, gritan y golpean continuamente.

El diagnóstico clínico de la enfermedad de Parkinson se realiza sobre la base de la presencia de los síntomas motores cardinales que la definen. Por lo tanto, una persona con diagnóstico inicial de esta enfermedad presentará un síndrome caracterizado por enlentecimiento y rigidez, que podrá acompañarse de temblor de reposo y que indefectiblemente estará causado por una pérdida de dopamina. De hecho, se estima que cuando una persona afectada por enfermedad de Parkinson recibe el diagnóstico dada la evidente presencia de síntomas, ya ha perdido cerca del 90 % de las neuronas dopaminérgicas de la *substantia nigra*. Por lo tanto, teniendo en cuenta que esta pérdida progresiva de neuronas sucede de manera lenta a lo largo del tiempo, cuando se diagnostica una enfermedad de Parkinson ya han pasado muchos años desde que se iniciaron los primeros cambios patológicos.

Esta realidad, la de que los cambios patológicos estén presentes muchos años antes de que los síntomas sean evidentes, no es ni mucho menos algo exclusivo de la enfermedad de Parkinson, sino que es algo que sabemos que sucede a lo largo del curso natural de cualquier proceso neurodegenerativo. La ausencia de síntomas en estas etapas previas posiblemente responde a dos grandes factores. Por un lado, es probable que en ausencia de un daño lo suficientemente extenso, los sistemas que eventualmente claudicarán puedan seguir funcionando y con ello no sea posible detectar síntomas. Por otro lado, sabemos que el cerebro tiene una notable capacidad de resiliencia al daño progresivo y que conforme va acumulando patología, sigue siendo capaz de reorganizarse y de encontrar rutas o caminos alternativos mediante los cuales, quizá con más esfuerzo, seguir preservando una función. A este fenómeno, que presentamos ahora hablando de enfermedad de Parkinson, pero que podemos transferir a cualquier proceso neurodegenerativo, lo denominamos «reserva cerebral» y se encuentra íntimamente relacionado con otro fenómeno mediante el cual activamente contribuimos a incrementar la reserva cerebral y que conocemos como «reserva cognitiva».

Para comprender estos conceptos, podemos imaginar un escenario hipotético. Un piloto de avión puede comprarse una avioneta para uso particular. Este piloto, en el mejor de los casos, comprará una buena avioneta y además realizará un continuo mantenimiento y verificación de sus componentes. La calidad de esta avioneta, junto con su mantenimiento, sin duda dota al aparato de un tiempo de vida útil más largo y, además, en caso de producirse alguna incidencia técnica, posiblemente el aparato sea capaz de soportar dicha incidencia. Estos aspectos serían los que en esencia configuran, en el caso del cerebro, la reserva cerebral. Por otro lado, el piloto que ha adquirido esta avioneta, en el mejor de los casos irá realizando continuas formaciones y actualizaciones sobre el manejo de su avioneta y sobre la resolución de eventuales emergencias. Por ello, en caso de que algún día pase algo, es fácil que, gracias a las habilidades adquiridas por parte de este piloto, se consigan solventar muchos problemas. En este caso, estas habilidades adquiridas son las que conformarían a nivel cerebral lo que llamamos reserva cognitiva. Evidentemente, el estado de «salud» de una avioneta y el modo en que se ha cuidado su maquinaria, juegan un papel clave a la hora de poder resolver una circunstancia adversa como el fallo de un motor. Por ello, una avioneta con motores sucios y un sistema hidráulico envejecido será mucho más susceptible a estrellarse en caso de que suceda algún fallo de motor que una avioneta en perfecto estado. Igualmente, resulta evidente que el modo en que un piloto podrá responder y resolver una emergencia no será igual si está entrenado y capacitado que si nunca ha revisado el manual de emergencias, practicado en simuladores y, qué decir, de si está volando embriagado.

Con todo ello, para comprender cómo y por qué hay personas que tardan muchos años en exhibir síntomas de una enfermedad a pesar de que en su cerebro ya está presente el daño, resulta clave incorporar en la ecuación los conceptos de reserva cerebral y cognitiva. Pero estos mecanismos tienen una contrapartida negativa. Por un lado, cuando el cerebro despliega recursos alternativos para seguir funcionando a pesar de un fallo de motor, debe consumir muchos más recursos que los habituales. Por otro lado, si nadie corrige el fallo de motor, ese uso continuado y excesivo de recursos de compensación terminarán por colapsar y, entonces, en lugar de producirse una lenta caída del aparato en respuesta al fallo de uno de los motores, sucederá de pronto una abrupta y rápida caída en respuesta al colapso global de toda una maquinaria que ya no ha podido soportar durante más tiempo la presión. Por ello, en muchos casos, da la impresión de que una enfermedad neurodegenerativa, por ejemplo, una enfermedad de Parkinson, ha debutado de pronto, en poco tiempo. En realidad, en muchos casos de aparente evolución rápida, lo que ha sucedido es que algún evento casual ha interferido de manera definitiva con los procesos de compensación que podrían llevar años expresándose. Por ejemplo, un proceso infeccioso, la muerte de un familiar, o incluso experiencia emocionalmente intensa pueden contribuir al colapso repentino de todo un sistema dañado, pero mantenido con pinzas gracias a un enorme esfuerzo desplegado por parte del cerebro.

Todo ello, nos ayuda a comprender por qué las personas que de algún modo han enriquecido su reserva cerebral y cognitiva pueden tener una evolución inicial más benigna de las enfermedades neurodegenerativas para posteriormente experimentar un declive muy marcado, o por qué en ciertas ocasiones da la impresión de que la persona estaba muy bien y que, repentinamente, tras un suceso aparentemente no relacionado, empezó a mostrar síntomas.

En el caso de la enfermedad de Parkinson, como hemos dicho, muchos años antes de que aparezcan los primeros síntomas, ha ido sucediendo una progresiva acumulación de alfa-sinucleína y cuerpos de Lewy que, poco a poco, han ido dañando distintos grupos de neuronas, afectando principalmente a la sustancia *nigra pars compacta*. En ocasiones, las personas con enfermedad de Parkinson te cuentan que el temblor o que el arrastre de un pie apareció de manera súbita tras un suceso específico. Por ejemplo, recuerdo el caso de un paciente que descubrió su mano temblorosa mientras se encontraba llamando a la policía, estando escondido en su casa, mientras observaba a unos ladrones que habían entrado. U otro caso, que entró a nadar en el mar sin síntomas, descubrió el cuerpo de un joven ahogado, y salió del agua parkinsonizado. En estos casos, la enfermedad de Parkinson no empezó en ese momento, sino que estos eventos clave desestabilizaron de manera definitiva un sistema que llevaba tiempo lidiando contra la patología.

Cuando una persona recibe el diagnóstico de esta enfermedad, atendiendo a que en esencia sus síntomas responden a un déficit masivo de dopamina, se inicia una terapia de reemplazo dopaminérgico, empleando fármacos que de algún modo aumentan o restituyen los niveles de dopamina en el cerebro, consiguiendo así una franca mejora sobre los síntomas dependientes de esta falta de dopamina. Lamentablemente, a pesar de que estos tratamientos suelan ser espectacularmente eficaces en las etapas iniciales de la enfermedad, tanto el carácter progresivo del proceso neurodegenerativo de base como las propias características biológicas de las personas afectadas, convierten todo el escenario terapéutico en un proceso más complejo de lo que pueda parecer. Inicialmente, las personas con enfermedad de Parkinson mantienen la capacidad de almacenar y de liberar la dopamina generada a través de los fármacos. Pero conforme progresa la enfermedad, las neuronas van perdiendo esta capacidad, de modo que la dopamina generada ya no se almacena y libera de manera progresiva, sino que actúa en su totalidad de manera inmediata, generando abruptos picos de dopamina junto con profundas caídas de este neurotransmisor. Esto da lugar a que los fármacos vayan perdiendo eficacia y que las personas experimenten períodos de excesiva estimulación dopaminérgica caracterizados por movimientos anormales e incontrolables por todo el cuerpo, acompañados de períodos de nula estimulación dopaminérgica caracterizados por fenómenos de «congelación» donde la persona queda completamente inerte.

Cuando los tratamientos farmacológicos dejan de hacer efecto, algunas personas con enfermedad de Parkinson son tributarias de recibir lo que denominamos terapias avanzadas, que incluyen tanto los sistemas de infusión continua de fármacos, como la estimulación cerebral profunda. La estimulación cerebral profunda (ECP) funciona, en esencia, como un marcapasos para circuitos cerebrales que han perdido el compás como consecuencia de la pérdida de dopamina. En las personas candidatas a esta intervención, se les implantan unos electrodos muy finos en dianas profundas de los ganglios basales, habitualmente el núcleo subtalámico o el globo pálido interno, y se conectan por debajo de la piel a un generador ubicado en el tórax. Ese generador, que se puede programar para regular la frecuencia, intensidad y localización de la estimulación, envía impulsos eléctricos regulares que, de algún modo, permiten recuperar la sincronicidad de un sistema desincronizado. Este tipo de terapia se emplea también en contexto de otros trastornos del movimiento dirigiendo los impulsos eléctricos a otras dianas clave, permitiendo así tratar síntomas como el temblor esencial, la distonía, los tics o los movimientos anormales entre otros. Pero más recientemente, el estudio y uso de este tipo de terapias se ha ido ampliando a otros escenarios clínicos donde sabemos que existen anomalías en el entramado de las redes funcionales, de modo que, actualmente, la ECP también se está utilizando para tratar formas refractarias a la medicación de depresión, de trastorno obsesivo compulsivo y de esquizofrenia.

Figura 28: Representación esquemática de un sistema de estimulación cerebral profunda implantado a una persona con enfermedad de Parkinson.

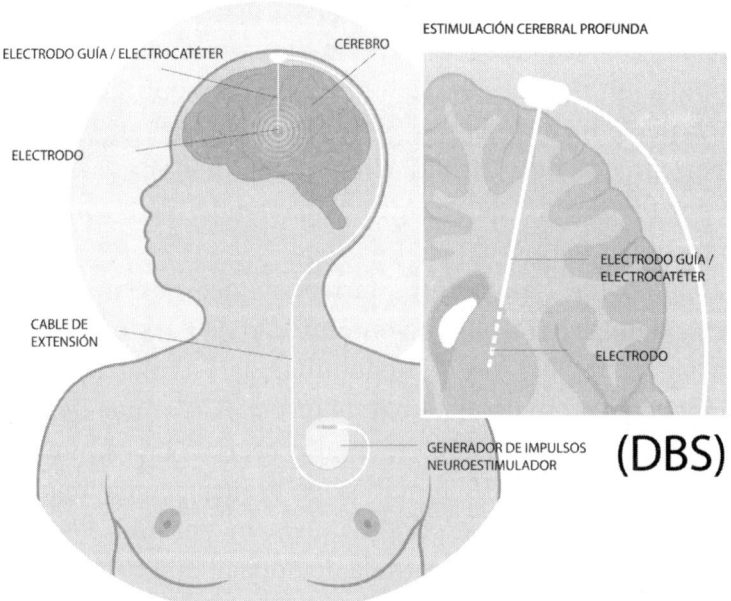

Figura 29: Imagen de los electrodos implantados en uno de nuestros pacientes.

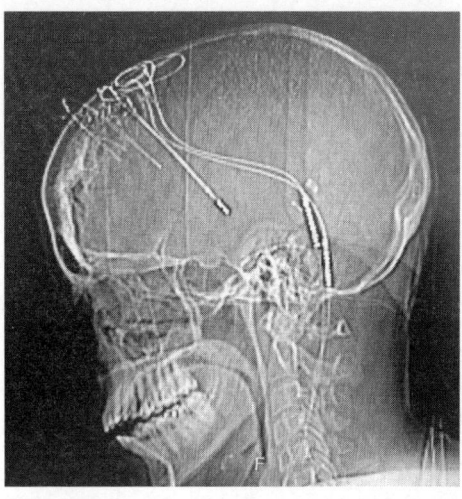

En cualquier caso, ni los tratamientos farmacológicos ni la ECP tienen un efecto reparador sobre el daño ni sobre la progresión de la neurodegeneración. En consecuencia, la progresión del proceso patológico va contribuyendo a que el daño neuronal se extienda más allá de las regiones dopaminérgicas y empiece a afectar a distintas regiones cerebrales y a distintos sistemas de neurotransmisores. Todo ello, precipita una realidad previamente poco comprendida, pero inherente a la enfermedad de Parkinson, que tiene que ver con la existencia de toda una infinidad de síntomas no motores que, en muchos casos, responden muy mal a las terapias de reemplazo dopaminérgico.

Estos síntomas no motores pasaron durante muchos años inadvertidos o fueron considerados consecuencia de otros procesos distintos a la enfermedad de Parkinson. Pero gracias a los continuos esfuerzos dedicados a la hora de comprender y caracterizar las enfermedades que atendemos, hoy en día sabemos que además del temblor, el enlentecimiento o la rigidez, la enfermedad de Parkinson se puede acompañar en cualquier momento, a lo largo de su evolución, de síntomas altamente incapacitantes y que incluyen múltiples trastornos psiquiátricos, deterioro cognitivo y demencia. Si bien muchos de estos síntomas responden a la progresión de la patología, es importante reconocer que algunos de ellos son una consecuencia derivada del efecto que los fármacos de reemplazo dopaminérgico ejercen en el cerebro. Tal y como ya expusimos, la dopamina juega un papel relevante en muchos procesos que nada tienen que ver con el control o la producción del movimiento. Así pues, si bien es cierto que las estructuras cerebrales ricas en sinapsis dopaminérgicas que se ven más afectadas en las etapas preclínicas e iniciales de la enfermedad de Parkinson son estructuras implicadas en el movimiento, en las etapas iniciales e intermedias de la enfermedad es fácil que determinados sistemas cerebrales dopaminérgicos no se encuentren afectados por la enfermedad o, dicho de otro modo, no necesiten dopamina adicional. En consecuencia, dado que los fármacos de reemplazo dopaminérgico no son «inteligentes» y, por lo tanto, no deciden dónde actuar, las dosis empleadas para restituir la función motora mediante el reequilibrio del tono dopaminérgico en un sistema afectado pueden suponer una estimulación dopaminérgica excesiva al actuar sobre un sistema que no requería incrementar el tono dopaminérgico. Estos efectos, suceden especialmente a lo largo de ese sistema dopaminérgico de procesamiento de la recompensa que comentamos previamente. De este modo, en una proporción relativamente significativa de pacientes con enfermedad de Parkinson, tratados con un tipo de fármacos que simulan la estructura molecular de la dopamina, se produce una sobredosificación de los sistemas implicados en valorar y atribuir un valor hedónico a las consecuencias derivadas de nuestras acciones, dando lugar al desarrollo relativamente repentino de toda una serie de catastróficos trastornos del control de los impulsos en forma de adicciones comportamentales al sexo, las compras o el juego, entre otros. Pero del mismo modo que el exceso de tono dopaminérgico en regiones relacionadas con la motivación puede desencadenar este tipo de trastornos del control de los impulsos, en gran medida, por un exceso de motivación descontrolada, la falta de dopamina en estos circuitos también puede y suele provocar el efecto inverso. Por ello, una proporción muy significativa de pacientes con enfermedad de Parkinson experimenta a lo largo del proceso, e incluso varios años antes del diagnóstico, un progresivo trastorno de la motivación que suele confundirse con una depresión, pero que en esencia define un cuadro de apatía progresiva, consecuencia de que los núcleos que deberían emplear dopamina para iniciar la conducta motivada no disponen de dicho neurotransmisor.

En la enfermedad de Alzheimer, todo el mundo asume o reconoce que las personas afectadas presentarán un deterioro cognitivo progresivo de la memoria, aunque, como hemos visto, este deterioro podrá adquirir distintas caras. En la enfermedad de Parkinson, existe también una forma de deterioro cognitivo que resulta mucho menos conocida, pero para nada infrecuente.

Dado que los ganglios basales mantienen un continuo diálogo con distintas regiones prefrontales y dado que estas conexiones son de naturaleza esencialmente dopaminérgica, resulta totalmente previsible que las personas con enfermedad de Parkinson desarrollen de manera temprana ciertos síntomas cognitivos, inicialmente sutiles, propios de un deficiente funcionamiento de sus áreas frontales. A diferencia de la enfermedad de Alzheimer, donde de manera predominante los primeros síntomas cognitivos suelen afectar a la memoria episódica, en la enfermedad de Parkinson, obedeciendo a una disfunción predominantemente frontal, los primeros síntomas cognitivos suelen comprometer la velocidad de procesamiento de la información, la atención, la flexibilidad cognitiva, la memoria de trabajo y los procesos de acceso y recuperación de la información almacenada en la memoria. Otra diferencia esencial con respecto a la enfermedad de Alzheimer es que, en este caso, todos los pacientes desarrollan un deterioro cognitivo progresivo que, indefectiblemente, conduce hacia una demencia. Por el contrario, en la enfermedad de Parkinson, la presencia de indicadores de leve compromiso cognitivo no necesariamente representa la antesala de una demencia posterior, sino que la evolución cognitiva de estos pacientes resulta extremadamente variable. De este modo, en la enfermedad de Parkinson, conforme el proceso va progresando, algunos pacientes experimentan una evolución cognitiva benigna, en el sentido de que no exhiben un patrón de empeoramiento marcado, mientras que otros pacientes evolucionan de una manera más lenta o más rápida hacia una demencia.

La demencia asociada a la enfermedad de Parkinson se consideró durante mucho tiempo un fenómeno distinto a la propia enfermedad, pero hoy sabemos que es algo que puede llegar a afectar a una proporción significativa de personas con dicha enfermedad. Esta forma de demencia tiene características distintas a las de la enfermedad de Alzheimer en tanto que no predomina de una manera tan evidente una alteración de la memoria, como sí toda una serie de marcadas alteraciones del reconocimiento espacial y visual del mundo, del contexto y de las personas, junto con múltiples manifestaciones propias de lo que antes definimos como un síndrome frontal, así como de fenómenos complejos de alucinaciones visuales.

Las alucinaciones visuales, de hecho, son un síntoma frecuente en la enfermedad de Parkinson que puede presentarse incluso antes del diagnóstico clínico. Por sus características y por todo el estigma relativo a la salud mental que orbita en torno a las alucinaciones, estos síntomas es fácil que pasen inadvertidos, puesto que en muchos casos las personas que los experimentan no los explican por miedo y porque no los atribuyen a la enfermedad que padecen. En cualquier caso, cuando hablamos de alucinaciones visuales, hacemos referencia a eventos durante los cuales la persona experimenta una percepción en ausencia de un estímulo o transforma la apariencia de un estímulo existente. En contexto de la enfermedad de Parkinson, solemos distinguir dos grandes grupos de alucinaciones. Por un lado, existen las alucinaciones menores, habitualmente caracterizadas por sensaciones de presencia de personas cercanas o por la visión de sombras irreconocibles que avanzan de atrás hacia delante por los laterales del campo visual o por pequeñas distorsiones sobre objetos reales. Por otro lado, encontramos las alucinaciones mayores o estructuradas caracterizadas por visiones perfectamente formadas de objetos, personas o animales totalmente reconocibles y animados con los que habitualmente no se consigue interactuar dado que no responden a las llamadas que hacen aquellos que los perciben.

En la etapa preclínica e inicial de la enfermedad de Parkinson es relativamente habitual que algunas personas refieren haber experimentado episodios ocasionales de alucinaciones menores. Específicamente, en muchos casos las personas afectadas hacen referencia a tener la sensación de que hay alguien justo detrás de ellos y que se giran para descubrir que nunca hay nadie, o describen tener la sensación de ver pasar sombras que no llegan a reconocer, si bien que podrían ser animales. En otros casos, pero también en estas etapas iniciales, algunos pacientes experimentan pareidolias en forma de una tendencia a percibir caras o animales en objetos o en superficies con dibujos complejos, como el empedrado de una pared, o experimentan ilusiones visuales transitorias como percibir distorsiones de las formas de algunos objetos. En cualquier caso, otra característica de los fenómenos de alucinaciones menores es que, en prácticamente todos los casos, el fenómeno es de corta duración y se mantiene totalmente preservado el *insight*, es decir, la persona es plenamente consciente de que el fenómeno es una alucinación. Conforme la enfermedad progresa, estas experiencias «menores» pueden adquirir un carácter cada vez más elaborado, especialmente cuando todo ello se acompaña de un progresivo deterioro cognitivo. Es entonces cuando las experiencias visuales pueden no solo convertir lo cotidiano en un escenario monstruoso, sino que la progresiva pérdida de la razón priva a quien experimenta estas visiones de la capacidad de discernir si son reales o no lo son. En este contexto, resulta clínicamente curioso que, en muchos casos, el tipo de experiencias alucinatorias que exhiben las personas afectadas mantienen ciertas similitudes tanto por su contenido como por, para llamarlo de alguna manera, sofisticación. Por ejemplo, algunas de las formas más complejas, pero también frecuentes, de alucinaciones tienen que ver con la presencia de extraños fuera de casa que se observan a través de las ventanas y cómo estas presencias, progresivamente, con el paso de los días, pasan a estar cada vez más cerca para llegar a ocupar distintos espacios de la casa. En otros casos, las alucinaciones adquieren la caprichosa forma de determinados estereotipos, como la muerte, monstruos, elfos u otros seres mágicos, así como la de familiares fallecidos.

Conforme estos procesos evolucionan en complejidad y en coocurrencia con la progresión del deterioro cognitivo hacia una demencia, resulta frecuente que los pacientes puedan experimentar múltiples fenómenos relativos a errores de identificación o de paramnesia. Por ejemplo, los pacientes pueden referir tener la impresión de estar viviendo en una casa idéntica a la suya, con los mismos muebles, pero que no es su casa. O hacer referencia a que en su casa existen espacios, por ejemplo, una habitación, que en realidad nunca ha existido. En la misma línea, pueden exhibir fenómenos tipo Capgras, considerando que un conocido es un impostor disfrazado, reduplicaciones de personas, fenómenos de metamorfosis donde una persona se transforma en otra, e incluso formas extraordinariamente complejas de alucinaciones donde todo el entorno se altera conformando una nueva realidad. En estas etapas, además de todos estos síntomas de naturaleza perceptiva, los pacientes pueden desarrollar ideas delirantes, eso es, convicciones totalmente irracionales, pero incorregibles y habitualmente perturbadoras, como tener la certeza de que su pareja le engaña o que determinados conocidos o desconocidos le quieren robar o hacer daño.

Evidentemente, toda esta progresiva complicación de las manifestaciones clínicas de la enfermedad de Parkinson obedece a la continua diseminación de agregados de alfa-sinucleína y de cuerpos de Lewy más allá de estructuras relacionadas con el movimiento, para terminar afectando a múltiples áreas corticales, especialmente en regiones posteriores del cerebro relacionadas con el procesamiento del espacio y de las formas, así como en regiones frontales relacionadas con la autoconsciencia y el razonamiento. Pero el caso es que resulta relativamente habitual encontrarnos con personas que exhiben en primera instancia síntomas propios o muy similares a los de una enfermedad de Parkinson, pero que, rápidamente, empiezan a mostrar ciertas manifestaciones o características que no son propias de las etapas iniciales de dicha enfermedad. Por ejemplo, algunos casos exhiben un franco deterioro cognitivo y alucinaciones estructuradas de manera temprana, mientras que otros casos muestran una prácticamente nula respuesta a los tratamientos de reemplazo dopaminérgico, síntomas motores propios de etapas muy avanzadas de la enfermedad o síntomas como la pérdida de control de esfínteres o la parálisis de la mirada, que no forman parte de lo que esperamos encontrar en una enfermedad de Parkinson. Es entonces cuando hablamos de «parkinsonismo atípico» y se abre frente a nosotros una ventana que nos presenta toda una serie de posibilidades neurodegenerativas similares, aunque distintas a la enfermedad de Parkinson.

Igual que hemos visto en lo relativo a la enfermedad de Alzheimer, la gran mayoría de los casos de enfermedad de Parkinson son esporádicos y, por lo tanto, no hay un «gen dueño y señor» que dicte el destino y que explique el desarrollo de la enfermedad. Pero en un porcentaje pequeño también existen formas familiares de enfermedad de Parkinson donde la herencia adquiere un peso en ocasiones determinante. Cuando hablamos de formas genéticas de enfermedad de Parkinson, a grandes rasgos, distinguimos dos posibles escenarios. En el primero, encontramos las formas autosómicas dominantes, donde basta una alteración genética en un gen para causar la enfermedad y, en el segundo, encontramos las formas autosómicas recesivas, donde se necesitan dos copias alteradas del gen para que la enfermedad se exprese. Además, existen distintos genes que añaden un mayor riesgo a que se desarrolle la enfermedad, aunque por sí solos, no lo determinan.

Si en Alzheimer hablábamos de la APP y de la herramienta que la corta, en el caso de la enfermedad de Parkinson la proteína protagonista es la alfa-sinucleína. Esta proteína vive en las terminales sinápticas, en esos espacios diminutos que existen entre neuronas y que son esenciales para su comunicación. De hecho, la alfa-sinucleína juega un importante papel en la neurotransmisión, puesto que ayuda a empaquetar los diferentes neurotransmisores y a regular el ritmo con el que estos se liberan en el espacio sináptico. El gen SNCA codifica la alfa-sinucleína para que ejerza su función normal, pero cuando una mutación altera este gen, la proteína resultante se vuelve pegajosa, se pliega mal y empieza a agruparse dentro de la neurona formando los cuerpos de Lewy. Estos agregados interfieren en el tráfico de información, dañan los sistemas reguladores de la energía celular y, además, tienden a propagarse a neuronas vecinas. Las mutaciones en SNCA son una de las formas genéticas dominantes de enfermedad de Parkinson donde, clínicamente, la enfermedad suele debutar a edades más tempranas y mostrar un patrón de progresión más rápido, acompañándose además desde el inicio de múltiples síntomas no motores, entre ellos un notable deterioro cognitivo, que habitualmente encontramos en etapas más avanzadas de la enfermedad.

Otra forma genética de enfermedad de Parkinson que sigue un patrón de herencia autosómica dominante son las mutaciones en el gen LRRK2. En estos casos, simplificándolo, estas mutaciones suelen alteran los mecanismos de reciclaje y de limpieza de proteínas anormales, favoreciendo una progresiva acumulación de alfa-sinucleinopatía que de manera creciente va dañando las neuronas dopaminérgicas. Los portadores de estas mutaciones suelen presentar una enfermedad de Parkinson similar a la que vemos en formas no genéticas que, además, suele tener una evolución relativamente benigna. Por otro lado, la penetrancia de estas mutaciones es variable, eso es, no todas las personas con la mutación desarrollan la enfermedad, sino que la edad, otros factores genéticos y ambientales contribuyen significativamente al hecho de desarrollar o no una enfermedad de Parkinson asociada a una mutación en LRRK2. De hecho, hay otras mutaciones que de un modo parecido inclinan la balanza en la dirección de contribuir a un mayor riesgo de desarrollar la enfermedad, pero que no determinan que ello vaya a suceder de manera indefectible. Un claro ejemplo es el gen de GBA que ya comentamos previamente, cuyas mutaciones contribuyen a que los lisosomas pierdan su eficacia y la alfa-sinucleína tienda a agregarse haciendo que sea más probable que se desarrolle una enfermedad de Parkinson. Cuando esto sucede, las personas afectadas suelen presentar la enfermedad a una edad más temprana y a asociar muchos síntomas no motores como alucinaciones, depresión y deterioro cognitivo, acompañándose todo ello de un patrón de progresión más rápido del habitual.

Finalmente, existen formas de enfermedad de Parkinson de inicio juvenil, como por ejemplo las que se asocian con mutaciones en los genes PARK2 y PINK1. En estos casos, el mecanismo genético es distinto puesto que la muerte de las neuronas dopaminérgicas sucede como consecuencia de que estas mutaciones alteran la capacidad de incorporar energía a las neuronas y estas fallecen por agotamiento, dando lugar a un fenotipo clínico de inicio temprano, habitualmente antes de los 40 años, con una evolución lenta y poca presencia de síntomas no motores, pero notables complicaciones motoras al poco tiempo de evolución.

EL CASO DEL SEÑOR ANTÓN

Para el señor Antón y su esposa, una entrañable pareja de 76 años, la palabra Parkinson no resultaba desconocida. El señor Antón había trabajado toda su vida en uno de esos típicos bares que podemos encontrar en cualquier esquina, sin pretensiones, sin diseños imposibles, sin palabras innecesarias en inglés. Un bar de toda la vida. A pesar de que sus hijos habían seguido con el negocio, para el señor Antón fue difícil desvincularse de «su casa», de modo que, evitando las obligaciones de la jubilación, solía pasar muchas horas en el bar tomando notas, revisando pedidos y preparando bocadillos. Unos diez años antes de la visita que hoy nos permitía conocernos, sus hijos detectaron algo curioso, que inicialmente atribuyeron a que quizá su padre necesitaba una revisión de la vista. Esta «curiosidad» no era otra que una clara tendencia a escribir en su bloc de notas con una letra minúscula que convertía en prácticamente imposible descifrar si el pedido era una cerveza o un plato de calamares. Durante ese período de tiempo, tanto para el señor Antón como para su esposa y amigos, se fue haciendo evidente que caminaba más lento y que su rostro no reflejaba ninguna emoción. Por ello, le preguntaron en una infinidad de ocasiones si estaba enfadado o si estaba triste. Con el paso del tiempo, se hizo evidente que alguien tenía que valorar al señor Antón y fue entonces cuando, tras un primer contacto con su médico de cabecera y la posterior visita en nuestro servicio de neurología, se les sugirió la posibilidad de que padeciese una forma inicial de una enfermedad de Parkinson.

Tras comenzar el tratamiento oportuno, los síntomas del señor Antón prácticamente desaparecieron. Su letra volvía a ser la de siempre, su agilidad moviéndose por el escenario del bar resultaba totalmente normal y su repertorio de expresiones era el que siempre había sido.

Pero diez años es mucho tiempo, suficiente como para que la enfermedad hubiese ido tomando cualquiera de las posibles direcciones que puede tomar. Hoy, el motivo de la visita conmigo nada tenía que ver con una letra pequeña, ni con una marcha lenta o una cara poco expresiva. El señor Antón se encontraba profundamente perturbado.

Tras el diagnóstico de la enfermedad, fue abandonando las visitas al bar y empezó a pasar cada vez más tiempo en una pequeña casita con jardín que en su día compraron. Hacía algunos meses que su esposa solía encontrarse al señor Antón mirando fijamente y con preocupación a través de las ventanas de la cocina en dirección al jardín. Su esposa no conseguía ver nada, pero él afirmaba que, a lo lejos, detrás de las vallas del jardín, entre los matorrales y arbustos, había varias personas que les observaban desde lejos. Conforme fueron pasando las semanas, la inquietud del señor Antón acerca de la identidad e intenciones de estas personas desconocidas fue creciendo, especialmente cuando constató que algunas de esas figuras humanas habían rebasado los límites de su casa y deambulaban sin un rumbo aparente por su jardín.

Dado que diez años conviviendo con esta enfermedad les había permitido adquirir mucho más que un superficial conocimiento acerca de la misma, ambos sabían que estas entidades eran alucinaciones. Pero conforme iban pasando las semanas, resultaba cada vez más evidente que la preocupación del señor Antón acerca de estos seres era cada vez mayor y que los argumentos de su esposa recordándole que eran alucinaciones, cada vez eran menos efectivos.

Una tarde, el señor Antón descubrió que esas figuras humanas se habían acercado tanto a su casa que decidió salir e intentar ahuyentarlas a gritos. Aterrorizado, entonces descubrió que no tenían rostro ni pies, que no obedecían a sus órdenes y, lo peor, que entraron en su casa. Desde ese día convivía con un grupo de entre seis y ocho figuras humanas sin rostro que se le aparecían distribuidas por el comedor de su casa, pero que «sorprendentemente» desaparecían cuando encendía una de las luces ubicadas en una esquina. Dos días antes de acudir a la visita conmigo, el señor Antón experimentó un episodio que aun ahora, cuando lo recreo en mi mente, me permite imaginar con toda claridad el inmenso malestar que le provocó. Estando en el baño haciendo sus «necesidades mayores», en algún momento miró entre sus piernas el interior del WC y allí descubrió, entre agua y heces, la cabeza sin rostro de uno de esos seres.

Cuando valoré al señor Antón, al margen de toda esta compleja constelación de episodios de alucinaciones visuales estructuradas, que habían ido progresando en frecuencia, complejidad e impacto secundario a la pérdida de la consciencia sobre su naturaleza, resultaba evidente que existían múltiples indicadores de un deterioro cognitivo severo.

A lo largo de la visita, en muchos instantes resultaba evidente que el señor Antón «desconectaba» y que, de pronto, había que repetirle varias veces lo que estábamos haciendo o por qué estábamos donde estábamos. A pesar de que había estado con nosotros en otras ocasiones, parecía no recordar esos despachos y las personas que tantas veces habían estado con él. Insistía e insistía una y otra vez en que su mayor problema era esa invasión de seres extraños en su casa. Era incapaz de resolver pequeños problemas que le planteaba, de ejecutar tareas dedicadas a evaluar la integridad de ciertos procesos perceptivos y espaciales, y de salir de ese bucle continuo que le obligaba a orbitar en torno a las alucinaciones.

El señor Antón padecía una enfermedad de Parkinson desde hacía unos diez o doce años, que, al principio, evolucionó acorde a una forma típica, asociando una muy buena respuesta a los fármacos y sin grandes complicaciones no motores. Pero conforme pasaron los años y los agregados de proteínas anormales y el consecuente daño neuronal fue distribuyéndose por su cerebro, empezaron a claudicar esos sistemas que poco o nada tienen que ver con el gobierno del movimiento, pero que tantas veces vemos claudicar en algún momento en las personas afectadas por esta enfermedad. Había desarrollado una demencia asociada a la enfermedad de Parkinson y, acorde a ello, exhibía de manera predominante toda una infinidad de signos que sugerían una muy notable desintegración de múltiples procesos relacionados con el reconocimiento y procesamiento del entorno visual y del espacio, así como una marcada alteración de múltiples procesos dependientes de distintas regiones prefrontales que lo sumían en un estado carente de capacidad de resolución, de argumentación y razonamiento y de freno de toda esa cascada de pensamientos y de visiones que habían ocupado tanto su mundo interno como externo.

El caso de los violines que dejaron de sonar

Muchas personas con enfermedad de Parkinson llevan una vida absolutamente normal, especialmente durante los primeros diez años de enfermedad, cuando habitualmente los fármacos ejercen un efecto espectacular sobre los síntomas. Por ello, el señor Fabián, un elegante y medio aristócrata paciente de 72 años, seguía ocupado con una de sus mayores pasiones que había terminado convirtiendo en un muy rentable negocio. El señor Fabián organizaba viajes a todo lujo, de varios días, para asistir a representaciones de las más reputadas orquestas y operas en Viena y en cualquier lugar del mundo. De modo que su aspecto, ataviado siempre con un traje impoluto y un pañuelo envuelto en el cuello y anudado de forma que yo nunca sabré hacer, no resultaba para nada sorprendente.

El señor Fabián era tan melómano como educado, culto y paciente, de manera que jamás hubiese elaborado ni un esbozo de mentira o de conducta inapropiada. Pero había empezado a desarrollar un problema que mantenía en secreto y que a pesar de sus esfuerzos por que así continuara siendo, yo conseguí que visibilizase.

Conocer las enfermedades implica, entre otras cosas, saber y poder anticipar posibles escenarios, sean estos probables, típicos o infrecuentes. Por ello, resulta clave encontrar la manera de aproximarnos con delicadeza al mundo interno de las personas que tratamos a efectos de poder saber si alguna de estas posibilidades, habitualmente invisibles, están sucediendo. Por ejemplo, el deseo de morir o de quitarse la vida puede estar presente en muchos casos sin que necesariamente se verbalice. Pero si no preguntamos, sabiendo cómo preguntar, en muchas ocasiones nadie nos dirá espontáneamente que tiene previsto quitarse la vida. Con las alucinaciones sucede algo parecido, de modo que por miedo a «me estaré volviendo loco», es fácil que quien las experimenta no lo cuente y que, solo preguntando a través de la normalización, consigamos saber que están sucediendo.

En el caso del señor Fabián, a lo largo del último año habían ido sucediendo toda una serie de gastos extraordinarios que no conseguía justificar a su familia. No se trataba de una fortuna, sino de gastos significativos, pero sobre todo muy frecuentes, que se repetían varias veces cada semana. El señor Fabián sentía culpa, miedo, posiblemente incluso asco y, por supuesto, muchísima vergüenza cuando se dio cuenta de que mis preguntas iban dirigidas a una verdad que solo él conocía, pero que era necesario visibilizar, al menos conmigo. A pesar de ser un hombre felizmente casado, educado, recto, impoluto y siempre fiel a sus valores y a sus seres queridos, algo había hecho que fuese incapaz de gobernar toda una serie de impulsos sexuales que, poco a poco, se habían ido convirtiendo en algo sumamente complejo. Al principio, él mismo se sorprendió cuando fue consciente de la cantidad de horas que, sentando frente al ordenador, dedicaba a visualizar una y otra vez contenido pornográfico. Pero el primer golpe a su dignidad e integridad sucedió cuando, con 71 años, se vio a sí mismo siendo incapaz de evitar acudir primero una, luego dos, luego tres o cuatro veces por semana, a un local de sexo de pago y pasar horas teniendo relaciones donde ni siquiera podía eyacular, donde ni siquiera, en muchos casos, se llegaba a excitar. Tras varios meses inmerso en continuas visitas a distintos locales de sexo de pago, sus incontrolables impulsos construyeron una imagen en su mente que le obsesionaba y que le privaron de la capacidad de control sobre el ejercicio de algo que para él era una perversión, pero que nuevamente no podía evitar. Así pues, dejó de acudir a la habitual casa de sexo de pago para empezar a frecuentar locales de transexuales y de sadomasoquismo.

Ese día, a pesar de que nos habíamos visto en una infinidad de ocasiones, el señor Fabián me miraba con una expresión de odio a su persona y de miedo. Le recordé que esto que estaba sucediéndole era algo que en su día habíamos hablado, que respondía a un efecto secundario de la medicación que tomaba para la enfermedad, que no era un monstruo a pesar de haberse estado haciendo daño y de haber causo daño a otros. El señor Fabián lo entendía y lo sabía. No presentaba un deterioro cognitivo, como muchas veces vemos en las personas que desarrollan trastornos del control de los impulsos y que suelen ser varones, en muchas ocasiones jóvenes y con las capacidades mentales preservadas. Pero lo que estábamos descubriendo no era el mayor problema. El señor Fabián era consciente de que sus impulsos sexuales ingobernables habían ido escalando de un primer contacto compulsivo con la pornografía hasta llegar al sadomasoquismo. Por ello, porque era consciente de que todo parecía indicar que su «trastorno» estaba siguiendo un recorrido y porque solo él sabía lo que empezaba a elaborar su mente como nueva posibilidad, estaba aterrado.

Cual adicto habituado a la dosis cotidiana, necesitaba más y, en este contexto, su mente descontrolada había empezado a elaborar dos posibilidades: los animales y los niños.

El señor Fabián murió en su casa dos semanas más tarde sin que hoy sepamos exactamente cuál fue la causa. Aparentemente, fue un proceso natural, posiblemente mediado por un fallo cardíaco, pero siempre que recuerdo este caso, no consigo evitar pensar en la posibilidad de que el señor Fabián no pudiese soportar más tanta presión, ni pudiese gestionar la posibilidad de llegar a perder el control dando el salto a las dos últimas posibilidades en las que pensó.

LOS PARKINSONISMOS ATÍPICOS

Los parkinsonismos atípicos engloban todo un conjunto de enfermedades que comparten la existencia de un parkinsonismo como síntoma central, pero con una evolución clínica distinta a la esperada en el contexto de una enfermedad de Parkinson. Los parkinsonismos atípicos los podemos dividir entre primarios y secundarios. Dentro de los secundarios, podemos encontrar una inmensa lista de condiciones no neurodegenerativas que pueden dañar diferentes estructuras de los ganglios basales, desencadenando síntomas típicos y atípicos de un parkinsonismo, como por ejemplo podemos ver en el parkinsonismo vascular, en la hidrocefalia normotensiva o en determinados trastornos del metabolismo, intoxicaciones, trastornos autoinmunes u otros. Por otro lado, los parkinsonismos atípicos primarios hacen referencia a distintas enfermedades neurodegenerativas en las que se presenta un síndrome parkinsoniano que no está causado por una enfermedad de Parkinson y que, además, asocia síntomas atípicos como una forma de progresión rápida, una mala respuesta a los fármacos de reemplazo dopaminérgico, deterioro cognitivo temprano muy marcado, alucinaciones tempranas, apraxia y otros signos de compromiso cortical, alteraciones de los movimientos oculares, caídas, signos cerebelosos y signos de fallo autonómico como hipotensión, urgencia urinaria, disfunción sexual, estreñimiento, sudoración excesiva, estridor inspiratorio o apneas, entre otros.

El hecho de que estas enfermedades compartan muchas características de las que vemos en la enfermedad de Parkinson y que algunos de los síntomas atípicos puedan no estar presentes o ser evidentes en las etapas más tempranas, hace que, en muchos casos, existan retrasos importantes en el diagnóstico de cualquiera de estos procesos. Además, dado que algunas de estas enfermedades comparten síntomas con otras enfermedades más frecuentes, como la enfermedad de Alzheimer, no es poco frecuente que muchos casos reciban diagnósticos erróneos.

Dentro de los parkinsonismos atípicos primarios, podemos agrupar cuatro enfermedades distintas dentro de dos proteinopatías principales. Por un lado, tenemos la demencia con cuerpos de Lewy y la atrofia multisistémica (AMS) comprendidas dentro del espectro de las sinucleinopatías. Por otro lado, están la parálisis supranuclear progresiva y la degeneración corticobasal dentro del espectro de las taupatías. Como veremos, todas ellas son enfermedades extremadamente complejas en lo relativo a su diagnóstico, manejo y tratamiento, así como por el impacto que causan en los pacientes y en sus acompañantes.

DEMENCIA CON CUERPOS DE LEWY

En la enfermedad de Parkinson, he explicado que la alfa-sinucleína y la formación y acúmulo de cuerpos de Lewy definen el componente neuropatológico principal de la enfermedad. En las etapas iniciales, estos agregados tóxicos tienden a presentarse y a agruparse en determinadas estructuras cerebrales profundas, ocupando pocas parcelas de la corteza cerebral. Pero no es infrecuente que, conforme una enfermedad de Parkinson progresa, los cuerpos de Lewy y el daño neuronal se extienda a lo largo y ancho del cerebro contribuyendo al desarrollo de síntomas cognitivos y de demencia, atribuibles a dicha extensión del daño cortical.

Pero cuando hablamos de sinucleinopatías, en muchas ocasiones, nos encontramos con pacientes que, de manera muy temprana, presentan un marcado deterioro cognitivo distinto al que vemos en la enfermedad de Alzheimer, junto con leves signos de Parkinsonismo. En muchos de estos casos, si en estas etapas iniciales observásemos bajo el microscopio lo que está sucediendo en sus cerebros, veríamos que esa alfa-sinucleína y cuerpos de Lewy de los que ya hemos hablado, se encuentran presentes por todo el cerebro, ocupando especialmente múltiples áreas corticales posteriores como la región parietal y occipital. Es entonces cuando, probablemente, estemos delante de una demencia con cuerpos de Lewy.

En esencia, la demencia con cuerpos de Lewy es una sinucleinopatía que combina deterioro cognitivo con parkinsonismo, fluctuaciones de la atención, alucinaciones visuales bien formadas y frecuentes, trastorno de conducta del sueño REM e hipersensibilidad a fármacos antidopaminérgicos. De una manera un tanto burda, esta enfermedad se diferencia de la demencia asociada a la enfermedad de Parkinson por el *timing* de aparición del deterioro cognitivo, en el sentido de que, en esta enfermedad, la demencia se instaura antes o dentro del primer año de evolución, mientras que, en la enfermedad de Parkinson, difícilmente vemos una demencia plenamente instaurada antes de los cinco años de evolución.

Dentro de las demencias neurodegenerativas, tras la enfermedad de Alzheimer, la demencia con cuerpos de Lewy es la segunda causa más frecuente de demencia en nuestra sociedad, siendo la edad de diagnóstico media en torno a los 65 años y presentando, igual que sucede con la enfermedad de Alzheimer y otras enfermedades neurodegenerativas, una clara relación entre prevalencia e incremento de la edad.

A pesar de que la demencia con cuerpos de Lewy tenga toda una serie de características clínicas y neuropatológicas propias, es fácil que se pueda confundir con una enfermedad de Alzheimer y, además, una proporción significativa de personas afectadas por demencia con cuerpos de Lewy asocian cambios patológicos propios de una enfermedad de Alzheimer, en cuyo caso, podemos asumir la coexistencia de ambas patologías.

A nivel clínico, la forma que adquiere el deterioro que acompaña a la demencia con cuerpos de Lewy resulta sumamente coherente con la localización y con la trayectoria o distribución del daño cerebral que va aconteciendo conforme progresa. Por un lado, los cuerpos de Lewy afectan inicialmente al sistema dopaminérgico de un modo similar, pero menos agresivo, al que vemos en la enfermedad de Parkinson. Por ello, resulta un elemento central que las personas afectadas por esta condición presenten leves síntomas motores idénticos a los que frecuentemente vemos en una enfermedad de Parkinson. Paralelamente, los cuerpos de Lewy afectan a toda una serie de regiones posteriores implicadas en el procesamiento visual y espacial, afectando tanto a regiones primarias como secundarias de las vías visuales ventrales y dorsales, y pudiendo también extender el daño hacia áreas asociativas temporales. Por ello, a diferencia de la enfermedad de Alzheimer, donde predomina un daño prominente a nivel temporal medial e hipocampal que sustenta el fracaso de la memoria, en la demencia con cuerpos de Lewy, si no existe copatología de enfermedad de Alzheimer, las alteraciones de la memoria adquieren un perfil distinto y secundario al de la enfermedad de Alzheimer, predominando dificultades para acceder y evocar, así como para ordenar los recuerdos. En contraposición, predominan múltiples anomalías en todo aquello que tiene que ver con la capacidad para percibir, construir e interpretar el mundo visual y espacial externo, dando lugar a formas inicialmente simples, pero progresivamente complejas de agnosia visual, de desorientación y de agnosia topográfica.

Otro elemento central del perfil cognitivo de esta enfermedad son las fluctuaciones de la atención. Ello significa que la capacidad de controlar, dirigir o mantener la atención fluctúa, derivando en una observación que, frecuentemente, hacen los familiares o cuidadores de las personas afectadas, cuando explican que el paciente suele tener momentos en los que parece estar prácticamente bien, y otros momentos en los que está absolutamente ausente, desconectado o desubicado. De este modo, las capacidades cognitivas de las personas afectadas por demencia con cuerpos de Lewy suelen oscilar a lo largo del día, en ocasiones en intervalos relativamente largos y, en otros casos, en parcelas de tiempo cortas, dando lugar a que el paciente presente momentos de una notable lucidez y agilidad mental, para posteriormente instaurar períodos de marcado declive, desorientación o confusión.

La posible afectación de áreas asociativas a nivel temporal hace que sea frecuente que, en muchos casos, los pacientes o los familiares consideren que existe un problema de audición y que se hayan realizado distintas revisiones e incluso incorporado el uso de audífonos sin resolución del problema. En estos casos, los aparentes problemas auditivos suelen obedecer a formas fluctuantes de agnosia auditiva, que suele afectar especialmente a la capacidad de procesar y reconocer palabras y cuyo carácter fluctuante hace que, eventualmente, el paciente parezca no poder comprender lo que se le dice, para luego ser capaz de hacerlo. Un hallazgo, relativamente frecuente que en este sentido podemos observar cuando evaluamos a personas con esta condición, es que pueden ser capaces de discriminar sonidos, el tono, el volumen o el ritmo, pero presentar notables dificultades transitorias para descodificar el significado de algunas palabras.

Por la proximidad de las áreas temporales que pueden verse afectadas, con las amígdalas del sistema límbico y por la estrecha relación que existe entre estas estructuras y el procesamiento y expresión de emociones negativas como el miedo, también es muy frecuente que las personas afectadas por demencia con cuerpos de Lewy experimenten episodios de ansiedad injustificada. De este modo, fácilmente los pacientes exhiben episodios transitorios o mantenidos en el tiempo de una marcada preocupación, miedo e incluso de ataques de pánico sin que exista un desencadenante claro que justifique la expresión de estas emociones.

Pero si existe un síntoma o grupo de síntomas que podamos considerar sumamente característicos de la demencia con cuerpos de Lewy, estos son tanto la presencia, desde etapas tempranas, de formas extraordinariamente complejas de alucinaciones predominantemente visuales, aunque también pueden ser en menor medida auditivas y táctiles, así como de trastornos de la identificación y síntomas delirantes.

Tal y como hemos elaborado al inicio de este libro, el cerebro emplea, por un lado, toda una serie de señales provenientes de los sistemas sensoriales para ir construyendo un mundo visual, auditivo, táctil, gustativo y olfativo con significado, de donde nace la percepción. Esta construcción de la realidad se ve sometida a toda una serie de inferencias que nuestras áreas frontales hacen a efectos de intentar facilitar estos procesos perceptivos. Pero cuando la elaboración de las señales sensoriales es deficitaria, cuando el acceso a los almacenes o diccionarios de significados es incorrecto o cuando las predicciones que hacen nuestros procesos frontales no son correctas o no se supervisa la validez de aquello percibido, emerge el sueño de la razón y, por ello, parafraseando a Goya, entonces se producen monstruos.

Pocas cosas resultan en mi opinión más sorprendentes que la fenomenología que acompaña a las alucinaciones visuales y al conjunto de síntomas, en esencia psicóticos, que podemos ver en personas afectadas por demencia con cuerpos de Lewy. En esencia, sabemos que el conjunto de anomalías que existen a lo largo y ancho de las distintas vías y sistemas implicadas en procesar y en atribuir significado a la información que estamos recibiendo, precipitan que, frente a lo que el cerebro considera señales perceptivas ambiguas cuyo significado no consigue resolver, se inicie un proceso descontrolado de búsqueda de opciones que resuelvan dicha ambigüedad. Es entonces cuando estos procesos se apoyan, de un modo exagerado y pobremente supervisado, en ese diccionario «semántico» del que ya hemos hablado asumiendo como adecuada cualquiera de las opciones que encuentra en su camino. De este modo, nos podemos imaginar que, por ejemplo, cuando este sistema empieza ese trabajo dedicado a resolver qué es y qué significa ese objeto alejado situado al lado del sofá, no solo fracasa, sino que le resulta convincente el significado que le sugiere un sistema semántico que nadie está supervisando. Es entonces cuando, si este sistema ha considerado «oportuno» y «coherente» que esa forma ambigua sea la cabeza de un dragón, el individuo percibe la cabeza de un dragón. Otro fenómeno propio de las alucinaciones que vemos en estos pacientes tiene que ver con el fracaso de los sistemas que continuamente actualizan dónde nos encontramos con relación al espacio que ocupamos.

En condiciones normales, ya hemos explicado que toda una serie de áreas predominantemente parietales nos permiten integrar nuestro cuerpo en un espacio y los objetos o elementos del espacio en relación con nuestro cuerpo. En un mundo dinámico como el nuestro, esto implica una continua actualización de nuestra posición con respecto a un mundo que puede estar quieto o en movimiento. De este modo, podemos percibir dónde estamos ahora y qué lugar ocupa nuestro cuerpo y, al levantarnos y movernos por la habitación, percibir instantáneamente que ocupamos un espacio o lugar distintos. Pero cuando estos sistemas fracasan, puede producirse algo parecido a una desincronización entre el «dónde estoy» y el «dónde considera el cerebro que estoy». Es entonces, cuando pueden emerger los síntomas propios de las alucinaciones de presencia, donde las personas perciben la presencia de una entidad humana próxima a ellas, habitualmente en la espalda, allí donde no tenemos ojos para ver que no hay nada, y por lo tanto el cerebro usa otros procesos para determinar si hay algo. Estas presencias percibidas son, en realidad, el cuerpo de uno mismo, ocupando una posición distinta a la que realmente ocupa, dado que estos sistemas de actualización y de sincronización del cuerpo con respecto al espacio han fracasado. Este síntoma, que vemos con frecuencia en la enfermedad de Parkinson, puede adquirir un nivel de complejidad extraordinario en los casos de demencia con cuerpos de Lewy, cuando las personas desarrollan lo que conocemos como alucinaciones tipo *phantom boarder*. En estos casos, no se trata de que la persona perciba una extraña sensación de presencia cercana, sino que percibe que en algún lugar de su casa hay una entidad, una presencia, algo parecido a un invitado fantasmagórico desconocido. Evidentemente, tanto en las alucinaciones de presencia, como en los fenómenos tipo *phantom boarder*, no solo están fallando estos procesos de actualización y de sincronización del lugar que ocupa nuestro cuerpo con respecto al espacio, sino que, obviamente, también están fallando los sistemas dedicados a la supervisión y validación de estas percepciones que, en condiciones normales, rápidamente nos harían dar cuenta de que es imposible que sea real lo que estamos percibiendo. Pero en la demencia con cuerpos de Lewy, el fracaso de estos sistemas de supervisión no priva al cerebro de intentar resolver el enigma relativo a «qué es lo que estoy percibiendo». Es entonces, cuando la solución más verosímil que este sistema desconfigurado encuentra no es que se trate de una alucinación o fallo del cerebro, sino que se trate de una persona. De este modo, las enigmáticas presencias percibidas en los episodios de *phantom boarder* son, en esencia, el cuerpo de uno mismo ocupando un espacio que ya no ocupa en realidad, por ejemplo, una habitación por la que pasamos hace escasos minutos.

Esta pérdida de la temporalidad, es decir, esta tendencia a que la realidad esté desajustada con respecto a cuando sucedieron los eventos, da lugar a otros síntomas distintos en la demencia con cuerpos de Lewy, que muchas veces detectamos en el discurso de las personas afectadas. De modo que, durante una conversación, podemos encontrarnos con que la persona espontáneamente inicia la continuación de una conversación que había sucedido varias horas o días antes.

Pero siguiendo con la fenomenología de las alucinaciones, un elemento esencial de estos síntomas en la demencia con cuerpos de Lewy es la complejidad o riqueza con la que las percepciones visuales imposibles se construyen. De este modo, las personas afectadas pueden hacer referencia a haber tenido visitas de varias personas en casa que nunca sucedieron, de estar viendo animales en contextos imposibles —como por ejemplo un pez gigantesco pasando volando detrás de una ventana— y, en esencia, de todo aquello que nuestra imaginación pueda concebir como formas de conocimiento y, en consecuencia, alimentar y dar significado a un mundo externo pobremente construido.

En ocasiones, en esta enfermedad, acontecen como manifestación de la intrincada relación que existe entre memoria, conocimiento, familiaridad y percepción esos síntomas que conocemos como trastornos de la identificación, donde la persona puede estar profundamente convencida de que quien le acompaña es un impostor disfrazado, o de que su casa, como vemos en las paramnesias reduplicativas, es una casa idéntica, pero no es su casa. En estos casos, se hace especialmente evidente el componente de fracaso de los sistemas de supervisión y de elaboración de opciones coherentes con nuestro mundo, en tanto que los pacientes dan por absolutamente válido el significado que adquiere aquello que están percibiendo. Eso es, poniéndonos en un hipotético lugar, si nos imaginamos percibiendo espontáneamente que nuestra mujer es una persona desconocida disfrazada, posiblemente a todos nos parecería razonable que lo primero que consideraríamos que está sucediendo es que algo anda mal en nuestra cabeza. Del mismo modo, si de pronto nos encontrásemos sorprendidos mirando nuestro comedor y teniendo una extraña sensación de que, a pesar de tener los mismos muebles, cuadros y luces, no se trata de nuestro comedor, sino de una copia exacta como la de un plató de televisión, también pondríamos en duda la estabilidad de nuestros procesos mentales. Pero en contraposición, cuando las personas afectadas por demencia con cuerpos de Lewy experimentan estas situaciones, el tipo de explicaciones que su cerebro elabora, en un intento de dar coherencia a estas anomalías, son explicaciones fantásticas e imposibles, pero que no consiguen cuestionar. Por ejemplo, al confrontarlas con los motivos que podrían explicar que estén viviendo en una copia exacta de su casa, les puede parecer coherente considerar que quizá alguien ha construido una casa idéntica delante de la suya, así como un túnel que pasa de una casa a la otra y que, por algún motivo, les han trasladado de uno, al otro lugar.

Obviamente, convivir con todo este tipo de percepciones siendo incapaces de cuestionarlas, así como convivir con un sistema emocional deficitario, contribuye a que, muy habitualmente, las personas con demencia con cuerpos de Lewy desarrollen un extraordinario malestar psicológico secundario al hecho de estar experimentando esta infinidad de realidades imposibles. Naturalmente, este malestar no suele pasar desapercibido en los cuidadores o en aquellos que conviven con los pacientes, de modo que, en muchos casos, realizan continuos intentos por hacer «comprender» al paciente que están equivocados. No obstante, a diferencia de lo que posiblemente podría suceder si no existiese un deterioro cognitivo, estos pacientes no consiguen elaborar las razones que sus allegados les presentan en un intento de hacerles razonar, desencadenando episodios ocasionalmente aún más complejos, de ira o profunda desesperación.

Así como resulta previsible que muchas personas afectadas por la enfermedad de Alzheimer puedan desarrollar problemas de orientación espacial, relativas a la pérdida de los mapas internos que nos permiten navegar por un mundo conocido, en las personas con demencia con cuerpos de Lewy, que también pueden presentar estos problemas, habitualmente se añade el hecho de que pierden la capacidad para reconocer los elementos visuales que nos sitúan en un espacio conocido. De este modo, cuando navegamos por las calles de nuestra ciudad, no solo empleamos un sistema de navegación interna que nos dicta los caminos que debemos seguir y que nos permite mantenernos actualizados en lo relativo a de dónde venimos, dónde estamos y hacia dónde vamos, sino que, además, continuamente reconocemos elementos visuales del entorno que nos sitúan, porque conocemos ese edificio en concreto o ese portal en particular. En la demencia con cuerpos de Lewy, esta capacidad de reconocer espacios externos se puede ir descomponiendo, dando lugar a lo que denominamos agnosia topográfica. En estos contextos, a pesar de que el sistema de navegación interno pueda estar preservado, la persona se pierde porque no reconoce los elementos que se va encontrando. Así pues, nos podemos imaginar la hipotética situación de una persona que va del centro comercial a su casa siguiendo la ruta correcta, pero que conforme se va acercando a su destino, percibe los edificios, calles o incluso su propio portal como lugares totalmente desconocidos. En este contexto, es difícil pensar que esta persona llegase a acceder a un portal que no reconoce como el suyo, mientras que, probablemente, iniciaría un proceso de búsqueda que, en esencia, la llevaría a desorientarse aún más y a alejarse de un destino que tenía en frente.

Igual que hemos visto en la enfermedad de Alzheimer y en la enfermedad de Parkinson, la demencia con cuerpos de Lewy también presenta una etapa preclínica, durante la cual suelen predominar síntomas similares o idénticos a los que vemos en la etapa preclínica de la enfermedad de Parkinson, en forma de trastornos de conducta del sueño REM o hiposmia, aunque también pueden empezar a suceder en esta etapa algunos «instantes» transitorios de fallos cognitivos a nivel espacial o perceptivo.

En lo relativo a los factores genéticos determinantes y a los que contribuyen a un mayor riesgo de desarrollar esta enfermedad, por un lado, encontramos algunos de los genes que ya hemos listado en la enfermedad de Parkinson y que exacerban toda la cascada de agregación de alfa-sinucleína, como lo son SNCA y GBA. En lo relativo a las formas familiares de demencia con cuerpos de Lewy, se considera que estos casos son sumamente infrecuentes, pero no por ello imposibles, donde mutaciones tanto en los genes SNCA, SNCB, así como en otros genes candidatos, podrían explicar casos, en esencia limitados, donde la enfermedad se ha presentado siguiendo un claro efecto de agregación familiar.

EL CASO DE JUAN

Juan era un hombre de 79 años con quien dormir a su lado resultaba un tormento desde hacía más de veinte años. Al principio, eran pequeños sobresaltos, algunos gritos y movimientos, pero, poco a poco, cuando se encontraba inmerso en sus sueños, gritaba y peleaba ferozmente contra todo aquello que aparecía en sus continuas pesadillas. Por ello, para su esposa, quien llevaba más de cuarenta años a su lado, dormir con él, despertándose cada noche entre los gritos y golpes que lanzaba su esposo tratando de matar monstruos, y que en más de una ocasión le habían dejado notables moratones en su frágil cuerpo, se había convertido en un infierno.

Este trastorno durante el sueño llevaba presente mucho tiempo y, por ello, ya habían consultado años atrás. Entonces le realizaron una polisomnografía, eso es, un estudio de la fisiología del sueño que, empleando electrodos para el registro de la actividad eléctrica cerebral y de los movimientos musculares, permite diagnosticar anomalías en la estructura del sueño. De este modo, les desvelaron lo que resultaba evidente en cuanto a que Juan presentaba un trastorno de la conducta del sueño REM.

Varios años más tarde, no mucho antes de la visita actual conmigo, su esposa empezó a detectar que Juan estaba cada vez más lento. No le dio mucha importancia, como tampoco se comió mucho la cabeza cuando también empezó a detectar lo que ella denominaba fallos de memoria, para los que terminó convenciéndose de que se trataban de bromas que, ocasionalmente, tenía su marido acorde a su peculiar personalidad. En esencia, en algunos momentos, su esposo le preguntaba: «¿Quién eres?» o «¿Dónde estamos ahora?», para, a continuación, conformarse con lo que pretendía transmitir la sorprendida expresión de su esposa cuando le decía que dejase de hacer tonterías.

Dos meses antes de venirme a ver, Juan padeció los síntomas propios de una infección de orina y, en ese contexto, de la noche a la mañana, su mente y su cordura se fracturaron por completo. Cuando un cerebro padece, cuando lidia contra las primeras embestidas del torrente de agresiones que insidiosamente van provocando las enfermedades neurodegenerativas, despliega un titánico esfuerzo por seguir funcionando. En esos momentos, existe una profunda fragilidad que hace que todos estos sistemas de compensación sean especialmente vulnerables a cualquier cambio. En este contexto, las infecciones, y por su frecuencia las de tracto urinario cobran una relevancia especial, pueden hacer claudicar estos recursos de compensación haciendo que, de pronto, la persona desarrolle un estado cognitivo y motor profundamente comprometido, fruto del implacable derrumbe de todo aquello que lo mantenía.

Dada la descompensación que Juan experimentó durante ese episodio fue ingresado en un hospital, donde además de confirmar la presencia de una infección y de tratarla, escucharon por primera vez la palabra «parkinsonismo».

Ahora, muchos años después de que empezase ese trastorno de la conducta del sueño REM, pero muy poco tiempo tras los primeros fallos de memoria, de confusión y de lentitud, tenía a los dos sentados frente a mí. Desde el primer instante, resultaba evidente que para Juan era sumamente complejo mantener la atención dirigida a la conversación que intentábamos tener y que no conseguía comprender muchas de las cosas que le preguntaba. Por ello, le pedí permiso para hacerle algunas preguntas a su esposa. Él asintió y yo me dirigí a la mujer que se encontraba sentada a su lado, preguntándole en primera instancia su nombre. Con naturalidad, ella respondió que su nombre era Nuria, pero entonces, sorprendido, su esposo se giró hacia ella, la miró con extrañez y le pregunto: «Pero ¿tú quién eres? ¿Dónde está Nuria?» Lejos de sorprenderse, su esposa me miró con esa inequívoca expresión de «vaya, ya estamos otra vez con esto», pero no le dejé a Nuria responder. Antes, me dirigí a Juan para que me explicase qué estaba sucediendo y él, convencido, afirmó que la señora que tenía sentada al lado se parecía bastante a su esposa Nuria, iba vestida como su esposa Nuria, aunque no la conocía e inequívocamente no era Nuria.

Estos episodios de trastorno de la identificación que configuran lo que conocemos como síndrome de Capgras, en realidad ya venían sucediendo desde hacía más de cinco años, cuando su esposa creía, o se esforzaba por convencerse, de que se trataba de bromas que hacía su esposo, puesto que, repentinamente esas confusiones desaparecían para volverla a identificar correctamente. El desarrollo de este síntoma había ido sucediendo en paralelo a una progresiva desintegración de la capacidad de Juan para ubicarse y para reconocer lugares familiares. En una infinidad de ocasiones, confundía su casa con un lugar desconocido o con lugares en los que ya no vivía. En otras ocasiones, era incapaz de saber en qué calle estaba o incluso cómo llegar de su habitación al baño sin perderse por el camino. Por otro lado, quizá más tarde, había empezado a presentar lo que suponía problemas auditivos propios de la edad, pero que les pude demostrar fácilmente que esa sordera solo afectaba a la capacidad para comprender algunas palabras presentes en el contexto de ciertas frases relativamente largas, pero que no comprometía otro tipo de estímulos auditivos, ni el fallo sucedía de manera continua sino transitoria y, especialmente, en función de la complejidad de la frase.

Juan no sabía en qué día estábamos, ni mes, ni año, ni comprendía el motivo que justificaba que estuviese sentado junto a su esposa conmigo. Cuando exploré su capacidad para aprender, retener y recordar información nueva, resultaba evidente que el éxito de la tarea dependía en gran medida de cómo su atención espontáneamente se derrumbaba. De modo que, a pesar de que yo le fui presentando una y otra vez la misma lista de palabras que posteriormente le pedía que recordase, podía de pronto recordar 5, luego 1, luego 7, luego 3. No era capaz de organizar los pasos mediante los cuales dibujar algo tan prototípico como lo es un reloj y se perdía en una sucesión de perseveraciones quedándose encallado en una reiteración a la hora de dibujar, una y otra vez cualquier número que tuviese una forma ondulante, como el 8 o el 9. A efectos de intentar copiar alguna figura, resultaba evidente que no podía elaborar un todo, sino pequeñas parcelas desorganizadas, sin sentido y sumamente alejadas de aquello que le estaba mostrando. Además, tampoco era capaz de identificar objetos cotidianos cuando se los presentaba en unos sencillos dibujos donde aparecía solo una fácilmente reconocible silueta de estos dibujos, igual que tampoco era capaz de comprender la orientación de distintas líneas.

Figura 30: Ejemplos del dibujo de un reloj, escritura e intentos de copias de dibujos por parte de Juan.

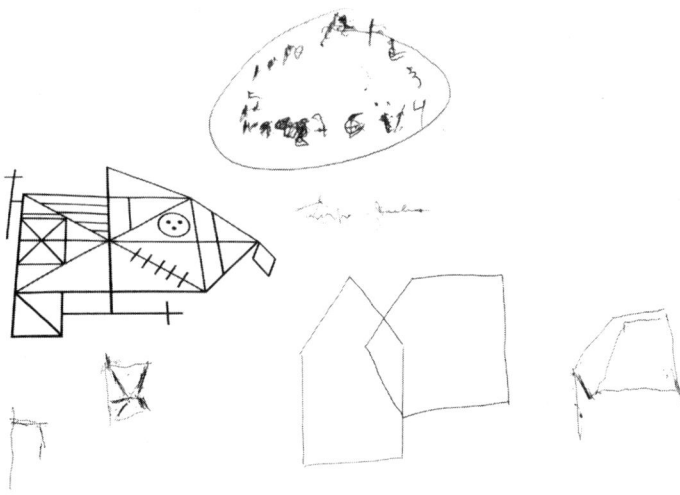

Presentaba una infinidad de signos de alteración neurocognitiva en procesos relacionados con funciones dependientes de regiones occipitales y parietales, además de prefrontales, acompañándose el cuadro de un trastorno de conducta del sueño REM como síntoma inicial de muchos años de evolución, una evolución acompañada de fenómenos transitorios de alteración de la identificación y una posterior instauración de un flagrante deterioro cognitivo cuya severidad indudablemente definía una demencia.

Juan padecía una demencia con cuerpos de Lewy cuyos primeros síntomas, aquellos que definieron la etapa preclínica precediendo al profundo deterioro que ahora presentaba, habían adquirido la prototípica forma de un trastorno de la conducta del sueño REM. Sabemos que, por algún motivo, la alfa-sinucleína tiene cierta predilección por empezar a agregarse y a conformar cuerpos anormales en regiones del tronco cerebral involucradas en la regulación del sueño. Estos agregados precipitan la desregulación de algunas funciones dependientes del tronco cerebral, desencadenando mucho antes de que la proteína haya viajado a otras zonas del cerebro, esta alteración del sueño tan característica. Posteriormente, a través de mecanismos que no llegamos a comprender aún con exactitud, estos agregados de alfa-sinucleína se van depositando y dañando otras áreas cerebrales y, de este modo, en función de donde se localiza la mayor carga de agregados, las personas desarrollan distintas posibles sinucleinopatías como la enfermedad de Parkinson, la demencia con cuerpos de Lewy o la atrofia multisistémica que comentaremos a continuación.

EL CASO DE LOS VIOLINES QUE EMPEZARON A SONAR

Encontraron a Elisabeth con una profunda lesión cutánea en la piel que recubre el cráneo, tumbada e inconsciente sobre un charco de sangre, al final de las escaleras de la boca de la estación de metro que cada día utilizaba. Tenía entonces 69 años y llevaba algunos meses experimentando cierta impresión de lentitud y de torpeza de la marcha, junto con episodios transitorios de una especie de mareo o de vértigo, como el que todos alguna vez hemos experimentado al levantarnos de la cama y ponernos súbitamente de pie.

A pesar de la espectacularidad del escenario y de la caída, en realidad Elisabeth no sufrió un daño cerebral secundario a este accidente, pero para su hija resultaba evidente que, desde entonces, su madre había ido presentando toda una serie de problemas. Hablando con ella, me describió que aparte de la lentitud, la torpeza o de eventuales problemas de equilibrio, su madre estaba más dispersa y confusa, pero no siempre, mucho más ansiosa, quizá por lo que le había pasado, y más olvidadiza. Era evidente que el accidente y la llamada que su hija había recibido por parte de los servicios de emergencia para alertarla de lo que había pasado, le había dejado una huella que, de algún modo, contribuía a que ese evento se identificase como el punto de partida a todos los problemas que ahora percibía. Pero en realidad, cuando hicimos el ejercicio de intentar caminar marcha atrás hasta llegar a algunos meses antes de la dichosa caída, se hizo evidente que ya existían ciertos problemas similares, incluidos tanto la lentitud, los problemas de equilibrio, la ansiedad, como los episodios de confusión. De hecho, cada vez parecía más verosímil considerar la posibilidad de que esa caída no hubiese sido un accidente fortuito fruto de un paso en falso, sino que todo se hubiese visto desencadenado por la contribución de alguno de estos síntomas que, sin duda ya estaban presentes.

En cualquier caso, Elisabeth no mostraba *de visu* nada que a mí ni a nadie le pudiese sugerir que padecía algún problema neurológico y solo teníamos sus antecedentes y lo que nos estaban contando. Entonces, empecé con todas las preguntas que me gusta formular antes de seleccionar y de administrar el tipo de pruebas que considero oportunas, a efectos de intentar resolver el puzle que se me presenta encima de la mesa. Su discurso era normal y no parecía tener problemas a la hora de ubicarse en lo relativo al momento presente, motivo de visita o lugar. Destacaban la existencia de toda una serie de episodios de ansiedad que la paciente atribuía al miedo instaurado tras la caída, pero que, en realidad, ya existían antes de ese evento.

Pero había tres elementos que resultarían claves para resolver este caso desde el punto de vista de llegar a plantear un diagnóstico y que habían pasado totalmente desapercibidos en visitas previas, puesto que nunca nadie antes le había preguntado. Por un lado, Elisabeth venía teniendo una curiosa y desconcertante sensación, prácticamente continua de que en su casa había alguien más con ella escondido en alguna habitación. Esta sensación le generaba vergüenza y no se había atrevido a contársela a nadie, como tampoco había explicado la infinidad de ratos que había dedicado a, medio aterrorizada pero curiosa, explorar las habitaciones vacías de su casa buscando a esa desconocida entidad que nunca encontró. Elisabeth presentaba un claro fenómeno de *phantom boarder*, aquel que tantas veces hemos visto acompañando a una demencia con cuerpos de Lewy. Por ello era importante indagar sobre la posible ocurrencia de otros fenómenos alucinatorios y, así, pude descubrir un segundo elemento también inadvertido. Elisabeth solía sobresaltarse cada vez que, estando distraída delante del televisor o haciendo alguna tarea, se sorprendía al ver pasar, pegadas al suelo, unas sombras alargadas que rápidamente iban de atrás hacia delante para al final desaparecer. Y, finalmente, entró en escena el tercer elemento, el más espectacular, el que pocas veces vemos como forma de alucinación en una demencia con cuerpos de Lewy, pero que tal y como la señora Elisabeth nos ilustró, evidentemente puede suceder.

A la señora Elisabeth le gustaba la música, como a muchas otras personas, pero desde hacía algunos meses venía experimentando toda una serie de fenómenos musicales que nunca había tenido y que yo, personalmente, nunca había oído referir a ninguno de mis pacientes. Cuando la señora Elisabeth escuchaba una canción en la televisión o radio, fuesen cuatro notas o la primera frase, si apagaba la televisión o la radio, esas cuatro notas o esa frase seguían reverberando en su mente para, posteriormente convertirse en una completa y compleja sinfonía incesante que podía escuchar con la misma claridad que si, en efecto, estuviese escuchando la radio. Con el tiempo, estos episodios no solo se desencadenaban en respuesta a escuchar las primeras notas de alguna canción, sino que aparecían espontáneamente sin aviso previo, convirtiéndose en una completa sinfonía para la cual no existía botón de apagado. Por ello, la señora Elisabeth, convivía habitualmente con una continua sinfonía sonando a su alrededor y que nadie más podía escuchar.

En la demencia con cuerpos de Lewy, la localización de los agregados de proteínas anormales tiende a comprometer sistemas cerebrales implicados en la regulación del sistema nervioso autónomo. Por ello, es frecuente que las personas afectadas experimenten síntomas como, por ejemplo, hipotensión ortostática, donde al ponerse de pie la presión arterial cae de manera brusca, dando lugar a episodios de mareos, visión en túnel, sensación de vértigo e incluso desvanecimiento que, junto con el enlentecimiento y torpeza motora, pueden propiciar caídas. En mi opinión, resultaba evidente que la señora Elisabeth venía presentando este tipo de episodios que ella denominaba vértigos y que, precisamente, uno de estos episodios había sido el responsable de esa caída. Por otro lado, a pesar de que la fenomenología de las alucinaciones en la demencia con cuerpos de Lewy suela adquirir la forma de percepciones visuales, todas las modalidades sensoriales son susceptibles de convertirse en alucinaciones. Algunos pacientes experimentan alucinaciones táctiles donde sienten que alguien les toca o aprieta, o tienen la impresión de tener hilos envueltos en sus dedos. Otros pacientes, experimentan alucinaciones olfativas, donde perciben olores que es imposible que estén presentes en un determinado contexto. Las alucinaciones musicales que presentaba la señora Elisabeth eran la forma compleja y estructurada que adquirían estos síntomas en su caso, posiblemente por una implicación de anomalías quizá no tanto en regiones occipitales relacionadas con el sistema visual, como sí en regiones temporales implicadas con el sistema auditivo.

En ausencia de otros indicadores evidentes de alteración neurocognitiva, pero sobre la base del tipo de síntomas que la señora Elisabeth había ido presentando y cómo había evolucionado el conjunto, consideramos que lo más probable fuese que todo obedeciese a una demencia con cuerpos de Lewy en fase inicial. Por ello, realizamos toda una serie de pruebas complementarias que incluyeron un estudio mediante SPECT de la disponibilidad de receptores dopaminérgicos, junto con un estudio de PET del metabolismo cerebral. La primera prueba demostró la existencia de una clara denervación dopaminérgica en los ganglios basales propia de un parkinsonismo primario. La segunda prueba, demostró hipometabolismo significativo que comprometía especialmente, de manera bilateral, regiones asociativas temporales, así como áreas occipitales y parietales, preservando el metabolismo de una región muy específica que se encuentra en la parte posterior de la corteza cingulada. Esta señal tan característica se observa en una imagen de PET como una pequeña isla de activación donde el metabolismo está preservado o incluso incrementado, envuelta por un mar de desactivación o de hipometabolismo. A esta señal la denominamos «signo de la isla cingulada» y representa un hallazgo característico en las pruebas de imagen molecular de la demencia con cuerpos de Lewy.

Figura 31: Imagen PET de 18F-FDG de la señora Elisabeth.

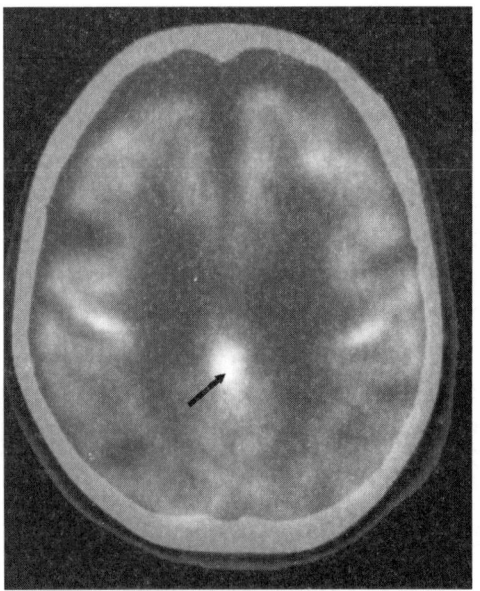

La flecha indica el signo de la isla cingulada.

ATROFIA MULTISISTÉMICA

Una misma proteína patológica puede suponer que, a través de diferentes trayectorias de daño cerebral, se construyan enfermedades sumamente distintas y con un carácter propio. La alfa-sinucleína ya hemos visto que juega un papel central en el desarrollo de dos sinucleinopatías —la enfermedad de Parkinson y la demencia con cuerpos de Lewy—, donde, además, vemos un claro solapamiento o similitudes entre síntomas, con independencia de que cada una de estas entidades tenga rasgos propios.

Pero los agregados de alfa-sinucleína también explican una enfermedad menos prevalente y, de hecho, minoritaria, sumamente devastadora, que conocemos como atrofia multisistémica. Esta enfermedad la encontramos en entre dos y cinco personas por cada 100 000 habitantes, aunque posiblemente las cifras puedan ser algo superiores atendiendo a los posibles diagnósticos erróneos. En cualquier caso, no es una enfermedad frecuente, como sí lo son la enfermedad de Parkinson, la demencia con cuerpos de Lewy o la enfermedad de Alzheimer. La edad de inicio de la atrofia multisistémica se sitúa en torno a la segunda mitad de los 50 años o inicios de los 60 años, siendo por lo tanto una enfermedad que debuta de manera relativamente temprana en comparación con otras. La supervivencia media de una persona afectada por esta enfermedad desde que empiezan los síntomas oscila de media entre los seis y los diez años, siendo por lo tanto una enfermedad con una tasa de supervivencia en el tiempo significativamente muy inferior a la que vemos en otros procesos neurodegenerativos frecuentes.

A diferencia de otras sinucleinopatías, en la atrofia multisistémica esta proteína anormal, que también juega un papel central, lo hace a través de un proceso distinto al que encontramos en otras enfermedades. Sabemos que las neuronas, esas células esenciales de nuestro cerebro, tienden a presentar agregados de alfa-sinucleína, pero en la atrofia multisistémica, además de en las neuronas, estos agregados afectan a otro tipo de células esenciales del sistema nervioso como son los llamados oligodendrocitos. Los oligodendrocitos son células de sostén del sistema nervioso central cuya tarea principal es envolver los axones con mielina. Estas células se encuentran tanto en el cerebro como en la médula espinal, contribuyendo a la transmisión de las señales eléctricas a lo largo de las autopistas nerviosas. En la atrofia multisistémica, los agregados de alfa-sinucleína en los oligodendrocitos precipitan la progresiva desmielinización e inflamación axonal, provocando una cascada de neurodegeneración que afecta a múltiples sistemas cerebrales a la vez, dando de este modo un motivo neuropatológico para considerar esta enfermedad como un proceso multisistémico.

Estos agregados tóxicos, en la atrofia multisistémica, habitualmente afectan de manera predominante a las estructuras de los ganglios basales que también se ven comprometidas en la enfermedad de Parkinson, dando lugar a los síntomas de parkinsonismo que también predominan en esta enfermedad. Además, en esta entidad el proceso neuropatológico se extiende y cobra una especial relevancia a nivel de cerebelo, de tronco encefálico, de vías piramidales, de centros relacionados con el control de la laringe y la deglución, pero, especialmente, como elemento profundamente distintivo, afectan a las vías autonómicas centrales, esas que regulan la tensión arterial, la termorregulación, la función gastrointestinal y la urinaria. Como consecuencia, los síntomas centrales y distintivos de la atrofia multisistémica son todos aquellos que tienen que ver con la disfunción del sistema nervioso autónomo, pudiéndose acompañar de síntomas predominantemente parkinsonianos cuando el daño afecta sobre todo a regiones de los ganglios basales —caso en el que hablamos de atrofia multisistémica tipo parkinsonia-na—, o pudiéndose acompañar de síntomas de tipo cerebeloso como ataxia o dismetría, cuando predomina una atrofia del cerebelo —entonces hablamos de atrofia multisistémica de tipo cerebeloso—. Este mapa clínico adquiere una notable congruencia con lo que determinadas secuencias de resonancia magnética cerebral nos muestran. Específicamente, cuando el proceso castiga con fuerza el puente y las vías ponto-cerebelo-sas, aparece un hallazgo muy característico que conocemos como el signo de la *hot cross bun*, donde la región conocida como el puente muestra una hiperseñal cruciforme, una cruz blanca sobre un fondo adelgazado, que refleja la degeneración de las fibras transversas pontinas y de los pedúnculos cerebelosos medios. No es un sello exclusivo, pero en el contexto clínico adecuado es altamente sugestivo de atrofia multisistémica, especialmente de la forma cerebelosa. En paralelo, cuando predomina parkinsonismo, puede verse el llamado «reborde putaminal», una fina línea hiperintensa que perfila un putamen hipointenso y adelgazado, otra pista de que la enfermedad está erosionando los ejes que sostienen el movimiento.

Figura 32: Signo de *hot cross bun* y reborde putaminal en la atrofia multisistémica.

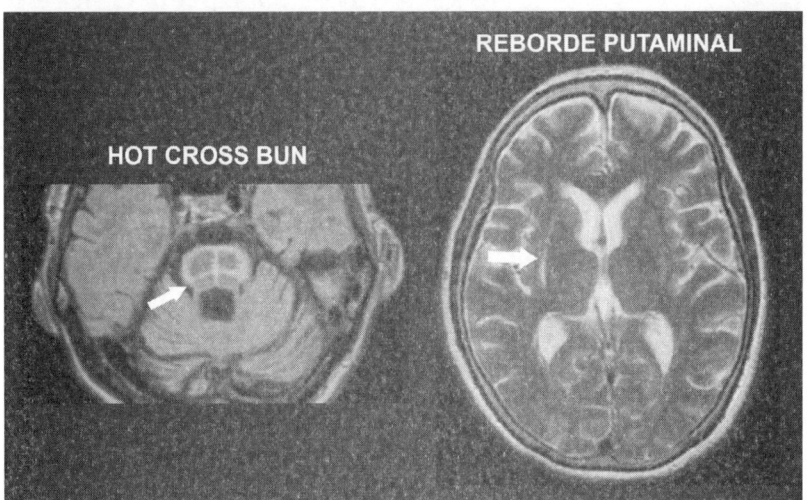

En cualquier caso, en ambas entidades predominan desde el principio los episodios recurrentes de caída de la presión arterial, de urgencia, incontinencia o retención urinaria, de disfunción sexual, de estreñimiento, y de sudoración y alteración de la capacidad para regular la temperatura corporal. De noche, además del trastorno de conducta del sueño REM característico de las sinucleinopatías, suele aparecer un ronquido áspero que puede esconder lo que denominamos estridor laríngeo, un sonido agudo, tipo silbido o serrucho, que aparece al inspirar porque las cuerdas vocales no se abren bien. En esta enfermedad esto sucede por rigidez/parálisis de los músculos que deberían separar las cuerdas vocales, de modo que el aire entra a presión por una glotis estrecha. Es fácil que este síntoma se pueda confundir con la apnea del sueño, pero el estridor es más agudo, inspiratorio y a menudo convive con voz áspera y sensación de falta de aire. Paralelamente, es habitual que los pacientes desarrollen trastornos de la articulación del lenguaje y de la capacidad para tragar de manera temprana y que, en conjunto, la enfermedad asocie un patrón de evolución mucho más acelerada que en la enfermedad de Parkinson o que en la demencia con cuerpos de Lewy.

En los primeros años, habitualmente el aspecto clínico de la enfermedad incluye inestabilidad postural, caídas, dificultades para tragar y hablar y un beneficio inexistente, parcial o fugaz de los tratamientos de reemplazo de dopamina. En esta fase, la fragilidad del sistema nervioso autónomo marca profundamente el estado de las personas, pudiendo, por ejemplo, una mera ducha caliente, levantarse deprisa o una comida copiosa desencadenar episodios agudos y severos de mareo o de caídas. Con el tiempo, la enfermedad impone una cada vez más evidente dependencia funcional, acompañándose de riesgo respiratorio y de la necesidad de emplear sistemas de soporte como la silla de ruedas.

A diferencia de lo que hemos visto, en la enfermedad de Alzheimer, la enfermedad de Parkinson y demencia con cuerpos de Lewy, el deterioro cognitivo y la demencia no se consideran piezas centrales de la atrofia multisistémica, a pesar de que, atendiendo a la cadena de eventos que acontecen a nivel cerebral, evidentemente existan compromiso cognitivo y conductual. Atendiendo al componente dopaminérgico y de implicación de los ganglios basales, en las personas con atrofia multisistémica predomina un perfil de deterioro cognitivo similar al que podemos ver en etapas iniciales e intermedias de la enfermedad de Parkinson, asociando un marcado enlentecimiento psicomotor, problemas atencionales, de flexibilidad y de planificación. Resulta evidente que la limitada esperanza de vida de las personas con atrofia multisistémica posiblemente juegue un papel a efectos de definir un perfil de compromiso neurocognitivo relativamente limitado. Paralelamente, los marcados síntomas propios de la disautonomía posiblemente ejerzan un peso muy importante a la hora de dar forma a determinadas alteraciones cognitivas que vemos en este tipo de pacientes, por ejemplo, cuando se encuentran inmersos en una crisis de hipotensión. Del mismo modo, la edad de aparición de la enfermedad, junto con el profundo impacto en la funcionalidad, expectativas y vida de los pacientes, evidentemente configura una parte muy importante de todo el espectro de síntomas psiquiátricos que pueden aparecer.

Cuando predomina la forma parkinsoniana, el tipo de dificultades cognitivas que solemos encontrar son similares a las que vemos en la enfermedad de Parkinson. Pero cuando predomina la forma cerebelosa, no solo nos encontramos delante de una descoordinación del movimiento, sino también del pensamiento, asociando además habitualmente muchos más problemas a nivel de memoria, de lenguaje y de procesos visuales. De hecho, uno de los cuadros clínicos que pueden acompañar las enfermedades donde existe compromiso cerebeloso es lo que conocemos como síndrome cerebeloso-afectivo, donde precisamente vemos dificultades de tipo frontal, a nivel de lenguaje, visual, espacial y en memoria, junto con una notable apatía y labilidad emocional que evoca al individuo a un llanto incontrolado o risa patológica, sin sentido, que conocemos como «afecto pseudobulbar».

ADELAIDA

La enfermedad de Parkinson de inicio temprano o juvenil, o como le queramos llamar, nunca es una buena noticia. Es evidente que tener que transmitir a una persona joven que padece una enfermedad de Parkinson no es algo que nos apetezca, y es evidente que la vida de una persona joven va a cambiar radicalmente cuando esta se vea acompañada de esta enfermedad. Pero no es menos cierto que, atendiendo al conjunto de posibilidades que tenemos cuando hacemos frente a posibles diagnósticos, y teniendo además en cuenta que la ocurrencia de una enfermedad de estas no tiene culpables, la realidad es que, dentro de todos los posibles males, una enfermedad de Parkinson de inicio juvenil no es el peor escenario posible. Sabemos que, en muchos casos, las personas afectadas por una enfermedad de Parkinson de inicio juvenil responden bien a los tratamientos, son buenas candidatas a terapias avanzadas y en muchos casos no desarrollan un flagrante deterioro cognitivo.

De este modo, cuando conocí a Adelaida, pensé que tenía que dedicar una parte muy importante de los esfuerzos a transmitirle todo aquello que sabemos acerca de la enfermedad de Parkinson de inicio temprano, la cual se le había diagnosticado, y cómo a pesar de que no ser una buena noticia, dispondríamos de una infinidad de herramientas con las que ir haciendo frente a la progresión de la enfermedad.

Adelaida tenía 45 años cuando le diagnosticaron enfermedad de Parkinson, la misma edad que tenía ahora, cuando por primera vez nos conocíamos. Para nosotros, evaluar el estado cognitivo de las personas con enfermedad de Parkinson, cuando reciben el diagnóstico y a lo largo de la evolución de la enfermedad, se convierte en una herramienta para tener en cuenta a efectos de valorar la respuesta a los tratamientos, identificar problemas con un posible impacto en la funcionalidad y día a día de los pacientes, anticipar perfiles de evolución más o menos favorables y, eventualmente, detectar signos potencialmente atípicos que nos puedan llevar a reconsiderar el escenario. Por eso, como en todos los otros casos, mi función era evaluar el estado cognitivo de Adelaida, pero no lo pude hacer en este primer contacto porque se encontraba emocionalmente hundida y descompuesta.

A lo largo de la visita, Adelaida prácticamente no dejó de llorar, algo que no me pareció extraño, atendiendo a que, aquella atractiva mujer, que había dedicado un parte importante de su vida a mostrar una imagen de belleza acorde a unos innecesarios cánones, acababa de descubrir que padecía una enfermedad de Parkinson y que no sabía lo que este diagnóstico le iba a comportar.

A las pocas semanas, la volví a ver, aprovechando además que ya llevaba cierto tiempo con el tratamiento de reemplazo dopaminérgico que se le había iniciado. En esta ocasión, me encontré con una mujer muy distinta a la del primer contacto, donde llamaba la atención un estado de ánimo un tanto eufórico. Venía con ropa ajustada del gimnasio, cosa que me pareció sumamente positivo, puesto que a todos los niveles eso implicaba que por un lado se encontraba bien a nivel motor y, por otro lado, estaba animada y decidida. En algún momento a lo largo de la visita, me contó que había decidido abandonar a su marido, con quien compartía dos hijos, porque sentía una profunda atracción sexual hacía uno de los entrenadores y que, de hecho, esa era la principal motivación por la cual acudía cada día al gimnasio. La estructura de sus decisiones impulsivas y el contenido de sus nuevas motivaciones sexuales sugería que posiblemente Adelaida estaba desarrollando un efecto secundario a la medicación como los que ya hemos comentado y que pueden ser más frecuentes en personas con enfermedad de Parkinson jóvenes. Por todo ello, tampoco me pareció que esta fuese la mejor ocasión para explorar el estado cognitivo de Adelaida.

Pasaron los meses y una tarde, como muchas otras, me encontraba revisando y escribiendo algunos informes para ganar tiempo mientras esperaba a mi siguiente paciente, cuando en el despacho de al lado se iban sucediendo distintas visitas neurológicas. Por razones estrictamente estructurales, no tenemos los despachos más silenciosos de Barcelona y eso hace, que, en ocasiones, pueda oír algunas de las cosas que suceden a mi lado y a las que habitualmente no presto ningún tipo de atención. Pero esa tarde, una sucesión de gritos, un llanto interminable y una voz prácticamente incomprensible que sonaba como un desestructurado hilo de aire, evidentemente me hizo parar de escribir. Entonces, aprovechando que tenía el ordenador encendido con todas las agendas de visitas dispuestas, miré a quién estaba visitando el compañero del despacho de al lado y allí apareció su nombre: Adelaida.

Al terminar las visitas, fui a buscar a mi compañero quien me contó, que tras esos primeros síntomas propios de una enfermedad de Parkinson y tras haber realizado toda una serie de cambios pertinentes a efectos de intentar eliminar o al menos gobernar la impulsividad sexual de Adelaida, fue siendo cada vez más evidente que Adelaida no respondía acorde a lo esperado a la medicación. Poco tiempo más tarde, empezaron los problemas de incontinencia urinaria y los mareos, junto con un cambio progresivo de la voz y unas dificultades para tragar previamente inexistentes. No había pasado prácticamente ni un año desde que se había sugerido el diagnóstico de enfermedad de Parkinson, pero ahora, resultaba evidente que el modo en que todo había progresado nos obligaba a replantear el nombre que le habíamos puesto.

Las personas con enfermedad de Parkinson pueden desarrollar los mismos problemas que estábamos viendo en Adelaida, pero no durante el primer o segundo año, ni difícilmente en el tercer año de evolución. Por lo tanto, Adelaida había empezado a manifestar síntomas que son previsibles en etapas avanzadas de la enfermedad de Parkinson, así como otros síntomas atípicos, que no esperamos encontrar en personas afectadas por la enfermedad de Parkinson.

Adelaida lloraba teniendo motivos para llorar, pero también lloraba como consecuencia de lo que denominamos síntomas pseudobulbares, como puede ser, y era en este caso, una marcada labilidad emocional en forma de risa y llanto inmotivado y un cambio en su forma de hablar fruto de una disartria espástica que le dificultaba articular palabras. Todo ello, acompañado de un parkinsonismo que rápidamente había empeorado, que respondía mal a la medicación y que asociaba claros síntomas de disautonomía como la incontinencia urinaria, nos obligaba a replantear el nombre que le habíamos puesto, y nos presentaba claramente el que debíamos poner. Adelaida padecía una forma parkinsoniana de atrofia multisistémica.

PARÁLISIS SUPRANUCLEAR PROGRESIVA

La demencia con cuerpos de Lewy y la atrofia multisistémica configuran dos de los diagnósticos principales a los que hacemos referencia, cuando hablamos de parkinsonismos atípicos primarios y los enmarcamos dentro de las sinuclieinopatías. Pero ya al principio del libro y al empezar a esbozar los parkinsonismos atípicos, dispuse que hay otro grupo de enfermedades que responden a alteraciones en otra de estas caprichosas proteínas, configurando lo que conocemos como taupatías.

La parálisis supranuclear progresiva es un parkinsonismo atípico minoritario que tiene una prevalencia estimada de unos cinco casos por cada 100 000 habitantes, aunque, posiblemente, igual que sucede con otras condiciones minoritarias, las cifras sean mayores, pero hayan quedado difuminadas por errores diagnósticos.

La edad de inicio media de esta enfermedad se sitúa en torno a los 60 o 70 años de edad, siendo muy frecuente que el diagnóstico definitivo llegue unos tres o cuatro años después de haberse diagnosticado una enfermedad de Parkinson, puesto que, en muchos casos, la presentación y evolución inicial puede ser prácticamente idéntica a la del Parkinson.

La evolución clínica de la parálisis supranuclear progresiva no es buena, mostrando una velocidad de progresión mucho más rápida que la que encontramos en la enfermedad de Parkinson y en la demencia con cuerpos de Lewy, asociando una completa pérdida de la independencia durante los primeros cuatro años y complicaciones severas a nivel respiratorio y en el plano de la deglución e ingesta de alimentos que fácilmente comprometen la vida de las personas afectadas en torno a los seis años de evolución.

Desde el punto de vista neuropatológico, la parálisis supranuclear progresiva forma parte del grupo de enfermedades que denominamos taupatías 4R. Esta proteína ejerce una función primordial a efectos de sujetar las vías por donde viajan los nutrientes, mensajeros y otros sistemas dentro de la neurona. Todos nosotros disponemos de un gen llamado MAPT que puede fabricar distintas versiones de la proteína tau, teniendo algunas tres repeticiones (3R) o garras de anclaje a las neuronas y otras cuatro repeticiones (4R) o garras de anclaje. En las taupatías 4R, como la parálisis supranuclear progresiva, se produce ese fenómeno de hiperfosforilación que ya comentamos, de modo que la proteína pierde su agarre formando cuerpos pegajosos de agregados tóxicos.

En la parálisis supranuclear progresiva, estos agregados de tau 4R suelen acumularse especialmente en el mesencéfalo, una región crítica para el control del movimiento ocular voluntario vertical, la *substantia nigra* y otras regiones de los ganglios basales que ya conocemos en la enfermedad de Parkinson, el cerebelo y múltiples regiones frontales, en especial mediales, para posteriormente extenderse hacia áreas críticas en el control de la deglución. Atendiendo al compromiso precoz y evidente del mesencéfalo, esta región padece una notable pérdida de neuronas dando lugar a una estructura atrofiada que adquiere un aspecto reconocible, el cual da forma a un signo radiológico típico de esta enfermedad como es el «signo del colibrí», donde, dada la pérdida de tejido, la forma que adquiere el mesencéfalo recuerda al perfil de este pájaro, así como el signo de Mickey Mouse que adquiere el mesencéfalo desde otra perspectiva, con una forma similar a la cabeza de este personaje de dibujos animados.

Figura 33: Signos del colibrí y de Mickey Mouse en una persona afectada por parálisis supranuclear progresiva.

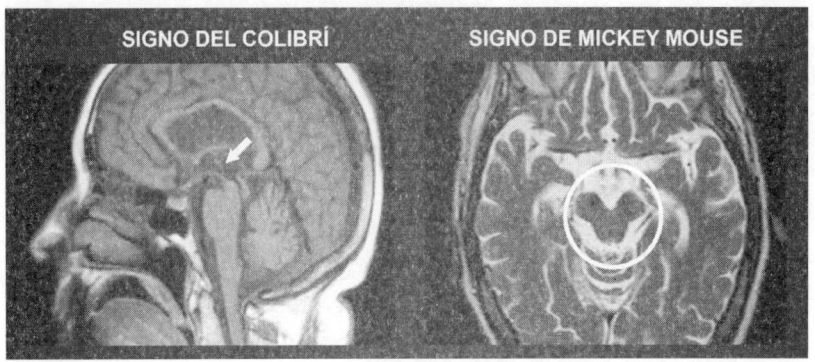

A nivel clínico, la forma de presentación prototípica de una parálisis supranuclear progresiva suele ser, al inicio, como la de una enfermedad de Parkinson, donde predomina sobre todo rigidez y una marcha corta, a pequeños pasos, que rápidamente tiende a progresar asociando caídas, todo ello acompañado de una respuesta al tratamiento farmacológico pobre o nula. Estos síntomas, que pueden dominar los primeros años de evolución de la enfermedad, habitualmente se acompañan de una rigidez que suele afectar al cuello provocando una torsión de la cabeza hacia atrás o retrocolis. Como ya se ha dicho, esta enfermedad tiene una gran predilección por comprometer una zona del cerebro responsable del control de los movimientos oculares, especialmente verticales. Por ello, un signo patognomónico de la enfermedad y que le da nombre es la progresiva alteración de la motilidad ocular. Los movimientos sacádicos son los movimientos rápidos que nos permiten mover los ojos de un lado al otro como un acto voluntario o reflejo y que podemos ejecutar en el plano vertical, eso es, mirando hacia arriba y hacia abajo, y en el plano vertical, de izquierda a derecha. En la parálisis supranuclear progresiva, el control de los movimientos sacádicos se va perdiendo, entorpeciendo de este modo de manera temprana la motilidad vertical. En consecuencia, los pacientes empiezan a tener dificultades, inicialmente sutiles, para dirigir la mirada hacia abajo y hacia arriba, asociando en muchos casos pequeños movimientos zigzagueantes de los ojos cuando se intenta que con la mirada persigan un objetivo desplazado en el plano vertical. Conforme la enfermedad progresa, estas alteraciones van adquiriendo cada vez mayor severidad, culminando en una completa parálisis de la mirada vertical y posteriormente horizontal, que en muchos casos se acompaña de una expresión facial similar a la de la sorpresa, con los ojos abiertos y las cejas elevadas.

En muchos casos, estas alteraciones de la motilidad ocular se acompañan de otra manifestación motora relativa al control del movimiento ocular que se expresa en forma de lo que conocemos como apraxia de la apertura palpebral, donde los pacientes muestran grandes dificultades para iniciar el movimiento de apertura de los párpados tras haberles pedido que los mantengan cerrados durante un breve período de tiempo.

Uno de los retos más importantes que nos plantea esta enfermedad desde el punto de vista diagnóstico, es que, a nivel clínico, la enfermedad puede debutar y/o evolucionar de muchas maneras distintas, definiéndose así múltiples fenotipos de parálisis supranuclear progresiva.

Por un lado, existe la forma clásica —también conocida como síndrome de Richardson— donde, de una manera prototípica, durante el primer año los pacientes suelen presentar caídas de repetición, rigidez tanto en tronco como en cuello, una mirada vertical marcadamente enlentecida, alteración de la articulación y problemas para tragar junto con otros múltiples signos de compromiso cognitivo de predominio frontal que posteriormente se desarrollarán en mayor profundidad.

En la variante parkinsoniana, la enfermedad debuta mimetizándose completamente con lo que parece ser una forma típica de enfermedad de Parkinson. De este modo, los pacientes presentan un parkinsonismo asimétrico que puede asociar un temblor de reposo discreto, una respuesta a los tratamientos de reemplazo dopaminérgico decente y pocas caídas. Pero, habitualmente de manera relativamente súbita, los pacientes desarrollan las características alteraciones de los movimientos sacádicos verticales, disminuyendo drásticamente a partir de ese momento la correcta respuesta a los tratamientos que venían presentando y evolucionando a partir de entonces hacia el síndrome de Richardson clásico.

Otra variante de esta enfermedad es la que se conoce como parálisis supranuclear progresiva tipo *freezing* de la marcha. En la enfermedad de Parkinson, una de las complicaciones motoras previsibles en las etapas avanzadas de la enfermedad, cuando los pacientes dejan de mostrar una respuesta completa a los tratamientos, son los episodios de *freezing* o congelación, donde literalmente experimentan bloqueos continuos del inicio y del mantenimiento del movimiento. Un ejemplo típico de este síntoma, lo vemos por ejemplo cuando tras realizar pequeños pasos o al encontrarse con algún cambio en el espacio, como el marco de una puerta, el paciente se queda como «pegado al suelo», sin poder seguir con la marcha para, finalmente, en muchos casos, caer.

En la variante tipo *freezing* de la marcha de la parálisis supranuclear progresiva, el primer síntoma que exhiben los pacientes es, precisamente, una sucesión desproporcionada de bloqueos de la marcha en forma de marcadas dificultades para iniciar el movimiento o para girar, así como caídas por imantación de los pies en el suelo, sin que el tratamiento farmacológico mejore estos síntomas. Estas manifestaciones motoras, si bien son previsibles tras varios años de evolución de una enfermedad de Parkinson, nunca van a ser parte de los síntomas iniciales del Parkinson, por ello, su presencia como síntoma inicial predominante orienta a un proceso distinto que posteriormente asociará los signos característicos de alteración oculomotora propia de la parálisis supranuclear progresiva.

Otra variante de esta enfermedad es la que debuta como una alteración del lenguaje en la que predomina una apraxia del habla, un habla no fluente y un agramatismo. En estos casos hablamos de parálisis supranuclear progresiva tipo SL, de *speech language.* El perfil de compromiso del lenguaje que exhiben los pacientes con esta forma de presentación de la enfermedad es muy similar al que observamos en otra taupatía que comentaremos posteriormente y que forma parte del grupo de enfermedades que sindrómicamente etiquetamos como afasias progresivas. En esencia, los déficits de lenguaje que aquí predominan son varios. Por un lado, los pacientes presentan dificultades para seleccionar los programas motores del habla mediante los cuales conseguimos dar una forma correcta a las palabras. De este modo, las palabras se transforman o su pronunciación se vuelve torpe y forzada, especialmente cuando son mínimamente complejas o son pseudopalabras, como «biboterana».

Por otro lado, al escuchar a los pacientes hablar, encontramos un discurso lento, con esfuerzo, que parece emerger en forma de ráfagas de palabras cortas, asociando pausas y un ritmo pobre.

Estos problemas suelen acompañarse de fallos en la estructura gramatical del lenguaje, de modo que el habla se vuelve telegráfica, asociando omisiones de elementos o errores en el uso de artículos, preposiciones y flexiones, dando a la estructura del lenguaje una forma robótica y simplificada en forma de frases tipo «yo... ayer... ir médico... dolor cabeza». Al igual que sucede con las otras variantes de parálisis supranuclear progresiva, esta forma de presentación clínica, a pesar de debutar como un trastorno del lenguaje, rápidamente se acompaña de los signos de parkinsonismo y de parálisis de la mirada que de manera general definen a esta entidad.

Otra forma de presentación de la enfermedad es la variante corticobasal, donde, en esencia, los pacientes exhiben un síndrome corticobasal que adquiere las características que ya hemos descrito en el apartado dedicado a esta entidad cuando hablamos de enfermedad de Alzheimer, pero acompañándose de las alteraciones oculomotoras propias de la parálisis supranuclear progresiva.

Paralelamente, existe un fenotipo de predominio cognitivo, donde la enfermedad debuta en forma de un marcado síndrome frontal conductual, eso es, adquiriendo la forma de cambios conductuales en la esfera de la desinhibición, la impulsividad, las conductas repetitivas o la tendencia a la utilización de objetos o a la ejecución de gestos sin que nadie lo ordene, para posteriormente asociar las alteraciones del equilibrio, las caídas y los problemas de la óculo-motricidad propias de esta entidad.

Finalmente, existen formas mucho menos frecuentes de presentación, como los casos en los que predomina de manera aislada una alteración oculomotora pura sin asociar otros síntomas, y aquellos casos en los que predomina un síndrome cerebeloso.

Sea como fuere, el hecho de que una misma enfermedad causada por una misma proteína pueda exhibir fenotipos clínicos tan distintos, pone encima de la mesa la dificultad que algunas enfermedades asocian desde el punto de vista de su correcto diagnóstico, así como la complejidad que rige la aparentemente simple relación entre proteína-enfermedad, puesto que como podemos ver en todos estos casos, la expresión de un mismo componente neuropatológico puede dar lugar a síndromes clínicos sumamente distintos sin que actualmente podamos saber con exactitud qué mecanismos rigen que la enfermedad adquiera una u otra forma.

En cualquier caso, desde mi perspectiva clínica, si hay algo que desde el punto de vista neuropsicológico resulta central en los casos de parálisis supranuclear progresiva, especialmente cuando nos vemos expuestos a la necesidad de hacer un diagnóstico diferencial frente a otras posibles condiciones, es el aspecto que adquieren el conjunto de manifestaciones cognitivas y conductuales que suelen acompañar a esta entidad.

Como ya he indicado al inicio de este apartado, el proceso neuropatológico que sustenta esta enfermedad tiene una marcada predilección por el mesencéfalo, por los ganglios basales y por distintas regiones prefrontales.

El profundo compromiso de los ganglios basales y de sus respectivas conexiones que distintas regiones frontales, junto con la neurodegeneración circunscrita a nivel de regiones prefrontales mediales, configura la exhibición en esta enfermedad, de un síndrome prefrontal que resulta totalmente desproporcionado al que esperaríamos encontrar en la enfermedad de Parkinson, en la demencia con cuerpos de Lewy, en las etapas tempranas de una enfermedad de Alzheimer y en la atrofia multisistémica. Tal y como se indicó al principio de este libro, las áreas prefrontales ejercen un papel crucial a efectos de permitirnos el gobierno de la conducta y la expresión del comportamiento acorde a unas reglas, a una coherencia conforme a lo que socialmente se considera aceptable.

Paralelamente, las áreas prefrontales nos dotan de los mecanismos de control que permiten la inhibición de todo aquello que pudiese resultar inapropiado o innecesario en determinados contextos. Además, las regiones frontales junto con el diálogo que mantienen con los ganglios basales, son núcleos esenciales para la construcción de conductas motivadas, además de permitirnos tener autoconciencia de quiénes somos, de cómo estamos, de qué hacemos y de cómo lo hacemos.

Por todo ello, dada la envergadura del daño que acontece en la parálisis supranuclear progresiva, los pacientes suelen exhibir toda una serie de manifestaciones frontales que no esperaríamos encontrar en otras enfermedades similares. Por poner algunos ejemplos, en el plano conductual, muchos pacientes muestran una profunda anosognosia de su condición, es decir, una nula o muy pobre consciencia de cómo se encuentran en realidad o del tipo de problemas que causan sus síntomas sobre su entorno cercano.

Esta anosognosia resulta particularmente problemática atendiendo a que, en muchas ocasiones, en cuanto a conducta, los pacientes presentan problemas evidentes de control de los impulsos, de empatía y una marcada tendencia a la repetición de comportamientos que ya no son necesarios.

Todo ello es consecuencia de que los sistemas frontales no pueden inhibir o frenar conductas o pensamientos que se han puesto en marcha. Por ejemplo, es fácil que cuando a estas personas les pides que copien una serie de espirales, por ejemplo, tres, se queden encalladas en una imparable sucesión de círculos que nunca llegan a su fin, o que reiteren en pensamientos absurdos o totalmente inoportunos.

Otro signo frontal prototípico tiene que ver con el hecho de que la corteza prefrontal pierde su capacidad para suprimir, tanto respuestas motoras iniciales, como actos motores «grabados» en el propio significado conceptual de los objetos que conocemos. Por ejemplo, unas gafas, aparte de su significado que todos comprendemos, llevan implícitas una serie de acciones que definen el programa motor mediante el cual usamos y nos ponemos unas gafas.

Esto mismo sucede, por ejemplo, con un bolígrafo, donde además de su significado y uso, existen una serie de conductas que de manera prototípica todos desplegamos para usar un bolígrafo. En el síndrome frontal que vemos en la parálisis supranuclear progresiva, pero también en otros procesos neurodegenerativos que comentaré posteriormente, los pacientes pueden presentar lo que conocemos como trastornos de la utilización, donde, en esencia, al exponerlos a un objeto, no pueden evitar usar el objeto dado que sus sistemas prefrontales no son capaces de inhibir la selección y despliegue de los programas motores que acompañan a estos objetos. De este modo, aunque un paciente pudiese llevar sus gafas puestas, si ponemos unas gafas encima de la mesa, el paciente automáticamente las cogerá y se las empezará a poner.

De un modo similar, si por ejemplo tocamos la mano de los pacientes pidiéndoles que no hagan nada, no podrán evitar agarrar nuestras manos con fuerza, o si desplazamos un objeto por su campo visual, por ejemplo, un bolígrafo, no podrán evitar tratar de alcanzarlo con la mano a pesar de que les pidamos que no lo hagan.

Todo ello, configura lo que conocemos como «trastornos por dependencia del medio», donde tal y como indica el nombre, en esencia el sujeto emite toda una serie de conductas automáticas y que no puede suprimir en respuesta a los estímulos que hay a su alrededor.

Figura 34: Signos de dependencia del medio en un paciente con parálisis supranuclear progresiva.

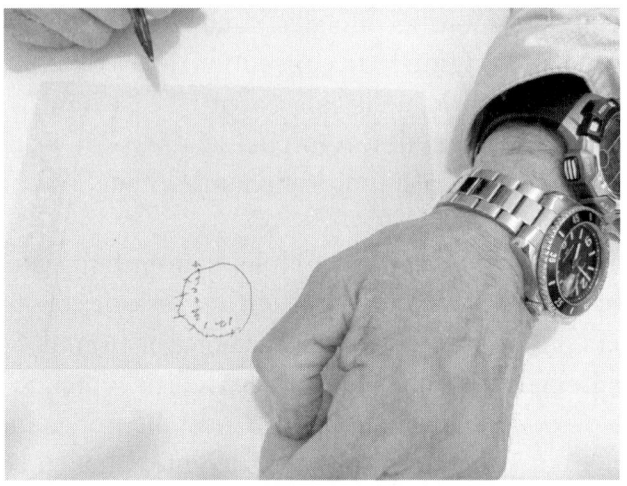

Véase que el paciente lleva dos relojes que se ha puesto simplemente porque los ha visto. Véase igualmente la secuencia con la que configura el reloj en vertical como consecuencia de la perseveración y no tanto de una negligencia espacial.

La abuela de Juan

No es infrecuente que personas con las que compartimos tiempo, pasiones, familia y amigos, puedan en ocasiones hacernos consultas personales relativas a sus problemas o a los que afectan a algunos de sus familiares. Evidentemente tratamos a todas las personas que atendemos con el mismo rigor y seriedad que todo ser humano merece, pero, por supuesto, cuando te sientas delante de alguien cercano o importante para alguno de tus amigos, el sentido de responsabilidad que emerge en nuestro interior aumenta de un modo sumamente particular.

Mercedes era una encantadora abuelita de 74 años que, a pesar de haber recibido el diagnóstico de una enfermedad de Parkinson unos cuatro años antes de que yo la conociese, seguía inmersa en una infinidad de actividades entre las cuales se encontraba el jugar a tenis y una notable vida social y familiar. Yo la vi tras haber sido valorada, en el contexto de una segunda opinión, tras este período de tiempo conviviendo con la enfermedad de Parkinson y con una más que aceptable respuesta a los tratamientos. Tras esta primera visita, la opinión derivada de la exploración neurológica era que en efecto presentaba una enfermedad de Parkinson en una etapa intermedia, sin asociar complicaciones motoras, aparte del inicio de algunos episodios sugestivos de cierta pérdida de eficacia del tratamiento que se resolvía con la siguiente toma, junto con cierto incremento de la rigidez a nivel de tronco.

Cuando yo valoré a Mercedes, además del ejercicio que habitualmente define mi trabajo, debía hacer frente al hecho de estar explorando a la abuela de un muy buen amigo mío. Mercedes acudió acompañada de su elegante esposo y de una de sus hijas. Estaba arreglada y guapa y no mostraba el más mínimo signo de compromiso cognitivo durante el inicio de la conversación que mantuvimos. Su entorno más próximo estaba representado en gran medida por las personas que se sentaban a su alrededor, y estas personas confirmaban la impresión que estaba teniendo y que verbalizaba Mercedes cuando afirmaban que no habían notado nada relevante a nivel cognitivo, ni conductual, ni motor.

Pude valorar con absoluta normalidad a la señora Mercedes resultando en un perfil de rendimiento absolutamente normal acorde a su edad y mostrando únicamente leves signos de enlentecimiento que podrían ser totalmente congruentes y benignos conforme a un diagnóstico de enfermedad de Parkinson.

Las visitas con nosotros se fueron sucediendo, pero se centraron en el seguimiento estrictamente neurológico, sin que considerásemos entonces necesario insistir en la exploración neuropsicológica. En una de estas visitas de seguimiento, se hizo evidente que persistían algunas complicaciones derivadas de un empeoramiento motor —previamente no detectadas—, que podían responder a la progresión de la enfermedad, pero que resultaba difícil controlar empleando los fármacos que hasta ese momento habíamos estado utilizando.

Muchas enfermedades no caminan solas, sino que lo hacen de la mano de cualquiera de los otros múltiples procesos que nos pueden afectar a todos. Por ello, por ejemplo, en contexto de una enfermedad de Parkinson, no es infrecuente que, en muchas ocasiones, se detecten algunos síntomas o formas de respuesta al tratamiento que puedan estar sucediendo en respuesta a la coexistencia de patología vascular. Esta combinación de una enfermedad de Parkinson con problemas derivados de la existencia de lesiones vasculares antiguas puede en muchos casos entorpecer la respuesta de los tratamientos y dar al aspecto clínico de la enfermedad una forma más difícil. Por ello, se solicitó un estudio de resonancia magnética a efectos de valorar si existían signos propios de lesiones vasculares que justificasen lo que estaba sucediendo. Pero no los encontramos. En contraposición, nos quedamos sumamente sorprendidos al evidenciar que, a nivel estructural, el cerebro de Mercedes presentaba importantes signos de atrofia, propios de un patrón de muerte neuronal progresiva, que estaba afectando a múltiples regiones corticales y subcorticales, incluyendo el mesencéfalo.

Esperar y observar es un ejercicio que en muchas ocasiones debemos hacer para obtener respuestas o alcanzar nuevas perspectivas, desde donde contemplar y entender lo que tenemos delante. Pocos meses después de haberse realizado esta resonancia magnética, mi buen amigo y nieto de la señora Mercedes se casó en un idílico entorno de Alt Empordà. Entre los invitados, evidentemente se encontraba la señora Mercedes, a quien me dispuse a saludar. Pero cuando la vi, me quedé sorprendido y pensé en ese instante que, o bien algo se estaba haciendo mal con la medicación, o algo estaba siguiendo un camino distinto al que habíamos previsto. Encontré a la señora Mercedes rodeada de algunos familiares, sentada en un sofá, con una mirada rígida, de ojos abiertos y un cuerpo que aparentaba encontrarse congelado. Mi buen amigo me había ido contando antes, y me contaría después, que su abuela cada vez estaba peor, que se había estado cayendo en una infinidad de ocasiones, que con frecuencia se quedaba como desconectada y que se solía atragantar, cuando nada de todo esto sucedía antes.

Llegado el día de volver a ser valorada en contexto de los seguimientos que realizamos a nivel neurológico, la señora Mercedes que llegó a nuestras consultas era una mujer totalmente distinta a la que conocimos la primera vez. Caminaba prácticamente arrastrando los pies, apoyada en sus familiares, manteniendo en todo momento una exageradísima expresión de sorpresa con los ojos totalmente abiertos y una completa parálisis oculomotora que no le permitía mover en ninguna dirección los ojos y ni siquiera parpadear.

La señora Mercedes tenía una forma parkinsoniana de una parálisis supranuclear progresiva, que había debutado y progresado durante los primeros años, siguiendo la forma y el aspecto de una enfermedad de Parkinson relativamente benigna para, de un modo rápido e inadvertido, haber progresado a una forma de síndrome de Richardson clásica.

Evidentemente, estos casos suelen desconcertar a los familiares, quienes en muchas ocasiones pueden llegar a pensar que nos equivocamos en el diagnóstico inicial al no detectar estos problemas. Si bien es cierto que todos nos equivocamos y que en ocasiones pueden haber pasado inadvertidos ciertos signos o síntomas, en estos casos, la realidad es que no existe error, sino la imposibilidad de alcanzar el diagnóstico correcto durante los primeros años, puesto que, en ese período de tiempo, la enfermedad no presenta ninguno de los síntomas que posteriormente nos permitirán identificarla. Por ello, resulta importante comprender que, al margen de las exploraciones y de las pruebas, al tratarse de procesos dinámicos y por lo tanto cambiantes, en ocasiones otra de las herramientas clínicas que debemos utilizar es estar pendientes de lo que sucede conforme va pasando el tiempo.

DEGENERACIÓN CORTICOBASAL

Igual que sucede con la parálisis supranuclear progresiva, la degeneración corticobasal es una taupatía mediada por formas anormales de proteína tau de cuatro repeticiones cuya incidencia se sitúa muy por debajo de la esperable en otros trastornos del movimiento, adquiriendo cifras cercanas al diagnóstico de un caso por cada 100 000 habitantes al año. La edad típica de presentación de esta enfermedad se sitúa entre los 60 y 70 años, asociando una marcada pérdida de la independencia funcional durante los primeros tres años y una expectativa de vida que no suele superar los siete años.

A nivel neuropatológico, en la degeneración corticobasal se precipita la agregación de formas hiperfosforiladas de tau 4R, especialmente en neuronas y células de soporte como la glía, ocupando estructuras de los ganglios basales, tálamo y tronco cerebral, así como de corteza frontal y parietal, pero de manera marcadamente asimétrica. Eso es, si observamos el patrón de atrofia o de hipometabolismo cerebral en los pacientes afectados por esta condición, fácilmente observamos que, mientras que uno de los hemisferios se encuentra marcadamente afectado, el otro se encuentra preservado. En este sentido, tanto la localización y la distribución del daño neuronal como su carácter asimétrico dan al aspecto clínico de la enfermedad un rasgo distintivo, como lo es la presentación también asimétrica de los síntomas, de modo que estos, en el ámbito motor y sensitivo, afectan desproporcionadamente a la extremidad o porción corporal contralateral a la región cerebral afectada.

Figura 35: Imagen de TC y de PET de un caso con degeneración corticobasal.

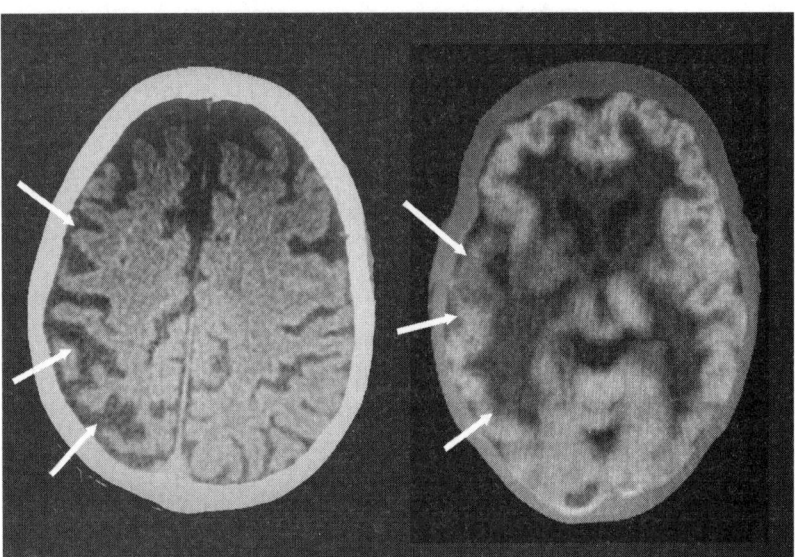

Destaca la pérdida de volumen y de metabolismo en la parte izquierda de la imagen en comparación con la derecha.

Dado el prominente compromiso en cuanto a los ganglios basales que acontece en esta enfermedad, la presencia de un parkinsonismo de tipo rígido-acinético representa una característica central. Pero, en paralelo, atendiendo a la distribución del daño, la enfermedad asocia toda una serie de manifestaciones corticales que difícilmente encontramos en otros procesos neurodegenerativos, especialmente en sus etapas más tempranas.

En las primeras fases de la enfermedad, los pacientes suelen presentar un parkinsonismo en forma de rigidez y lentitud, que afecta especialmente a una de las extremidades y que no responde al tratamiento de reemplazo dopaminérgico. Este parkinsonismo, en contexto de una degeneración corticobasal, se acompaña de múltiples indicadores de compromiso cortical a nivel parietal. Por un lado, solemos detectar mioclonías en el miembro afectado, es decir, sacudidas bruscas, involuntarias y muy breves de pequeños grupos musculares. Paralelamente, el miembro afectado suele exhibir evidentes signos de apraxia ideomotora, haciendo que para el paciente sea sumamente difícil ejecutar con una de las extremidades distintos movimientos aprendidos, o imitar los gestos que exhibe la persona que está realizando la evaluación. Además, fruto del compromiso cortical, las regiones responsables de transformar las señales sensoriales que viajan desde una extremidad hasta la corteza, para posteriormente adquirir un significado, no consiguen ser elaboradas. De este modo, muchos pacientes presentan una evidente dificultad para identificar objetos tocándolos con la mano o para detectar o identificar formas que les dibujamos con los dedos o con un objeto en la palma de la mano, definiendo en estos casos lo que conocemos como signos sensitivos corticales. La evolución de la degeneración corticobasal, cuando impacta de manera muy significativa con las regiones parietales responsables del gobierno y de la integración de una extremidad, puede dar lugar a uno de los síntomas neurocognitivos más fascinantes, nos referimos al desarrollo de un síndrome de mano ajena. En estos casos, habitualmente los pacientes empiezan por desarrollar en su miembro comprometido una creciente sensación de no pertenencia de ese miembro que suele llevar a la negligencia de este. De este modo, cuando se explora la presencia de problemas motores o de apraxia en las extremidades, nos solemos encontrar con que al pedirles que imiten un determinado gesto con la mano afectada, nos miran sorprendidos sin saber muy bien a qué nos referimos cuando hablamos de «esa extremidad». Pero este no es el aspecto que define el síndrome de mano ajena, sino que conforme el cuadro clínico progresa, la mano y extremidad afectada pueden adquirir algo parecido a «vida propia», siendo sumamente sorprendente ver cómo dicha extremidad tiende a mantenerse elevada, a moverse de manera oscilante y a ejecutar acciones aparentemente voluntarias sin que, en realidad, exista ninguna voluntad. Por ello, los pacientes pueden llegar a hacer cosas tan curiosas como hablar con su extremidad a efectos de intentar que esta les obedezca, como si fuese una entidad separada de su cuerpo, o pueden experimentar la desconcertante realidad de ver cómo una de sus manos ejecuta acciones tales como alcanzar objetos o intentar que no realicen una determinada acción, sin que lo puedan controlar. En muchos otros casos, los pacientes no llegan a instaurar un síndrome de mano ajena completo, pero si somos observadores, podemos detectar sutilezas relativas a la pérdida del control y de la integración del movimiento del miembro y del propio miembro con respecto al cuerpo y al espacio. Por ejemplo, como he indicado, en muchos casos los miembros afectados adquieren una postura levitante, desplazándose lentamente en el espacio, o en otras ocasiones, si observamos la mano afectada, vemos cómo van sucediéndose toda una serie de movimientos tentaculares en los dedos.

Para añadir complejidad al fenómeno, igual que hemos visto en el caso de la parálisis supranuclear progresiva, la degeneración corticobasal también puede presentarse y evolucionar acorde a distintas formas clínicas de una misma enfermedad. Por ejemplo, aparte de la forma clásica de presentación como un síndrome corticobasal, algunas degeneraciones corticobasales se presentan como un síndrome frontal conductual-espacial. En estos casos, además de los elementos distintivos del síndrome corticobasal, suelen predominar manifestaciones conductuales propias de un síndrome frontal, como apatía, desinhibición o impulsividad, junto con flagrantes alteraciones de la integración visuoperceptiva y espacial, que suelen evocar la incapacidad de componer el entorno visual como un todo dentro de lo que denominamos simulagnosia. En estos casos, a nivel clínico, si bien en muchas otras entidades podemos detectar alteraciones de los procesos perceptivos y espaciales, llama mucho la atención la completa desintegración de estos, especialmente cuando sometes al paciente a pruebas donde se requiere que identifiquen múltiples elementos dispuestos en un espacio componiendo un todo. Es entonces cuando, si por ejemplo les pedimos que copien lo que están viendo o que lo describan, resulta evidente que son incapaces de integrar el conjunto de elementos, descomponiendo de este modo la realidad en pequeñas parcelas diseminadas y sin sentido global.

En otros casos, la degeneración corticobasal asocia una forma de afasia progresiva agramatical, no fluente, con apraxia del habla análoga a la que hemos visto también como posible acompañante de una parálisis supranuclear progresiva. Pero para complicar aún más el escenario, tampoco es infrecuente que una degeneración corticobasal pueda presentarse y evolucionar como si se tratase de una parálisis supranuclear progresiva.

LAS INMÓVILES APARICIONES Y OTROS PROBLEMAS DE LA SEÑORA GAITÁN

La señora Gaitán se presentó a mi consulta acompañada de su esposo, pero justo en el momento de entrar, este se despidió de ella, dejándome claro que no podría contar con su ayuda durante la etapa centrada en recopilar los antecedentes y la propia historia de la paciente.

Se trataba de una mujer de 61 años que rápidamente hizo referencia a que hacía un año había padecido un ictus y que le habían quedado todo tipo de secuelas. En ese momento, pensé que, acorde a la información, se trataría de un caso donde posiblemente persistían problemas cognitivos tras un accidente vascular y que deberíamos valorar el tipo, la forma, la severidad e impacto de estos síntomas a efectos de plantear posibles escenarios orientados a la rehabilitación u a otras formas de intervención.

Pero, rápidamente, cuando empecé a formularle distintas preguntas relativas al cuándo sucedió el ictus, a qué tipo de síntomas de alerta detectaron, a qué territorios vasculares se vieron afectados o a cómo se actuó a nivel hospitalario, sus respuestas resultaron ser sumamente pobres e imprecisas, algo que complicaba mucho el escenario, teniendo en cuenta que no llevaba consigo ningún informe y que su esposo no nos estaba acompañando.

Habitualmente, cuando haces frente a las secuelas de un ictus, tenemos absolutamente en cuenta dónde sucedió el accidente, la extensión del daño, cómo fueron los síntomas durante las primeras horas, cómo evolucionó el cuadro clínico y cuál era el estado del paciente al año y conforme fue pasando el tiempo. Con todo ello, nos podemos dibujar un escenario coherente en torno al cual centrar la exploración. Pero, en este caso, no disponíamos de nada de todo esto.

La señora Gaitán me explicó que ese día se encontraba comiendo con su esposo, cuando detectó una sensación de debilidad en su brazo izquierdo que se extendió por su cara, que acudieron a Urgencias y que de allí fue derivada a un hospital, donde tras realizar distintas pruebas indicaron que se trataba de un ictus y que, tras varios días, le dieron el alta sin secuelas. Pero desde su punto de vista, tras este episodio, había seguido presentando toda una serie de problemas cognitivos y motores que habían adquirido un carácter persistente y progresivo, y que por ello había acudido a mí.

Le pedí que me contara más detalles y que me pusiera ejemplos acerca del tipo de problemas que había detectado. A fin de cuentas, atendiendo a la descripción del suceso que aparentemente había acontecido, si nos fijábamos en la localización, distribución y carácter eminentemente sensitivo de los síntomas experimentados, debíamos estar delante de un posible ictus que había comprometido algún territorio vascular del hemisferio derecho, afectando a regiones implicadas en la sensibilidad del brazo y de la cara.

Con un discurso un tanto desorganizado a lo largo del cual las palabras iban tomando caminos que no terminaban de llevarnos a ningún lugar, empezó a esbozar distintas situaciones que se habían dado y que seguían sucediendo. Por ejemplo, me contó que unos meses después del episodio, intentó volver a conducir para demostrarse que todo estaba bien. Aunque cuando arrancó su coche y trató de salir de su plaza de garaje, empezó a chocar con todo aquello que se encontraba en su lado izquierdo, dejando su coche, columnas y otros autos en un estado lamentable. Obviamente desistió de volver a intentarlo. Además, llevaba tiempo sintiéndose profundamente inútil puesto que no conseguía vestirse sin ayuda. Pero no se trataba de que tuviese problemas relativos al movimiento, sino que las dificultades adquirían la forma de un aparente trastorno del esquema corporal, puesto que era incapaz de saber cómo orientar los pantalones para ponérselos o cómo mover el cuerpo para ponerse una camisa. A todo ello, añadía el hecho de tener la impresión de haber desarrollado problemas de agudeza visual, de modo que había solicitado una visita con oftalmología que tenía pendiente. Pero escuchando los ejemplos que ponía en relación con estos posibles problemas visuales, daba la impresión de que, en efecto, los problemas no estaban en los ojos. Por ejemplo, no era capaz de calcular las distancias ni la profundidad, de modo que alcanzar un objeto con la mano se convertía en un auténtico calvario. Afirmaba tener la impresión de haber perdido la capacidad de ver en tres dimensiones y que el mundo se había vuelto «plano». Pero entre todos estos fenómenos «visuales», había uno que la tenía particularmente perturbada. Cuando caminaba por la calle o cuando se encontraba de copiloto en el coche, de pronto aparecían justo enfrente o a su lado, coches que hasta ese momento no había visto, y ese mismo fenómeno podía también sucederle con las personas que caminaban por la calle y con otros objetos en movimiento. De este modo, daba la impresión de que la señora Gaitán no era capaz de percibir objetos en movimiento, hasta que estos, por algún motivo, se paraban, fuese en un semáforo o en un elegante escaparate de una tienda del paseo de Gracia. Entonces, se sorprendía de ver que tenía enfrente o a su lado o bien un coche, o una moto, o una persona que hasta ese momento no había existido en su campo visual. Con todo, el conjunto de síntomas que la señora Gaitán me explicaba, distaba mucho de sugerir un problema oftalmológico, orientando este tipo de dificultades en la dirección de importantes problemas a la hora de procesar y reconocer su cuerpo con respecto al mundo externo, de percibir la profundidad, la distancia y el movimiento.

Hasta donde sabíamos, acorde a las explicaciones de la señora Gaitán, había padecido un ictus que debió comprometer algún territorio del hemisferio derecho, pero ¿sería un accidente tan extenso como para haber comprometido múltiples regiones posteriores que pudiesen justificar todos los problemas a los que ahora hacía referencia? Esta, de entrada, no me parecía una hipótesis convincente.

Dispuse una línea horizontal dibujada a lo ancho de una hoja de papel, la situé justo delante de la señora Gaitán y le pedí que trazase una pequeña línea vertical justo en el centro de la línea. Su mano se alzó y rápidamente se fue hacia el extremo derecho de la línea, situando la pequeña línea vertical muy alejada del centro y lateralizada a la derecha. Luego, dibujé toda una serie de pequeñas líneas diagonales que apuntaban a distintas direcciones y que se distribuían por toda una hoja de papel. Nuevamente, dispuse esa hoja delante de la señora Gaitán y le pedí que fuese tachando todas las líneas que tenía delante. Con decisión, empezó a tachar todas las que se encontraban en su lado derecho, para, posteriormente, mucho más lenta y dubitativa, ir tachando algunas de las que se encontraban en la parte inferior izquierda y omitir todas las que ocupaban la parcela superior del lado izquierdo de la hoja de papel. Aprovechando que la señora Gaitán hacía referencia a que notaba algunas dificultades para caminar y teniendo en cuenta lo que estaba empezando a hacerse evidente, le pedí que se levantase y me acompañase para verla caminar. Durante la marcha, sus brazos permanecían estáticos, sin mostrar el más mínimo signo del característico balanceo con el que se acompaña la marcha. Además, su brazo izquierdo mostraba una leve torsión y elevación con respecto a su brazo derecho. Pero en línea con los signos «visuales» que estábamos comentando, al cruzar el marco de la puerta, su cuerpo impactó con el lado izquierdo del marco. Lamentablemente, lo que hasta el momento estaba sucediendo era muy poco congruente con el tipo de evento isquémico que aparentemente había sucedido.

Figura 36: Signos de heminegligencia en la señora Gaitán.

Siguiendo con la exploración, pude constatar que la capacidad de la señora Gaitán para resolver pequeñas operaciones mentales estaba sumamente comprometida y que, si le proporcionaba información sencilla para que la manipulase en su mente, como por ejemplo ordenar una secuencia de cuatro o cinco números, su capacidad para trabajar con esta información claudicaba en pocos segundos.

A todo ello, no pasaba para nada desapercibido que, tal y como había visto durante la marcha, también durante la exploración, cuando la señora Gaitán estaba sentada, su mano izquierda tendía a levitar y a mantenerse suspendida en el aire unos pocos centímetros por encima de la mesa, mientras que su mano derecha permanecía apoyada sobre el mueble.

Hablando con ella, desde el principio de la exploración, se había hecho evidente que su lenguaje oral espontáneo era desorganizado y poco informativo. Mostraba además notables dificultades para repetir palabras mínimamente complejas, como por ejemplo «funambulista» y para repetir palabras inventadas, como por ejemplo *tacopidi*. Al intentarlo, aparecían una sucesión de errores donde se sustituían letras o partes de la palabra o se transformaban los sonidos, pasando de un «funambulista» a un *ful-fupan-du-sista*.

Resultaba evidente, desde el punto de vista de la exploración, que algo había sucedido y seguía sucediendo en regiones posteriores y anteriores de su hemisferio derecho y que, quizá, existía cierto daño que también implicaba algunos territorios posteriores del hemisferio izquierdo. En cualquier caso, lo que estábamos viendo era, sin duda, algo muy alejado de lo que sería previsible encontrar en el contexto de un evento isquémico como el que nos había descrito.

Es evidente que no podemos ver a través de los ojos de nuestros pacientes, pero viendo cómo construyen y cómo responden al mundo que les ponemos delante, podemos llegar a inferir algunas parcelas relativas al modo en que perciben su mundo visual. Ya dijimos al inicio de este libro que ver no es percibir, puesto que la percepción implica atribuir significado, categorizar, ubicar en un lugar en el espacio, comprender la posición, el movimiento, o la distancia, entre otros aspectos. Dado que percibir implica muchos procesos y que cada uno de ellos requiere el trabajo coordinado de

distintos centros especializados, la percepción puede verse alterada de manera muy distintas en respuesta a una infinidad de eventos que puedan comprometer cualquiera de estos centros especializados. Por ello, una caprichosa lesión nos puede privar de la
capacidad para reconocer una mano como nuestra, pero no limi-
tar nuestra habilidad para reconocer cualquier otro objeto; o puede desintegrar la capacidad de percibir el movimiento sin que se
vea afectada la capacidad para elaborar la profundidad.

**Figura 37: Copia de la figura compleja de Rey-Osterrieth de la señora
Gaitán.**

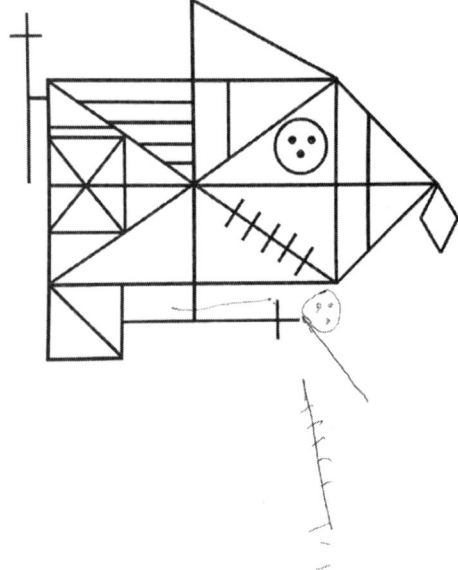

Dispuse delante de la señora Gaitán una de esas complejas figuras que tanto nos gusta emplear durante la exploración neuropsicológica y le pedí que la copiase. Pero no pudo. Observaba la
figura haciendo un evidente esfuerzo para «comprenderla» mientras —pensando en voz alta— iba diciendo: «no lo entiendo, no lo
veo... son líneas... no las entiendo».

Atendiendo al conjunto de hallazgos que habían ido sucediéndose, resultaba neuropsicológicamente previsible que existiesen
otras manifestaciones que en efecto la exploración puso de mani-

fiesto. Este era el caso de una evidente dificultad para ejecutar e imitar determinados gestos o acciones con su mano izquierda, una mano que no solo levitaba y era incapaz de realizar acciones que ella comprendía perfectamente, sino que, además, presentaba una sucesión de pequeños movimientos o sacudidas casi continuas.

Evidentemente, todo esto no era secundario a un ictus, no tenía la menor duda. De hecho, quizá ese ictus, tal y como la señora Gaitán lo contaba, nunca había sucedido y, de haber sido así, para nada era el responsable de todos los problemas que se habían ido desarrollando.

Pensé que su esposo quizá no estaba muy lejos y acerté, puesto que, al preguntarle, me dijo que estaba en el bar de abajo tomando un café. Esta era una oportunidad única para intentar indagar un poco más en lo que había sucedido, de modo que le pedí que le llamase para hacerle algunas preguntas.

Su esposo, un entrañable señor con la piel morena y castigada por toda una vida de trabajo en el campo, me explicó que, en efecto, presentó un episodio donde ella empezó a referir una extraña sensación en el brazo y lado izquierdo de la cara, pero que duró unos pocos segundos. En cualquier caso, fueron a un hospital, donde tras realizar varias pruebas, orientaron el evento como un accidente isquémico transitorio.

El accidente isquémico transitorio es un episodio neurológico súbito y reversible, que está causado por una interrupción temporal del flujo sanguíneo cerebral, sin que se acompañe de los hallazgos propios en las pruebas de imagen de haber padecido un infarto cerebral. Habitualmente, los síntomas del accidente isquémico transitorio duran menos de 24 horas, habitualmente minutos, y pueden adquirir la forma de una debilidad, de un trastorno del lenguaje o de una pérdida de visión. En cualquier caso, no por transitorio es poco relevante y, de hecho, es una señal de alarma que puede preceder a un evento isquémico mucho mayor. En estos casos, cuando se realizan pruebas de imagen como una TC o una resonancia, pueden encontrarse, no siempre, pequeñas lesiones, y en otras pruebas orientadas a evaluar el flujo sanguíneo cerebral, pueden objetivarse signos de estrechamiento de las arterias o de presencia de placas que comprometen el flujo sanguíneo.

En el caso de la señora Gaitán, pudimos saber que en la prueba de TC que le habían realizado, encontraron una pequeña lesión del tamaño de una lenteja en una región de los ganglios basales que se denomina cápsula interna y que, en efecto, cuando se daña, suele provocar síntomas en forma de debilidad en la extremidad contralateral. El problema con la señora Gaitán es que esta lesión se encontraba en su cápsula interna izquierda y, por lo tanto, los síntomas deberían haberse expresado en su brazo y cara derecha, pero ella refería los síntomas en el lado izquierdo. Por lo tanto, no era biológicamente plausible que esa pequeña lesión explicase los síntomas que presentó, ni mucho menos los que ahora estábamos viendo.

¿Entonces? ¿Qué le había sucedido a la señora Gaitán?

Los síntomas, eso es la clínica, siempre mandan y cuando se comprende la clínica, esta nunca miente. Dejando a un lado el hipotético y poco congruente evento causal, a nivel clínico era absolutamente evidente que la señora Gaitán presentaba un síndrome corticobasal donde predominaban signos frontales y espaciales, cuyo aspecto sugerían la existencia de alguna forma de compromiso, posiblemente progresivo, eminentemente circunscrito a nivel de extensas regiones frontales y sobre todo parietales del hemisferio derecho. Siendo aún más específicos, podíamos describir el conjunto de síntomas como propios de un complejo síndrome parieto-temporo-occipital con dominancia derecha, caracterizado por una heminegligencia, simultagnosia, acalculia, acinetopsia, apraxia ideomotora y alteraciones espaciales en forma de compromiso del procesamiento de la profundidad, de la distancia y del esquema corporal, con errores fonológicos en la repetición de palabras complejas y de pseudopalabras. A todo ello, había que añadir que la paciente presentaba mioclonías en una de las extremidades, signos de levitación involuntaria de la extremidad, mioclonías y una marcha lenta, sin braceo, claramente parkinsoniana.

Un ictus capaz de provocar todo este conjunto de síntomas debería ser fácilmente visible en una prueba de imagen como un TC y debería comprometer extensos territorios y no solo tener el aspecto de una pequeña lesión lenticular.

Orientamos el cuadro clínico de la señora Gaitán como una probable degeneración corticobasal que quizá empezó a mostrar sus garras, casi un año antes, mimetizándose con lo que pareció ser un evento isquémico que nunca lo fue. La señora Gaitán fue valorada extensamente por parte de otros compañeros que ampliaron la información relativa a los signos de parkinsonismo y que solicitaron pruebas complementarias de imagen y de biomarcadores. Los resultados demostraron una evidente alteración de la disponibilidad de dopamina presináptica en los ganglios basales, congruente con un parkinsonismo, junto con una marcada atrofia frontoparietal derecha y niveles significativamente elevados de proteína tau total y de tau fosforilada, así como de neurofilamentos, sin presencia de marcadores de enfermedad de Alzheimer en el líquido cefalorraquídeo de la señora Gaitán. Con todo ello, ya no había dudas de que estábamos delante de una forma predominantemente espacial de una degeneración corticobasal mediada por una tapatía de cuatro repeticiones.

LAS DEMENCIAS FRONTOTEMPORALES

Existe algo así como un «paraguas» que cubre toda una serie de enfermedades neurodegenerativas donde, en esencia, el patrón de daño y la expresión clínica secundaria obedecen a mecanismos que, predominantemente, lesionan las áreas frontales y temporales. Es entonces cuando hacemos referencia a las degeneraciones lobares frontotemporales, sin que ello nos permita emplear este concepto como un diagnóstico clínico concreto de una enfermedad en particular, sino como una aproximación biológica y patológica que puede ser secundaria a distintas causas o enfermedades. Dentro de esta familia, existen tres grandes apellidos que nos permiten distinguir las formas de patología que están mediando en la expresión de este tipo de daño. De este modo, podemos hablar de degeneración lobar frontotemporal mediada por tau, mediada por TDP-43 y, de un modo mucho menos frecuente, mediadas por FUS. De hecho, incluso algunas formas de este tipo de degeneración pueden estar mediadas por una enfermedad de Alzheimer. Además, sabemos que frecuentemente determinados genes contribuyen a escribir cada uno de estos distintos apellidos, de modo que el gen de MAPT contribuye a las formas mediadas por tau, los genes GRN y C9orf72, a las formas mediadas por TDP-43. Para comprender mejor la diferencia entre este paraguas de conceptos biológicos y patológicos y lo que es en realidad un diagnóstico clínico, podemos usar como ejemplo la parálisis supranuclear progresiva o la degeneración corticobasal, que en esencia podríamos conceptualizar como formas mediadas por tau de una degeneración lobar frontotemporal.

Cuando hablamos de demencia frontotemporal, dejamos de lado este paraguas al que hacíamos referencia, para centrarnos en distintos síndromes clínicos que resultan como consecuencia de la desintegración de sistemas frontales y/o temporales y que, por ello, adquieren de manera predominante la forma de toda una serie de cambios progresivos en la personalidad y en la conducta, como forma de manifestación de un síndrome frontal, así como cambios progresivos en el lenguaje. Es entonces cuando, en el caso de predominar cambios conductuales, hablamos de una variante conductual de una demencia frontotemporal, mientras que en el caso de predominar cambios en el ámbito del lenguaje hablamos de afasia progresiva primaria y de sus distintas tipologías.

Junto con la enfermedad de Alzheimer, la demencia frontotemporal es una de las principales causas de demencia en personas relativamente jóvenes, puesto que la prevalencia de esta enfermedad en edades comprendidas entre los 45 y los 65 años, se sitúa en torno a los 10 a 22 casos por cada 100 000 habitantes, representando en términos globales, el 10 % de las demencias de inicio en la mediana edad adulta. En cualquier caso, a pesar de que la edad de inicio típica se sitúe entre los 45 y 65 años, un cuarto de los casos debuta más tarde.

Figura 38: Cerebro afectado por una prominente atrofia frontal en comparación con un cerebro sano.

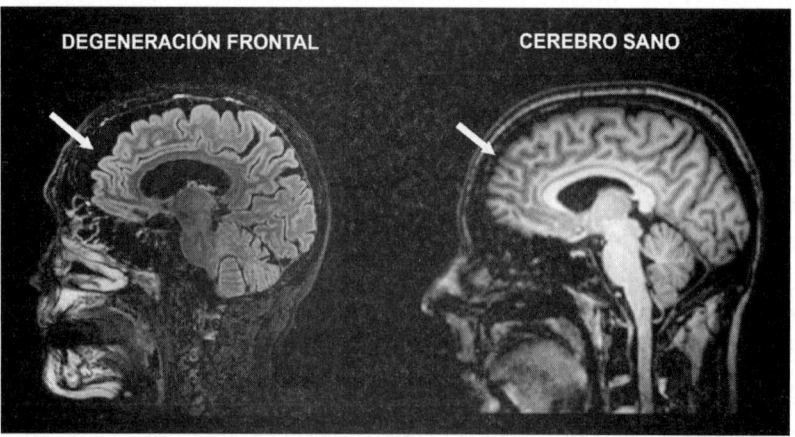

Igual que sucede con todas las otras enfermedades neurode-generativas que hemos ido viendo, el mecanismo neuropatoló-gico principal de la demencia frontotemporal son los agregados de proteínas anormales, cuya distribución y patrón de acumula-ción muestran una notable preferencia por implicar regiones frontales y temporales. Desde un punto de vista genético, en estas enfermedades el peso de los genes es significativamente mayor al que encontramos en otras patologías, encontrando en entre el 20 % y el 30 % de los casos un patrón de agregación fa-miliar autosómica dominante y una causa monogenética causal en una quinta parte de todos los casos. En lo relativo a las cau-sas genéticas, a pesar de que existen diversas mutaciones, nos centraremos en tres genes responsables del 80 % de las formas familiares de estas enfermedades. Por un lado, nos encontra-mos con las mutaciones del gen C9orf72, que no solo representan la causa genética más frecuente de demencia frontotemporal mediada por TDP-43, sino que, como veremos, asocia esta en-fermedad con otra entidad distinta, como lo es la esclerosis la-teral amiotrófica. Por otro lado, existen las mutaciones en el gen GRN o gen de la progranulina, que también sustenta for-mas mediadas por proteína TDP-43 y, finalmente, el gen de MAPT que ya hemos nombrado anteriormente, que explica las formas mediadas por proteína tau.

LA VARIANTE CONDUCTUAL DE LA DEMENCIA FRONTOTEMPORAL

La variante conductual de la demencia frontotemporal representa, en mi opinión, uno de los escenarios más complejos que existen desde el punto de vista de la convivencia y el manejo de todo aquello que se va fragmentando conforme esta enfermedad progresa. Como hemos comentado, las áreas frontales ejercen un papel crítico a la hora de permitirnos desplegar la conducta y el razonamiento acorde con unas reglas sociales y con unos estándares que nos definen como seres humanos. La pérdida progresiva de la razón, del control, de la empatía y de la capacidad para comprender el significado que encierra una mirada o una expresión, hacen que la variante conductual de la demencia frontotemporal sea un mecanismo profundamente transformador de la persona, de su identidad, de lo que era y de cómo se debería comportar con aquellos que la rodean.

Esta enfermedad suele debutar entre los 45 y 65 años, aunque algunos casos puedan presentarse más tarde, y de promedio pasan entre seis y diez años desde los primeros síntomas hasta el estado avanzado de la enfermedad, a pesar de que, posiblemente, muchos años antes de que sea evidente que algo está sucediendo, las personas afectadas ya hayan ido exhibiendo cambios sutiles en su comportamiento que pueden haber sido confundidos con otras causas, retrasando y dificultando de este modo el diagnóstico temprano y el abordaje, tan necesario, de esta patología.

A nivel neuropatológico, el daño cerebral que acontece en esta enfermedad compromete redes frontotemporales que sostienen la conducta social, la motivación, los procesos de toma de decisiones, el procesamiento emocional o la cognición social entre otras. Acorde a la trayectoria que siga el daño, esta variante conductual podrá expresarse en forma de lo que parecen ser dos grandes polos opuestos, que se pueden alternar e incluso combinar. Por un lado, esta enfermedad puede adquirir el aspecto de un síndrome apático-abúlico, donde la persona experimenta una progresiva, pero contundente pérdida de la iniciativa, de la curiosidad y de la motivación en general, que la va dejando postrada en un estado de absoluta indiferencia hacia su propia persona y hacia los demás. En el extremo opuesto, encontramos una forma en la que predominan cambios progresivos que llevan a la persona afectada a un comportamiento desinhibido, impulsivo, inadecuado, repleto de comentarios inapropiados, de compras compulsivas, de una extrema rigidez mental, de decisiones absurdas, de hipersexualidad, agresividad o consumo de tóxicos.

Todas estas manifestaciones suelen converger en torno a distintos síntomas prototípicos de esta enfermedad. Por un lado, destaca de manera muy prominente la progresiva pérdida de todas esas habilidades profundamente humanas que nos permiten anticipar, comprender e interactuar con las emociones e intenciones de los demás, ajustando nuestros comportamientos de acuerdo a unas reglas y permitiéndonos evitar causar daño a quienes nos acompañan. De algún modo, las emociones de los demás dejan de existir o de ocupar un lugar con significado en la mente de quien padece la enfermedad. Otro rasgo predominante en esta enfermedad es el desarrollo de conductas repetitivas y estereotipadas o ritualizadas que no parecen tener un sentido u objetivo coherente, como puede ser el tener la tendencia de realizar continuos movimientos con los dedos, o con la boca, o emitir sonidos repetidos. Estas conductas, en muchos casos se acompañan de comportamientos fruto de la pérdida del control o de la inhibición sobre ciertos impulsos primarios, como por ejemplo puede ser cuando los pacientes comen de un modo compulsivo, llegando a meterse objetos o grandes cantidades de comida dentro de la boca, así como cuando no pueden evitar coger, manipular o recopilar objetos incluso de la calle. A todo ello, hay que añadir que la pérdida de los mecanismos de regulación, de control o de inhibición de las propias acciones y emociones, hace que los pacientes sean extremadamente propensos a estallidos de ira o de violencia desencadenados por sucesos totalmente banales y que sean incapaces de regular la expresión conductual de estas emociones, atendiendo a que no solo dejan de ser capaces de frenarlas, sino que dejan de ser capaces de evaluar y de considerar el efecto o daño que estas conductas causan en los demás. Para sumar complejidad a este escenario, otro síntoma prototípico es la profunda anosognosia junto con la indiferencia a los propios errores. De este modo, los pacientes presentan habitualmente una nula consciencia sobre sus déficits, negando la existencia de cualquier tipo de problema, incluso cuando estos adquieren la forma de gastos excesivos o de violencia doméstica y siendo además incapaces de detectar los errores que cometen o el efecto que estos causan en su persona y entorno.

Atendiendo a que estos cambios progresan de manera insidiosa y a que, por lo tanto, no aparecen de la noche a la mañana, el espectro de síntomas que se va recorriendo hace que, en muchos casos, los familiares convivan durante años con toda una serie de cambios en la personalidad que no saben atribuir a una enfermedad. Por ejemplo, un posible escenario con el que nos podríamos encontrar es el de alguien que siempre fue meticuloso, ordenado, recto, empático y comprensivo y que, en algún momento de su vida, empieza a tomar algunas decisiones inapropiadas, como por ejemplo en el plano económico. Ante las preguntas por parte de sus familiares en lo relativo a los motivos o a la coherencia de dichas decisiones, esta persona podría empezar a elaborar razones poco consistentes o a dar respuestas con un tono cada vez más inapropiado. Progresivamente, esta persona podría además empezar a incrementar el consumo de alcohol de un modo previamente inexistente y a hacer un tipo de comentarios que nunca había hecho, incrementando el tono sexual de sus bromas o los ataques al aspecto físico de otras personas. Además, todo ello se podría acompañar de un progresivo abandono de actividades que hacía con regularidad y que disfrutaba, como la lectura u otras, cambiando estas por una dedicación sin sentido a picotear o a caminar sin rumbo de un lado a otro. Todas estas conductas evidentemente las podemos encontrar en muchas personas y pueden suceder en respuesta a una infinidad de agentes causales. Por ello, cuando estos cambios empiezan a suceder, en muchos casos no se atribuyen a un posible proceso neurodegenerativo de base.

Uno de los mayores problemas y retos con los que nos encontramos, cuando abordamos este tipo de demencia frontotemporal, es que la posibilidad de que las personas afectadas cometan un delito o realicen cualquier tipo de actividades consideradas ilícitas, se incrementa notablemente, y que los casos de violencia o de agresión son relativamente frecuentes. Por todo ello, sin pretender en ningún caso cuestionar la existencia de una infinidad de formas de maldad humana, resulta absolutamente necesario tener en cuenta que, en determinados casos, detrás de conductas que todos rechazamos, se encuentra una enfermedad que debería ser tratada correctamente a efectos de prevenir y de controlar posibles daños.

Cuando detrás de esta enfermedad existe una causa genética como por ejemplo una mutación en el gen GRN, es fácil que la clínica pueda estar relativamente lateralizada a un hemisferio, asociando con frecuencia rasgos afásicos además de conductuales. En el caso de las mutaciones en el gen de MAPT, suelen predominar, además del cambio de personalidad típico, signos evidentes de parkinsonismo. Finalmente, existe una causa genética que merece una consideración adicional, tanto por la complejidad que adquiere la enfermedad, el reto diagnóstico que en ocasiones supone, así como por el impacto familiar que tiene. Hablamos de la mutación en el gen C9orf72. Este gen actúa como un regulador del tráfico entre vesículas que transportan material entre neuronas, así como de regulador de ese proceso de limpieza denominado autofagia. La mutación en el gen C9orf72 no sucede porque una letra cambie, sino porque una determinada secuencia de letras se repite de una manera exagerada haciendo que la palabra pierda por completo su significado. Es entonces cuando, como consecuencia de la pérdida de función normal y de la ganancia de función tóxica, la mutación desencadena un proceso irreversible que precipita la formación de agregados de proteína TDP-43. Cuando una persona porta esta mutación, la puede transmitir a su descendencia siguiendo un patrón de herencia autosómico dominante. Por ello, la descendencia de la persona portadora tendrá un riesgo del 50 por ciento de haber heredado la mutación. Pero a diferencia de otras enfermedades genéticas autosómicas dominantes que veremos más adelante, la penetrancia de esta mutación es variable y dependiente de la edad, de modo que no todos los portadores desarrollarán la enfermedad, y el riesgo a presentarla se incrementará conforme avance la edad.

Curiosamente, la presencia de esta mutación no solo causa una forma de variante conductual de la demencia frontotemporal, sino que también resulta ser la causa genética más frecuente de una enfermedad sumamente distinta como es la esclerosis lateral amiotrófica o ELA. En la esclerosis lateral amiotrófica, el tipo de células nerviosas que se ven comprometidas son las motoneuronas de la vía piramidal, de la médula y de los núcleos bulbares. Como consecuencia, las personas afectadas desarrollan una progresiva debilidad, atrofia muscular, fasciculaciones, espasticidad, trastornos de la articulación, de la capacidad para tragar e insuficiencia respiratoria, asociando una supervivencia media de entre tres y cinco años. Por lo tanto, la proteína TDP-43 es un mecanismo también central en la expresión de la esclerosis lateral amiotrófica. Al tratarse de una enfermedad que afecta predominantemente a las motoneuronas y que exhibe síntomas prototípicos de una enfermedad neuromuscular, durante muchísimo tiempo no se consideró que las personas afectadas por esta condición presentasen problemas cognitivos ni conductuales. Pero la realidad es que el estudio exhaustivo de cohortes de personas afectadas nos ha ido permitiendo identificar que existen muchos casos de personas afectadas por una ELA que también presentan cambios cognitivos y conductuales en mayor y menor medida, y que existen muchas personas afectadas por una variante conductual de una demencia frontotemporal que, conforme progresa la enfermedad, presentan signos clínicos típicos de una enfermedad de motoneurona. Objetivar esta realidad permitió explorar e interrogar la biología subyacente y, de este modo, descubrir que detrás de muchos casos de demencia frontotemporal y de ELA se escondía un mismo protagonista: la mutación de C9orf72. Por ello, actualmente hablamos del espectro esclerosis lateral amiotrófica-demencia frontotemporal (ELA-DFT), considerando que existen extremos motores de ELA pura donde predominan los signos de compromiso de motoneurona que pueden asociar signos frontales sutiles, los casos intermedios de ELA + DFT, donde convergen los síntomas de debilidad y los cambios de conducta, personalidad y lenguaje, así como los extremos conductuales de DFT pura, donde predominan los cambios conductuales, pudiendo aparecer signos de compromiso de motoneurona en etapas más evolucionadas.

A nivel clínico, las variantes conductuales de una demencia frontotemporal causadas por mutaciones en C9orf72 puede ser un reto diagnóstico atendiendo a las particulares características que puede adquirir el síndrome clínico asociado. Las alucinaciones y los síntomas psicóticos no suelen ser un elemento distintivo de las demencias frontotemporales, mientras que sí lo son, como vimos previamente, de otras formas de demencia. Pero esta afirmación merece un matiz sumamente importante cuando hablamos de mutaciones en el gen C9orf72. En estos casos, incluso precediendo el desarrollo de los cambios conductuales prototípicos de una variante conductual de una demencia frontotemporal, los pacientes pueden llevar tiempo presentando toda una serie de síntomas psicóticos que, a diferencia de lo que habitualmente sucede en el contexto de enfermedades psiquiátricas como la esquizofrenia —donde los síntomas suelen debutar a edades tempranas, en torno a los 20 años—, aparecen a edades mucho más tardías. Además de la sintomatología psicótica, en muchos casos el espectro clínico también se ve acompañado de otras manifestaciones psiquiátricas como la depresión, la conducta obsesivo-compulsiva e incluso síntomas parecidos a los del trastorno bipolar.

Cuando hablamos de sintomatología psicótica, no solo hacemos referencia a las alucinaciones, sino que cobran especial relevancia todos los patrones de creencias falsas, firmes y no corregibles que la persona mantiene con convicción a pesar de que existan pruebas claras en contra o de que estas no sean compartidas por su entorno, ni justificables acorde a aspectos relacionados por la cultura o religión, definiendo lo que conocemos como ideas o ideación delirante. Estas creencias adquieren la forma de ideas habitualmente extrañas o imposibles que condicionan profundamente el modo en que las personas afectadas interpretan la realidad. Entre las formas más típicas que pueden adquirir estas ideas delirantes encontramos las de tipo persecutorio, donde la persona está convencida de que alguien la vigila, o la sigue, o le quiere algún tipo de mal, por ejemplo, robarle. Otra forma habitual es la celotipia, donde la persona está convencida de que su pareja la engaña; las de tipo somático, donde por ejemplo existe una convicción de que se tienen bichos o parásitos debajo de la piel o de que uno o varios órganos se están pudriendo; las de tipo referencial, donde se está convencido de que determinados mensajes dirigidos a su persona aparecen en la televisión, radio u otros medios; los delirios relacionados con la hiperreligiosidad, donde la persona está convencida de tener contacto con entidades divinas o de haber adquirido algún tipo de poder. Todas y muchas otras formas de ideación delirante pueden desarrollarse en contexto de una mutación en C9orf72 de manera tardía, eso es, a partir de los 45 años en personas que previamente nunca habían presentado este tipo de síntomas y, además, puede ser la etapa que acompaña un historial previo de desarrollo de sintomatología depresiva o de cambios de humor sugestivos de un trastorno bipolar. Por ello, en muchas ocasiones, las formas conductuales de demencia frontotemporal ligadas a mutaciones de C9orf72 pueden pasar inicialmente desapercibidas, confundidas durante años por otros diagnósticos e incluso no llegar nunca a ser diagnosticadas. Otro rasgo característico de estas formas de demencia frontotemporal es que, habitualmente, asocian, a partir de la instauración de los cambios clínicos más evidentes, un deterioro significativamente rápido de todas las funciones cognitivas. En cualquier caso, cuando ampliamos la perspectiva con lo que hacemos frente a los síntomas que presentan las personas que atendemos, en estos casos, resulta evidente que además de un florido cuadro psicótico, podemos detectar múltiples indicadores propios de una demencia frontotemporal, en forma de apatía, desinhibición, impulsividad, anosognosia, alteración del juicio, de la empatía y sucesión de conductas propias de un síndrome frontal. De hecho, a nivel evolutivo, antes del diagnóstico y durante los primeros dos años tras el diagnóstico, suele predominar sintomatología psiquiátrica, para, posteriormente, evolucionar de los dos a los cinco años a un síndrome frontal característico al que se le suelen sobreañadir signos de compromiso de motoneurona en forma de fasciculaciones, debilidad y otros hallazgos propios de una ELA, y, finalmente, llevar al paciente a la completa dependencia y mutismo.

Atendiendo al carácter genético y al patrón de herencia autosómica dominante que gobierna esta enfermedad, resulta esencial interrogar a las familias a efectos de buscar pistas que pudiesen mostrarnos que, en otros familiares, o en generaciones previas, han ido sucediendo síndromes clínicos que podrían estar causados por la misma mutación, sean estos en forma de una enfermedad de motoneurona, o sean en forma de un proceso neurodegenerativo. En cualquier caso, si a día de hoy en ocasiones resulta difícil establecer este tipo de diagnósticos, más aún lo era en el pasado, de modo que fácilmente nos encontramos en repetidas veces con que las familias nos cuentan la existencia de antecedentes de enfermedades neurodegenerativas o psiquiátricas, como un Parkinson, Alzheimer o esquizofrenia, porque ese es el nombre que les pusieron a los problemas que presentaban sus predecesores, cuando en realidad, posiblemente todos ellos padecían un proceso mediado por la mutación en C9orf72.

Si bien la demencia frontotemporal suele adquirir toda una serie de cambios que afectan profundamente a la conducta, las emociones, la motivación y el razonamiento, en determinadas variantes que no consideramos «conductuales», el primer síntoma y aquel que suele dominar las etapas iniciales e intermedias de la enfermedad son distintas alteraciones que afectan predominantemente al lenguaje. Es entonces cuando hablamos de un grupo de síndromes donde no predomina un progresivo deterioro de la memoria, del comportamiento o del pensamiento, sino un progresivo deterioro de las habilidades lingüísticas. Hablamos pues, de las «afasias progresivas primarias».

LAS AFASIAS PROGRESIVAS PRIMARIAS

El concepto de «afasia» hace referencia al trastorno adquirido del lenguaje como consecuencia de una lesión cerebral. Por ello, hay distintos mecanismos causales que pueden precipitar el desarrollo de una afasia, como pueden ser, por ejemplo, los traumatismos, un ictus o, por supuesto, un proceso neurodegenerativo. Las afasias adquieren determinadas características que nos permiten distinguir distintos síndromes afásicos, atendiendo al tipo de déficits que acompañan el cuadro clínico. De este modo, las afasias pueden comprometer de diferente manera el modo en que producimos, comprendemos o manipulamos palabras y frases, puede fallar la fluidez, o la gramática, o el acceso al léxico, se puede comprometer el ritmo, el tono, la capacidad para repetir, para escribir, para hablar o para leer, y cada una de estas dificultades puede aparecer de manera aislada o combinada. Evidentemente, el tipo de síntomas que presenta una persona con una determinada forma de afasia obedece a la topografía o localización del daño en el cerebro.

Cuando hablamos de afasia progresiva primaria, hacemos referencia a una enfermedad neurodegenerativa que, atendiendo a la topografía del daño que ha ido aconteciendo, debuta como un síndrome afásico que predomina por encima de otras formas de compromiso cognitivo, encontrándose de este modo habitualmente preservadas al inicio funciones como la memoria, la percepción o el razonamiento. Dentro de las afasias progresivas primarias encontramos tres subtipos, uno de los cuales ya hemos definido, puesto que constituye una de las formas de manifestación de una enfermedad de Alzheimer en forma de una afasia progresiva logopénica. Pero en este capítulo, nos centramos en los dos subtipos restantes que pertenecen al espectro de las demencias frontotemporales.

Por un lado, existe la «variante no fluente/agramatical de la afasia progresiva primaria», que en esencia define el tipo de síndrome que encontramos en otras degeneraciones lobares frontotemporales que ya comentamos previamente, como la parálisis supranuclear progresiva y la degeneración corticobasal, que también pueden asociar alteraciones del lenguaje. En contexto de una demencia frontotemporal, la variante no fluente/agramatical suele debutar entre los 50 y 70 años y asociar atrofia eminentemente circunscrita en regiones frontales inferiores y temporoinsulares anteriores. A nivel clínico, las personas afectadas por esta condición exhiben una habla lenta y laboriosa, formando frases cortas y agramaticales que adquieren el aspecto de un lenguaje telegráfico, al que además suele ser frecuente que se le añada una apraxia del habla. Esta forma de apraxia define las alteraciones en la selección y ejecución de los planes motores del habla, eso es, en la selección de la secuencia de movimientos que nos permiten configurar el modo en que componemos y evocamos las palabras habladas. Por ello, los pacientes afectados construyen las palabras con dificultad, cometiendo sustituciones de elementos que componen la palabra. Si bien este tipo de afasia no asocia una marcada alteración de la comprensión, lo cierto es que determinadas estructuras complejas como las que encontramos en las frases pasivas y en las subordinadas suelen ser procesadas con dificultad. La capacidad para repetir frases puede encontrarse relativamente preservada o incluso ser adecuada, mientras que la capacidad para evocar nombres bajo una determinada consigna, por ejemplo, nombres de animales, suele estar profundamente reducida. Si nos alejamos del lenguaje hablado y nos acercamos al lenguaje escrito, habitualmente los pacientes presentan un patrón de dificultades y de fallos en lo escrito análogo a lo que vemos en el plano hablado, siendo este patrón también similar cuando los exponemos a la lectura. A nivel neuropatológico, la afasia progresiva primaria agramatical/no fluente se suele relacionar frecuentemente con patología mediada por tau de cuatro repeticiones, y es por ello que también encontramos este síndrome afásico asociado a enfermedades causadas por el mismo sustrato neuropatológico como la parálisis supranuclear progresiva o la degeneración corticobasal.

Por otro lado, encontramos la «variante semántica de la afasia progresiva primaria», donde el síndrome clínico suele debutar entre los 50 y los 65 años, y adquiere la forma de un patrón de habla espontánea fluida, pero que, progresivamente, pierde contenido en cuanto al significado que transmite, dominando por encima de todo progresivas dificultades para encontrar el nombre de aquello que se quiere decir o anomia, acompañándose de lo que conocemos como parafasias semánticas, donde una palabra se sustituye por otra que comparte una misma categoría semántica, como por ejemplo, decir perro en lugar de lobo, o silla en lugar de mesa. En muchos casos, los pacientes también desarrollan signos de dislexia y de disgrafía superficial previamente inexistentes. En esencia, en la variante semántica, encontramos una marcada atrofia de la región anterior del polo temporal izquierdo que va destruyendo ese diccionario de conceptos que comentamos al inicio de este libro. Curiosamente, al inicio de la enfermedad, el daño cerebral puede comprometer, de manera sumamente caprichosa, determinados almacenes de conceptos, sin afectar a otros, de modo que las personas pueden experimentar una aguda dificultad para acceder a los nombres de determinadas cosas, por ejemplo, el de las frutas, pero no tener ninguna otra dificultad con otros objetos o elementos. En cualquier caso, el proceso irá extendiéndose y, por ello, todas las palabras irán perdiendo su significado, todos los objetos irán desvinculándose de una palabra y de un concepto con sentido y, progresivamente, lo mismo sucederá con todo aquello que existe en el universo previamente conocido de la persona, sumiéndola en una realidad donde nada tendrá significado conceptual. Esta forma dramática de agnosia asociativa para toda la realidad configura lo que en las etapas evolucionadas de este síndrome conocemos como demencia semántica. Además, esta enfermedad puede en ocasiones afectar de manera predominante al hemisferio derecho, donde no se localizan los centros esenciales del lenguaje. En estos casos de variantes «derechas», no predomina un cuadro de afasia progresiva, pero sí de profundas alteraciones socioemocionales, del reconocimiento del entorno y de las caras de las personas antes conocidas, presentándose por ello como una profunda prosopagnosia.

Figura 39: Imagen de resonancia magnética de una persona afectada por una afasia progresiva primaria de tipo semántica.

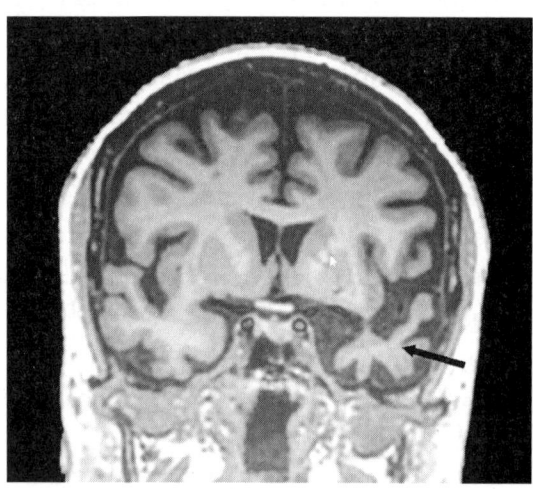

Destaca la prominente atrofia de la región temporal anterior izquierda.

A nivel neuropatológico, la variante semántica de la demencia frontotemporal se asocia habitualmente con patología mediada por un subtipo de proteína TDP-43 que etiquetamos como «C» y, a pesar de que las formas más frecuentes no tienen una causa genética, algunos casos de mutaciones en el gen GRN pueden presentar este síndrome clínico.

Obviamente, igual que sucede con cualquier otro de los procesos neurodegenerativos de los que se ha ido hablando, las afasias progresivas primarias siguen una evolución acorde a la progresión de los cambios neuropatológicos. Por ello, debemos entender que estas formas de afasia definen los síntomas iniciales y predominantes en las primeras etapas de la enfermedad, pero que conforme esta vaya progresando, como en cualquier otra forma de demencia frontotemporal, se irán añadiendo todas las otras manifestaciones prototípicas en forma de cambios conductuales y cognitivos.

LA NEUROPSICOLOGÍA NUNCA MIENTE

En una ocasión, hablando con mi colega e inmenso neuropsicólogo Juan Álvarez Carriles, este afirmó: «La neuropsicología nunca miente» y, en efecto, cuando esta disciplina se hace bien, siempre nos cuenta la verdad.

Alberto era un hombre de 62 años que entró sudoroso, inquieto y claramente ansioso a mi consulta. Rápidamente, entre algunos tics y suspiros, me dijo que no podía más, que llevaba seis años dando vueltas tratando de que alguien le diese una respuesta a todo lo que le venía sucediendo. Alberto era directivo en una importante multinacional y enseguida te dabas cuenta de que era un hombre sumamente inteligente que había construido un profundo bagaje cognitivo gracias al cual, entre otras cosas, dominaba cinco idiomas y había desplegado con exquisita eficiencia tareas de gran complejidad.

Con un discurso acelerado, propio de una persona que claramente estaba muy nerviosa, me contó que yo era el octavo profesional a quien consultaba tras haber sido visitado en una infinidad de ocasiones anteriores. Llevaba consigo una gruesa carpeta negra repleta de informes y documentos clínicos donde, entre otras cosas, pude revisar informes neurológicos, informes de pruebas de imagen y analíticas. En todos ellos, se llegaba a una misma conclusión: no había nada a nivel neurológico y posiblemente todo obedecía a preocupaciones alimentadas sobre la base de un problema de ansiedad que daban forma a una hipocondría.

Alberto se reconocía como una persona hiperactiva de toda la vida, ansiosa, rígida y obsesiva. De hecho, su día a día estaba repleto de conductas propias de un trastorno obsesivo-compulsivo como, por ejemplo, cuando dedicaba horas a revisar meticulosamente la disposición perfectamente horizontal y alineada con el marco de las ventanas de todas las cortinas de su casa, o cuando se llegaba a hacer heridas en la piel rascando y lavando una y otra vez algunos rincones de su cuerpo que podrían haber entrado en contacto con algún agente infeccioso.

Cuando le pregunté acerca de los problemas que había estado percibiendo y que habían motivado esa incesante búsqueda de respuestas, me explicó que llevaba varios años teniendo la certeza de que su memoria estaba empeorando y que ello le causaba una importante ansiedad. De hecho, tal era el malestar, que según me contó, tras la última visita que había solicitado, cuando volvieron a sugerirle que todo tenía una base psicológica o psiquiátrica y le dieron hora de visita de seguimiento en seis meses, esa noche pensó en quitarse la vida en la soledad de un hogar que no compartía con nadie más.

Pero no lo hizo, y de algún modo, llegó a mí. Cuando le pedí que me describiese el tipo de problemas cognitivos que notaba o que hacían referencia a esos fallos de memoria, me explicó toda una serie de eventos anecdóticos e inespecíficos que no parecían tener ninguna trascendencia. Por ejemplo, me explicó que recordaba que, en una ocasión, durante un rato, no se acordaba de con quién había ido a comer dos semanas antes o que, ocasionalmente, le costaba encontrar el nombre de algún producto cuando iba a comprar al supermercado.

Debo reconocer que, hasta ese momento, atendiendo a los rasgos de personalidad que se hacían evidentes, a la infinidad de informes previos que aportaba donde nunca nadie había encontrado nada, a la forma que adquirían sus quejas, así como al aparente tiempo de evolución, consideré más que plausible la posibilidad de que detrás de todo no hubiese nada neurodegenerativo. Pero había un sutil detalle que no dejaba de ocupar una parcela de mi mente desde el preciso instante en el que supe todo lo que me contó acerca de sus estudios, trabajo y competencias en múltiples idiomas.

Detectar sutilezas y saber darles un significado es en muchos casos una herramienta esencial en este trabajo. De este modo, lejos de dedicarnos a pasar unas pruebas de manera preestablecida, ordenar las piezas que se disponen encima de nuestra mesa conforme vamos recopilando toda la información disponible, depende, en una infinidad de ocasiones, de saber detectar algunas de las piezas que podrían pasar desapercibidas. Es entonces cuando, de pronto, somos capaces de componer un rompecabezas y todo adquiere sentido.

En este caso, ese sutil detalle era que el modo de hablar de Alberto, su manera de expresarse, no me parecía propia de alguien que dirige una multinacional, que tiene una licenciatura y dos másteres y que es perfectamente competente en cinco idiomas. Y no se trataba de que fuese un habla acelerada como consecuencia de la ansiedad, así como tampoco fallaba la fluidez, simplemente, me daba la impresión de que la forma y el contenido del modo en que se expresaba no era congruente. Sus explicaciones eran superficiales, poco ricas y usaba continuamente la coletilla «vale».

Además, en varias ocasiones tuve que repetirle alguna palabra o alguna de las preguntas que le estaba formulando porque parecía no haber escuchado o comprendido bien.

Para valorar la memoria episódica, podemos usar distintas estrategias o herramientas, como por ejemplo listas de palabras que intentamos que las personas aprendan. Para evitar el efecto deletéreo que, pongamos por caso, pueda tener un hipotético déficit de atención, algunas tareas requieren que los pacientes lean una palabra asociada con una determinada consigna semántica que nosotros les damos, de modo que así, no solo controlamos el despliegue de unos mínimos recursos atencionales, sino que favorecemos de algún modo el procesamiento y codificación de la información presentada.

Así pues, por situarnos, le pedí que, entre cuatro opciones de palabras, nombrase una que era un pájaro (esta es la categoría semántica) y que se trataba de un cuervo. Pero no fue capaz. Empezó a revisar las palabras, a leerlas con una relativa dificultad, para finalmente añadir que un pájaro podían ser muchas cosas. Entonces, le indiqué que, dentro de las cuatro opciones, la única que era un pájaro era la palabra cuervo y, en ese momento, él se justificó explicándome que la tarea la estábamos haciendo en castellano, cuando él, en realidad, hablaba catalán, algo que por supuesto no podía justificar semejante dificultad.

En ese momento, viendo lo que estaba sucediendo, le propuse un sencillo ejercicio de emparejamiento de objetos acorde a su relación semántica, como, por ejemplo, seleccionar qué elementos estaban relacionados y cuáles no entre una caja de cerillas, una vela y un destornillador. Alberto mostraba toda una serie de evidentes dificultades.

Dispuse delante de Alberto una serie de figuras formadas por siluetas de objetos conocidos, superpuestas unas encima de otras. Habitualmente usamos este tipo de pruebas para valorar la capacidad de las personas para reconocer objetos y para separarlos unos de los otros. Alberto dedicó mucho tiempo a ir nombrando los objetos, cuando pudo, pero no porque estuviesen fallando los procesos relativos al reconocimiento, sino porque no conseguía encontrar el nombre de aquello que quería nombrar. Así que en múltiples ocasiones señalaba una figura, reseguía su contorno, ejecutaba una serie de gestos con las manos como queriendo indicar cómo se usa ese objeto, titubeaba, negaba con la cabeza y afirmaba «no me sale».

A continuación, le fui enseñando toda una serie de dibujos de objetos muy fáciles de reconocer y le pedí que los nombrase. En algunos casos los nombraba con facilidad, en otros, este multilingüe directivo de una multinacional era absolutamente incapaz de encontrar el nombre para algo tan sencillo como un peine, un lápiz o una zanahoria.

Lamentablemente, en ese punto, en mi interior chocaban dos complejas realidades. Por un lado, estaba firmemente convencido de saber con exactitud el nombre y apellidos de lo que le venía sucediendo a Alberto, pero, por otro lado, no conseguía comprender cómo podía ser que aportase una infinidad de informes donde todo se describía como absolutamente normal, incluyendo las pruebas de neuroimagen.

Cuando nos sentamos delante de los casos que atendemos, inevitablemente vamos construyendo distintas hipótesis acerca de lo que pueda estar sucediendo conforme vamos avanzando con la exploración y, con ello, conforme van sucediendo o dejando de suceder los elementos mediante los cuales le damos forma a los distintos síndromes neuropsicológicos. En muchos casos, no podemos evitar haber construido un escenario hipotético cuando aún no tenemos todas las piezas dispuestas y estar fuertemente convencidos de que ya sabemos lo que está sucediendo. Pero quedarnos en ese punto representaría un terrible error que nos alejaría del delicado ejercicio de arqueología que debemos realizar para encontrar todo lo que se encuentra escondido. De este modo, nuestras opiniones, hipótesis o convicciones no pueden ser consideradas como veraces sin antes ponerlas todas ellas a prueba y sin antes valorar todas las demás posibilidades. Esta es la única manera de aproximarnos a lo más parecido a la verdad.

A nivel sindrómico resultaba evidente que Alberto presentaba una variante semántica de una afasia progresiva primaria. Como ya hemos dicho, en las etapas iniciales de esta enfermedad, los síntomas pueden pasar relativamente desapercibidos, puesto que los problemas pueden suceder afectando exclusivamente a la denominación de determinados objetos o de determinadas asociaciones de conceptos, sin que otros procesos se vean comprometidos.

Por ello, el lenguaje espontáneo puede ser totalmente normal, algo que podría justificar cómo y por qué en ausencia de una adecuada exploración neuropsicológica, nadie hubiese detectado en las evaluaciones previas ningún signo sugestivo de compromiso neurológico.

El problema, pero, reside en la certeza de que las variantes semánticas de una afasia progresiva primaria, a diferencia de otras formas de afasia progresiva, siempre se acompañan de signos de atrofia cerebral absolutamente evidentes y que muestran con toda claridad una profunda pérdida de la estructura cerebral que da forma a la región anterior del polo temporal izquierdo.

¿Entonces? ¿Cómo podía ser que todos los informes radiológicos describiesen un cerebro normal, sin hallazgos sugestivos de ninguna enfermedad?

Alguien podría haber considerado, por ejemplo, que quizá se tratase de un caso de simulación. La cuestión es, sin embargo, que habitualmente los simuladores simulan obviedades, no sutiles y complejos cuadros de compromiso del lenguaje acorde a la coherencia que dicta una determinada variante de una afasia progresiva.

En cualquier caso, le pedí dos cosas. Por un lado, a pesar de que disponía de una infinidad de estudios previos, solicitamos que se realizase un estudio de resonancia magnética y un estudio de metabolismo de glucosas cerebral mediante PET. Por otro lado, le pedí que volviese en dos días para ampliar algunos aspectos de la exploración y que, en esa próxima visita, en lugar de traer consigo los informes radiológicos, nos trajese los CD que contenían las imágenes.

En esta segunda visita, Alberto llegó mucho más tranquilo. Sin anticipar ningún diagnóstico, ni nombres ni apellidos, tras finalizar la primera visita le dije que con toda seguridad le podríamos decir lo que le estaba sucediendo y que finalmente sus dudas y preocupaciones obtendrían una respuesta.

Alberto dibujó un reloj analógico marcando las 11:10 horas, ejercicio que ejecutó dubitativo, preguntándome si debía poner un 12 o un 0 para finalmente dibujar lo que muestra la figura que nos acompaña.

Le pedí que escribiese una pequeña historia en una hoja de papel y que trazara una línea para indicar los instantes donde no consiguiese encontrar la palabra que pretendía usar y, nuevamente, esta vez de manera escrita, faltaron demasiadas palabras.

Figura 40: Dibujo de un reloj y texto (en catalán) de Alberto.

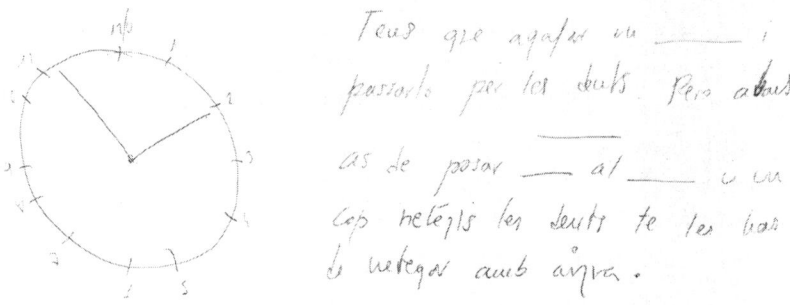

Finalmente, le pedí que intentase imitar, por ejemplo, la secuencia de movimientos que realizaríamos para usar una caja de cerillas y una vela. Ante estas instrucciones, todos entenderíamos que deberíamos imitar los gestos que componen el acto de abrir la caja, sacar la cerilla, rasgarla para encenderla, moverla hacia la vela y acercándola a la mecha, prenderla. Pero Alberto se miró las manos, levantó una de ellas y la giró como si estuviese rellenando un vaso con una botella. Me parecía absurdo seguir. Era un hombre que llevaba seis años pidiendo que alguien le diese una respuesta, un hombre que se había planteado quitarse la vida cuando nuevamente le sugirieron que no le sucedía nada y que le volverían a ver en seis meses. En lo personal y en lo profesional, me parecía una situación desesperante y sumamente triste, pero todo fue aún peor cuando decidí visualizar el contenido de los CD que nos había traído.

A solas, mientras Alberto se encontraba con uno de mis compañeros, dispuse el CD en el ordenador e inicié el programa para visualizar las imágenes de una de las últimas resonancias magnéticas que le habían realizado un año antes de venir con nosotros, y que había sido informada como normal. Abrí las imágenes pensando en si sería capaz de detectar en ella algún signo sutil, que pudiese haber pasado desapercibido, pero me encontré con un escenario incomprensible.

Nada más empezar a recorrer los distintos cortes que nos permiten visualizar el conjunto del cerebro por partes, al acercarme a las regiones temporales, se hizo absolutamente evidente que la región temporal anterior de su hemisferio izquierdo prácticamente había desaparecido.

Soy incapaz de comprender cómo y por qué los informes describían cada uno de los estudios como normales, pero resulta evidente que alguien no hizo bien su trabajo, posiblemente porque supuso que lo que tenía delante, con tanto nerviosismo y obsesiones, poco o nada tenía que ver con un proceso neurodegenerativo.

Figura 41: Imágenes de RM y PET de Alberto.

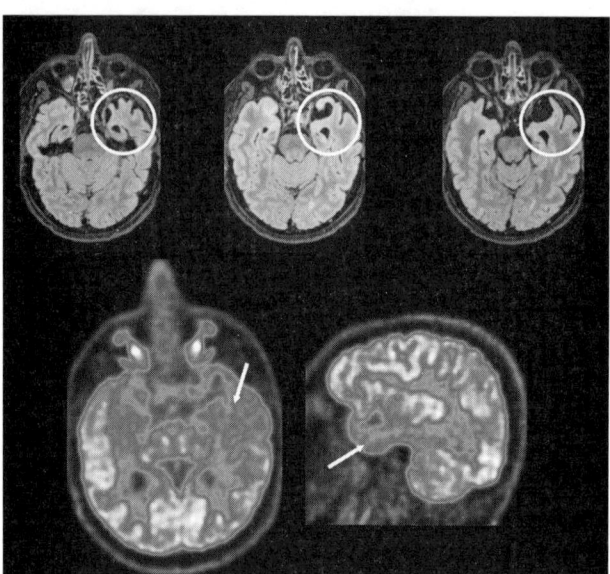

Se aprecia una marcada pérdida de volumen en la región temporal anterior izquierda (marcada con un círculo) e hipometabolismo severo en las mismas regiones señaladas con las flechas en la imagen inferior.

Pocos días después, las imágenes obtenidas mediante el estudio de PET mostraron el más que previsible patrón de hipermetabolismo de glucosa a nivel temporal anterior, predominantemente izquierdo, que confirmaba una certeza que con cierta suspicacia clínica y actitud de búsqueda habíamos podido identificar en una primera visita, empleando solo el ato de escuchar, un lápiz y una hoja de papel.

Para mí, este caso supone una excelente lección a múltiples niveles. No solo porque nos cuenta con precisión la presentación y evolución de una variante semántica de una demencia frontotemporal, sino que nos recuerda que cuando la neuropsicología se hace bien nunca miente. Hacer bien las cosas no solo implica saber explorar y razonar sobre lo que vemos. Hacer bien las cosas implica no quedarnos ciegos por nuestras opiniones y convicciones y tomarnos muy en serio lo que nos cuenta alguien que se conoce desde hace toda una vida y que nosotros conocemos desde hace solo unos minutos. Hacer las cosas bien es permitirnos el lujo de dudar de que lo estamos haciendo todo y de que lo estamos haciendo bien, para profundizar hasta dar con la respuesta, puesto que sí, habitualmente siempre hay una respuesta.

Obviamente no hemos podido modificar el diagnóstico de Alberto, pero nos hemos vuelto a ver en una infinidad de ocasiones y puedo afirmar, rotundamente, que haberle dado una explicación, haber resuelto el puzle, cambió la vida de Alberto en positivo. Hoy, Alberto acepta su condición y trabaja para intentar mitigar los problemas que esta le va provocando, pero lo hace con un estado de ánimo completamente distinto y una actitud que, al disponer de un lugar desde donde comprender lo que le sucedía, sucede y va a suceder, le ha dotado de unas herramientas que le permiten seguir viviendo con absoluta libertad.

El caso de Esperanza y sus fantasmas

Esperanza era una mujer de 65 años que acudió acompañada de su esposo, hija e hijo. Ante mis primeras preguntas, se hizo evidente que sabía dónde estaba, pero sin llegar a comprender por qué estaba allí con su familia y conmigo.

Como siempre hago, le pregunté acerca de cómo se encontraba, si la podría ayudar de algún modo y, poniéndole algunos ejemplos, si existía algún problema cognitivo, por ejemplo a nivel de memoria. Pero con una absoluta indiferencia, prácticamente sin mirarme, Esperanza me dijo que se encontraba bien y que nada andaba mal en su cabeza.

Esperanza permanecía estática, prácticamente inmóvil y totalmente inexpresiva mientras su familia permanecía a su lado denotando una más que evidente preocupación, que posiblemente no se había larvado en cuestión de unos pocos días. Pero Esperanza seguía ausente, respondiendo a mis preguntas con monosílabos y mirándome ocasionalmente con una mirada que no parecía ver nada. Insistiendo en todo lo relativo a que hubiese detectado algún tipo de problema o de cambio con respecto a su estado previo, me reconoció que le costaba mantener el volumen al hablar y también reconoció haber dejado de hacerlo todo porque nada le apetecía. Esperanza no se sentía triste, pero tampoco alegre, Esperanza simplemente había dejado de sentir.

Según me contaron, a los 54 años perdió su empleo y de manera aparente reactiva a ese evento, desarrolló toda una serie de síntomas propios de un cuadro depresivo que respondieron muy bien a los tratamientos que le recetaron, de modo que se recuperó. Pero a los 57 años, empezó a desarrollar un interés progresivo muy intenso, posiblemente desproporcionado, hacia todo lo relacionado con el mundo paranormal, algo que nunca le había generado la más mínima curiosidad. Su familia no le dio mucha importancia, a pesar de que les llamaba la atención la cantidad de tiempo que dedicada a leer acerca de estos temas o algunas ideas que empezaba a verbalizar en torno al mundo de los fantasmas o de las posesiones.

Dos años antes de la visita que estábamos teniendo, Esperanza empezó a mostrar toda una serie de cambios progresivos en su personalidad que giraban intensamente en torno a toda esta temática paranormal, hasta que, finalmente, empezó a ver espíritus y cuerpos fallecidos por su casa que ella, aterrorizada, intentaba ahuyentar con unos pañuelos. Por esa época, además, empezó a verbalizar que tenía la capacidad de saber quiénes estaban poseídos, afirmando de este modo que tanto su hijo como dos de sus vecinas de toda la vida tenían al demonio en su interior.

Evidentemente, en contexto de estas situaciones, llevaron a Esperanza a un hospital donde le realizaron una TC y otras pruebas sin que nadie encontrase nada que justificase sus síntomas y, a partir de ese momento hasta día de hoy, Esperanza encadenó un sinfín de visitas y de ingresos sin que nadie llegase a ninguna conclusión, a pesar de realizarle una infinidad de pruebas. Por ejemplo, se realizó un estudio de EEG que se informó como normal, una resonancia magnética también informada como normal, y un panel de anticuerpos donde no encontraron nada. Cuando nos hallamos con casos donde una persona desarrolla sintomatología psiquiátrica y/o neurológica de manera rápida, uno de los escenarios que hay que explorar es que exista un proceso autoinmune de base. En ocasiones, la presencia de determinados tipos de tumor que pueden estar ubicados muy lejos del cerebro, desencadenan una respuesta orientada a atacar este agente invasor que se «equivoca» y termina por atacar tejido cerebral, dando lugar a toda una serie de enfermedades de base autoinmune cuyo desconocimiento ha condenado históricamente a miles, o quizá a cientos de miles de personas, a permanecer ingresadas o a fallecer como consecuencia de lo que parecían ser enfermedades psiquiátricas intratables, cuando en realidad se trataba de procesos neurológicos potencialmente reversibles. En cualquier caso, Esperanza no tenía nada de esto. Le realizaron también un estudio mediante DaTSCAN, una prueba que permite estudiar la integridad de los sistemas dopaminérgicos y que siempre aparece alterada en contexto de un parkinsonismo, pero también salió normal. Finalmente, habían obtenido una muestra de líquido cefalorraquídeo que según los informes no se pudo analizar por un problema con la conservación.

Con todo ello, los especialistas que habían valorado a Esperanza orientaron el cuadro clínico como secundario a algún tipo de enfermedad psiquiátrica, de modo que fue trasladada de neurología a psiquiatría, donde la ingresaron. Durante esos ingresos, realizaron pruebas con distintos fármacos llegando a emplear terapia electroconvulsiva, que tampoco resultó eficaz. De hecho, por aquel entonces Esperanza no solo estaba convencida de poder ver fantasmas, muertos y seres poseídos, sino que ahora afirmaba tener larvas debajo de la piel y un microchip implantado debajo del cuero cabelludo que, en ocasiones, se intentaba arrancar.

A partir de ese momento, sus familiares detectaron que Esperanza empezó a narrar sucesos personales que nunca habían sucedido, como por ejemplo toda una serie de historias relacionadas con unos familiares que le debían grandes cantidades de dinero que nunca había tenido, o la existencia de una supuesta herencia millonaria que nadie conocía.

Su familia, esencial durante toda la visita, me contó que estos episodios habían tenido un curso fluctuante y no consideraban que claramente hubiese experimentado un notable empeoramiento a lo largo de los últimos años, pero tampoco una mejora. De algún modo, Esperanza, esa madre y esa esposa, dejó de ser quien era para nunca más volverlo a ser.

Acorde a las preguntas que yo les iba formulando, reconocieron que les llamaba mucho la atención el modo en que Esperanza comía, con impaciencia y descontrol, abalanzándose a la comida e ingiriendo todo lo que le ponían delante. Pero a pesar de ello, Esperanza había estado perdiendo peso y masa muscular durante los últimos meses.

Interrogando acerca de sus antecedentes, pude saber que sus padres habían fallecido jóvenes, de modo que no podíamos recopilar mucha información.

En cualquier caso, no referían la existencia de antecedentes de enfermedades neurológicas en la familia ni en Esperanza, aunque entonces, enfatizando en el recorrido que se había ido sucediendo, su hijo reconoció que quizá incluso antes de que debutase el episodio psicótico, algo había ido cambiando en el modo en que su madre hablaba y se relacionaba empleando el lenguaje. Específicamente, el tipo de ejemplos que puso su hijo parecían dibujar errores en forma de transformaciones de algunos elementos de las palabras y sucesión de parafasias junto con algunos signos que sugerían ciertas dificultades en la comprensión. De hecho, hablando con ella durante la visita, resultaba evidente que su lenguaje se encontraba intensamente empobrecido y que se sucedían una infinidad de errores gramaticales durante la construcción del discurso.

Explorándola, no detecté dificultades significativas en lo relativo a su capacidad para aprender, mantener y recordar información nueva, ni a corto ni a medio-largo plazo transcurridos veinte minutos. Sus recuerdos anclados en un pasado remoto también estaban intactos y me podía contar con facilidad eventos o personas relevantes en distintos momentos de su vida.

Cuando le pedí que copiase una de las figuras que empleamos, resultó evidente que no existía ningún tipo de plan ni de estrategia ni de supervisión durante la construcción de un dibujo que se alejaba mucho de parecerse al modelo.

Además, allí donde el dibujo incorporaba algún tipo de repetición de elementos, como, por ejemplo, tres o cuatro líneas, Esperanza se quedaba encallada dibujando una infinidad de rayas sin aparentemente poder parar.

Figura 42: Copia de la figura compleja de Rey-Osterrieth realizada por parte de Esperanza.

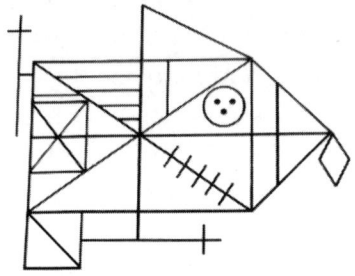

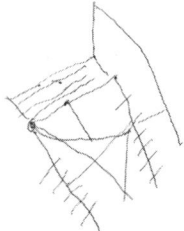

Al mostrarle las figuras superpuestas que comentamos en el caso anterior, no se trataba de que no las reconociese, sino que, en esencia, respondía empleando una secuencia de verbalizaciones estereotipadas y repetitivas sin sentido, mostrando ante mi insistencia también evidentes dificultades para encontrar las palabras adecuadas para denominar dichos objetos.

En ese momento, además del conjunto de antecedentes «psiquiátricos» que conocíamos, la exploración no dejaba lugar a dudas en cuanto a que Esperanza presentaba una infinidad de signos propios de un severo síndrome frontal, pero existían elementos que sugerían que el compromiso se extendía más allá.

Le pedí que cerrase los ojos y apretase los parpados con fuerza, para, bajo mis órdenes, abrirlos tan rápido como pudiese. Pero al hacerlo, sus párpados se quedaron «como pegados», elevándose poco a poco de manera descoordinada, configurando una evidente apraxia de la apertura palpebral, además de una clara apraxia ideomotora de ambas extremidades superiores.

Esperanza era capaz de reconocer objetos que situé en su mano, pero que no le dejé mirar, igual que podía reconocer sin dificultades qué dedos le estaba tocando o qué figuras le dibujaba en la palma de su mano. En contraposición, era incapaz de repetir una frase y cometía múltiples errores al intentar repetir palabras inventadas. Era evidente que existían signos que sugerían cierto compromiso semántico, cierto agramatismo, cierta apraxia del habla e ideomotora, si bien incuestionablemente resultaban absolutamente desproporcionadas todas las manifestaciones propias de un síndrome frontal.

Si le daba una instrucción, Esperanza a los pocos segundos la perdía o simplemente era incapaz de comprenderla, se quedaba encallada en una sucesión de repeticiones ante cualquier cosa que le pidiese, de modo que si, por ejemplo, le pedía que me dijese palabras que empezasen con la letra «P», podía repetir sin parar «piedra, piedra, piedra...», del mismo modo que no podía evitar imitar los movimientos que yo iba haciendo, como si sus manos y mirada estuviesen imantados a mis gestos, si yo me movía, ella se movía. Esperanza era incapaz de no intentar agarrar cualquier objeto que le pusiera delante, era incapaz de establecer reglas lógicas tan simples como la que rige la relación entre un plátano y una manzana y, además, Esperanza tenía una consciencia absolutamente nula acerca de todas estas dificultades evidentes para todos los demás, de modo que cuando tras realizar todas las pruebas le pregunté acerca de su rendimiento, con la misma indiferencia inicial afirmó: «Bien, lo hice bien».

Por mi parte no había dudas y, con independencia de lo que contaran o dejasen de contar toda esa infinidad de pruebas realizadas previamente, el caso de Esperanza no era secundario a una causa psiquiátrica. Nos encontrábamos delante de una mujer que nunca había tenido problemas psiquiátricos parecidos ni procesos que los pudiesen justificar, pero que a una edad «que no toca», había empezado a desarrollar una infinidad de síntomas psicóticos. Sin embargo, dejando de lado todo este conglomerado de síntomas psicóticos, si nos centrábamos en la información que nos proporcionaba la exploración neuropsicológica, Esperanza presentaba un flagrante síndrome frontal donde se combinaban tanto síntomas propios de daño en regiones dorsales, como laterales y mediales, asociando además claros signos de compromiso temporal sin implicación hipocampal y, en menor medida, signos de compromiso posterior.

No considero que nadie se equivocase cuando valoraron a Esperanza con anterioridad.

De hecho, los profesionales que la atendieron le hicieron muchas más pruebas que las que habitualmente se hacen con la única intención clara de encontrar una explicación a un cuadro clínico que resultaba desconcertante. El caso es que, en muchas ocasiones, la actualización y el aprendizaje continuo nos permiten seguir incorporando elementos nuevos a nuestro repertorio de conocimiento que, a su vez, nos permiten ampliar horizontes y nos hacen capaces de ver o de reconocer elementos que de otro modo no podríamos reconocer.

De este modo, por absoluta casualidad, una semana antes de que yo viese a Esperanza, un brillante compañero mío, el doctor Javier Pagonabarraga, había presentado en el marco de una de las sesiones clínicas de revisión de casos y de actualización que hacemos, el caso de una mujer cuya forma de presentación y de evolución resultaba extremadamente parecido a lo que había sucedido y a lo que estaba viendo en Esperanza. Por lo tanto, disponía de un marco desde donde plantear algunas opciones que una semana antes no hubiese tenido. Por ello, tenía motivos para decidir tomar una determinada dirección a efectos de intentar dar con la respuesta.

En ese momento resultaba evidente que Esperanza padecía un proceso neurodegenerativo propio de una degeneración lobar frontotemporal potencialmente mediado por alguna de las múltiples formas que puede adquirir una variante conductual de una demencia frontotemporal. Así que antes de iniciar ese posible camino que nos marcaba el aprendizaje derivado de esa reveladora sesión clínica, solicitamos una prueba de PET para evaluar la distribución del metabolismo de glucosa, que permitió evidenciar un incipiente, pero evidente, patrón de hipometabolismo frontotemporal de predominio izquierdo. Además, revisamos las pruebas de resonancia magnética donde, en nuestra opinión, existían claros indicios de cierta atrofia frontotemporal, también de predominio izquierdo con mínima extensión hacia áreas parietales. Con ello, ahora sí, disponíamos de un argumento sólido para poner a prueba la siguiente y definitiva hipótesis que partía de formular y responder una «sencilla» pregunta: ¿existe alguna forma de demencia frontotemporal que pueda debutar o en la que pueda predominar clínica de tipo psicótica?

La presentación en forma de un cuadro psicótico es habitual en las demencias frontotemporales causadas por mutación del gen C9orf72. En este gen, como ya hemos expuesto, cuando la secuencia de letras GGGGCC que dictan las instrucciones se expanden más allá de las 60 repeticiones, el gen resulta defectuoso y entonces adquiere el patético protagonismo de ser la causa genética más frecuente de esclerosis lateral amiotrófica y de demencia frontotemporal.

Cuando yo conocí a Esperanza, poder identificar toda una serie de síntomas sugestivos de un evidente compromiso frontotemporal que resultaban inexplicables desde la óptica de un cuadro psiquiátrico, junto con la existencia de los antecedentes psicóticos acompañantes desde el primer momento, hacían que la posibilidad de tratarse de un caso de mutación de C9orf72 fuese algo totalmente plausible. Pero para poder orientar el caso como secundario a dicha mutación, eran necesarios dos elementos. En primer lugar, sin saber reconocer el aspecto que la demencia frontotemporal asociada a esta mutación genética suele adquirir, no podríamos haber planteado esta posibilidad. En segundo lugar, sin apoyarnos en posibilidades alternativas a las que se habían contemplado y asentado, tampoco hubiésemos llegado a ningún lugar.

Teniendo en cuenta que la penetrancia de la mutación en C9orf72 es incompleta y que el riesgo de desarrollar la enfermedad incrementa con la edad, era evidente que, posiblemente, la mutación que indefectiblemente estaba presente en su padre o madre, dado el fallecimiento temprano de ambos, no había tenido tiempo suficiente como para causar ninguna enfermedad. Con todo ello, hablamos con la paciente y con toda su familia, teniendo muy en cuenta que un diagnóstico positivo no solo iba a tener un impacto para Esperanza, sino que instantáneamente se convertiría en un escenario de incertidumbre para todos sus hijos, quienes pasarían a tener un riesgo del 50 % de haber heredado la mutación.

A las pocas semanas de haber obtenido el consentimiento y la muestra de sangre de Esperanza, llegaron los resultados y en ellos unas cifras y comentarios que nuevamente nos obligaban a saber interpretar correctamente las posibilidades. La mutación en C9orf72 sucede cuando uno de los dos alelos que todas las personas tenemos para este gen tiene más de 60 repeticiones en la secuencia GGGGCC, pero en el caso de Esperanza, los resultados indicaban que solo se había detectado un único alelo de 7 repeticiones. Estos resultados, podrían haber hecho pensar en primera instancia que nos habíamos equivocado en nuestra orientación diagnóstica, pero había un detalle importante: tenemos dos alelos. De modo que la presencia de un único alelo de 7 repeticiones solo podía significar dos cosas: o bien Esperanza tenía dos alelos con el mismo número de repeticiones en ambos, o bien uno de los alelos tenía una expansión tan grande que el procedimiento de análisis había sido incapaz de cuantificarla. Así que más por convicción que por tozudez, solicitamos el análisis alternativo empleando otra técnica que fuese capaz de cuantificar grandes expansiones y, entonces sí, tras varias semanas de espera llegaron los resultados que de manera definitiva confirmaban la presencia de un alelo con 7 repeticiones y otro con incontables repeticiones que excedían con creces las 60.

Figura 43: Imagen de resonancia magnética del patrón de atrofia cerebral en un paciente con degeneración frontotemporal asociada a la mutación en C9orf72.

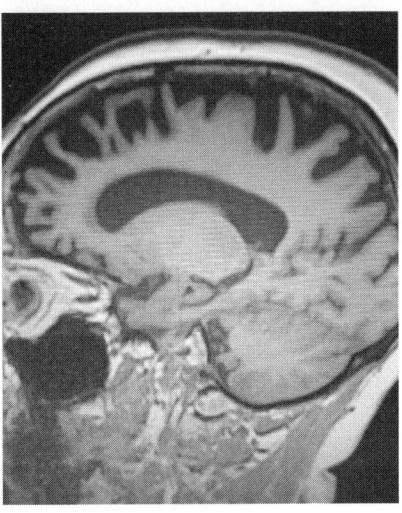

LA ENFERMEDAD DE HUNTINGTON

A lo largo de este libro hemos ido comentado en múltiples ocasiones toda una serie de mecanismos genéticos asociados con un mayor riesgo para el desarrollo de determinadas enfermedades neurodegenerativas, e incluso como mecanismos decisivos que parecen regir su aparición en algún momento a lo largo de la vida.

Pero si existe una condición neurodegenerativa totalmente determinada de manera genética que hace que el destino de los portadores de la mutación que la causa esté totalmente escrito desde el momento en que fueron concebidos, esta es la enfermedad de Huntington. Esta enfermedad, como veremos, no solo resulta en sí misma un excelente manual de estudio de todo aquello que puede suceder en el contexto de un proceso neurodegenerativo, sino que, además, sirve de modelo ejemplar para comprender el comportamiento de muchas otras condiciones genéticas y neurodegenerativas que no podremos desarrollar en este libro pero que, en esencia, se rigen por unas reglas muy similares a las que rigen esta entidad.

A lo largo de mi carrera profesional he trabajado con múltiples enfermedades del sistema nervioso, específicamente las neurodegenerativas, y, en especial, con todas las que asocian alteraciones del movimiento. Pero la parte más extensa y apasionada de mi trabajo la he dedicado, sin duda, a la enfermedad de Huntington, tratando de encontrar la manera de allanar el tortuoso camino que con suma frecuencia deben recorrer todas las personas impactadas por esta condición.

La enfermedad de Huntington es una enfermedad neurodegenerativa causada por una mutación bien conocida en el brazo corto del cromosoma 4, en un gen que conocemos como HTT, específicamente en la región que codifica para una proteína que denominamos «huntingtina». Esta proteína se encuentra presente en todas las células y tejidos del cuerpo humano, pero se sobreexpresa en distintos tipos de células del sistema nervioso. En su estado «normal», sabemos que la proteína huntingtina ejerce múltiples funciones necesarias para el correcto neurodesarrollo, el metabolismo de las neuronas y la supervivencia neuronal y que ha jugado un papel trascendental en la evolución del cerebro de todas las especies del reino animal. A pesar de ello, lo cierto es que desconocemos con exactitud todas las funciones que ejerce esta proteína. El gen HTT lleva inscrito un código de aminoácidos que se repite siguiendo una estructura de tres letras dando forma a una secuencia de citosina (C), adenina (A) y guanina (G), conformando de este modo lo que conocemos como tripletes CAG. El gen HTT está formado por un alelo o brazo heredado de nuestro padre y otro de nuestra madre. Cada uno de estos alelos lleva inscrita una secuencia de repeticiones CAG que transmiten al gen las instrucciones mediante las cuales construir la proteína huntingtina. En condiciones normales, el número de repeticiones que contiene cada uno de estos alelos siempre es inferior a 27 repeticiones CAG. Por lo tanto, podemos tener un alelo donde la secuencia CAG se repite 7 veces y otro alelo donde esta secuencia se repite 19 veces, configurando la estructura normal del gen.

A pesar de que existían descripciones de la enfermedad de Huntington antes de que se la apodase de esta manera, no fue hasta 1872 cuando un joven médico llamado George Huntington, siguiendo los trabajos que su padre había estado realizando con distintas familias de lo que por aquel entonces era la región de Nueva Inglaterra, describió en un ensayo titulado *On Chorea* toda una serie de familias afectadas por una extraña condición médica que parecía transmitirse generación tras generación en algunos casos, o dejar libres del mal a otros, que asociaba una infinidad de alteraciones psiquiátricas, un riesgo sumamente incrementado de suicidio, movimientos anormales y demencia.

Muchos años más tarde, en torno a 1950, un joven médico llamado Américo Negrette fue destinado a trabajar en las zonas que habitaban toda una serie de humildes comunidades de pescadores al oeste de Venezuela y a horillas del lago Maracaibo. Allí, en la pequeña comunidad de San Luis, Américo Negrette se sorprendió de toparse con una comunidad donde decenas de familias y generaciones enteras presentaban los síntomas que de manera brillante, casi un siglo antes, George Huntington había descrito en su ensayo. Pero había un detalle que llamaba la atención. Mientras que George Huntington describió la enfermedad que llevaría su nombre en un grupo muy reducido de personas, lo cual daba a entender que se trataba de una condición minoritaria, en San Luis, las cifras de afectados eran extraordinariamente desproporcionadas. Sin saberlo, Américo Negrette había dado con el mayor foco de concentración de personas afectadas por la enfermedad del mundo, donde por razones de índole geográfica, cultural y endogámica, la mutación genética, que por aquel entonces se desconocía, se había ido diseminando por toda la comunidad.

A pesar de que inicialmente la comunidad científica no prestó demasiada atención al llamamiento que el doctor Negrette hizo en un intento de dar visibilidad a esta comunidad, finalmente, en la década de 1970, un consorcio de científicos viajó hasta esa región en busca de explicaciones. Pero no fue hasta el año 1993 que los laboriosos trabajos de este grupo de científicos y la entrega de las personas afectadas en esta comunidad dieron sus frutos y lograron identificar la mutación exacta que indefectiblemente causaba la enfermedad. De este modo, se descubrió que, en todos los casos, las personas portaban un número extraordinariamente largo de más de 39 repeticiones CAG en el gen HTT y que cuanto más larga era esta expansión, antes empezaba la enfermedad, más rápido evolucionaba y más severos eran los síntomas.

Figura 44: Representación gráfica del patrón de atrofia característico de la enfermedad de Huntington, de la expansión de tripletes CAG y del patrón de herencia.

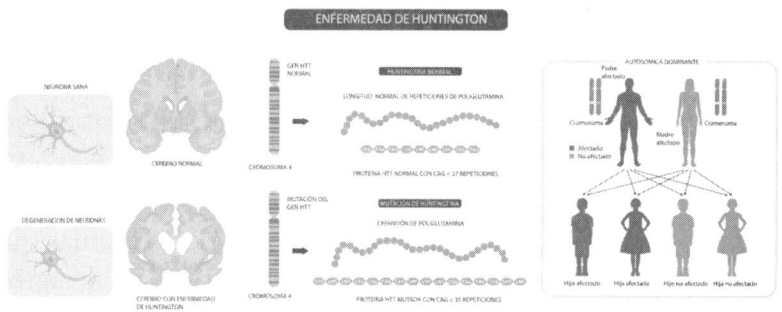

La enfermedad de Huntington, por lo tanto, está causada por una expansión anormal de más de 39 repeticiones de tripletes CAG en el gen que codifica para la proteína huntingtina y sigue un patrón de herencia autosómica dominante con penetrancia completa. Esto significa que cualquier persona portadora de la mutación puede transmitirla a la siguiente generación con una probabilidad del 50 % y que, de ser así, ni nada ni nadie podrá evitar que la descendencia desarrolle la enfermedad y la pueda transmitir del mismo modo a la siguiente generación. Pero la enfermedad asocia otros mecanismos genéticos que añaden complejidad. Por un lado, sabemos que existe una clara relación entre el número de repeticiones y la edad de inicio de la enfermedad. De este modo, mientras que un individuo con 43 repeticiones CAG podrá desarrollar síntomas en torno a la cuarta o quinta década de su vida, una persona con más de 70 repeticiones ya expresará los síntomas en la infancia. Por otro lado, los descendientes de las personas portadoras de la mutación pueden heredar un número significativamente mayor o menor de repeticiones, haciendo que de una generación a otra la enfermedad se exprese o debute en momentos de la vida muy distintos. Por ello, por ejemplo, no es infrecuente que veamos a un padre con síntomas a los 60 años acompañado de un hijo con síntomas a los 30 años. A pesar de que esta relación entre número de repeticiones y edad de inicio de la enfermedad resulte incuestionable, tampoco podemos obviar que, cuando analizamos a grupos extensos afectados por la enfermedad, nos encontramos con una importantísima variabilidad en cuanto a la edad de inicio, forma de presentación y evolución de la enfermedad, de modo que dos personas con un mismo número de repeticiones pueden iniciar la enfermedad con una diferencia en la edad de más de veinte años. Este dato resulta crucial a efectos de situarnos frente algo tan necesario de estudiar como lo es el hecho de que incluso cuando hablamos de enfermedades absolutamente determinadas por la genética, existen otros mecanismos que moldean el cómo y el cuándo van a suceder los cambios.

Existen personas para quienes su gen HTT contiene un número de repeticiones entre 36 y 39. Estos casos se consideran de penetrancia reducida, de modo que a diferencia de aquellos que tienen más de 39 repeticiones, podrían llegar a no desarrollar la enfermedad si no viven hasta edades avanzadas y, en caso de hacerlo, presentarían formas mucho más benignas que las que habitualmente encontramos. En cualquier caso, el riesgo de poder transmitir expansiones más grandes a las siguientes generaciones hace que, aunque sean portadores de una mutación más «leve», se tengan que tomar las medidas oportunas pensando en la posibilidad de que sus descendientes puedan heredar una versión de la mutación completamente patológica. Por otro lado, también existen personas para quienes alguno de los alelos contiene entre 27 y 35 repeticiones CAG. En estos casos, sabemos que las personas nunca desarrollarán la enfermedad, pero no podemos considerar que el gen contenga el número de repeticiones normal. De este modo, aunque te libres de la enfermedad, las siguientes generaciones podrían heredar expansiones progresivamente más largas hasta finalmente cruzar el umbral de las 39 y evocar la enfermedad.

La enfermedad de Huntington es una condición minoritaria que en Occidente afecta aproximadamente a unas ocho a doce personas por cada 100 000 habitantes. A orillas del lago Maracaibo, sigue existiendo la mayor concentración de afectados del mundo, donde las cifras de prevalencia superan los 400 casos por cada 100 000 habitantes, y este mismo fenómeno lo encontramos en otras regiones concretas del planeta. A diferencia de otras enfermedades neurodegenerativas, la enfermedad de Huntington se suele diagnosticar en torno a los 40 años y asocia una evolución lenta con un tiempo medio de supervivencia de unos quince años desde los primeros síntomas. En cualquier caso, también existen formas infantiles y juveniles de la enfermedad, así como formas «seniles», donde los síntomas empiezan después de la sexta década.

A nivel neuropatológico, el resultado de la mutación en el gen HTT es, en esencia, la producción de una forma absolutamente anormal de la proteína huntingtina que tiende a agregarse en el núcleo de la neurona y a desencadenar toda una cascada de reacciones que, finalmente, llevan a la disfunción y progresiva muerte neuronal. A pesar de que todo el cerebro se vea afectado por el daño, existe un grupo de neuronas, denominadas neuronas espinosas medianas, que son extremadamente vulnerables a la toxicidad de estos agregados de huntingtina. Este tipo de neuronas abunda de manera muy notable en distintas regiones de los ganglios basales, y es por ello, que una de las anomalías estructurales más evidentes que detectamos en todas las personas afectadas por esta enfermedad es una pronunciada pérdida neuronal a nivel de los ganglios basales.

Figura 45: Atrofia de los ganglios basales y la corteza en la enfermedad de Huntington.

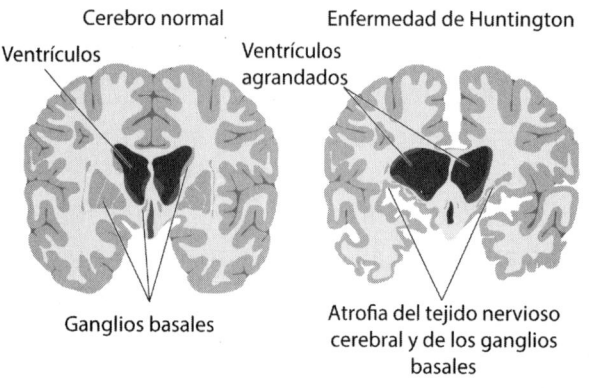

Desde un punto de vista clínico, la enfermedad de Huntington se caracteriza, de manera general, por el progresivo desarrollo de toda una serie de síntomas de naturaleza motora, cognitiva y neuropsiquiátrica. El profundo compromiso de los ganglios basales juega evidentemente un papel trascendental a la hora de dar sustento al desarrollo de toda una serie de manifestaciones motoras. Pero a diferencia de lo que nos encontramos en la enfermedad de Parkinson y en otros parkinsonismos, en la enfermedad de Huntington, especialmente en las etapas iniciales, no predomina lentitud, temblor o ausencia de movimiento, sino que se expresan toda una serie de continuos e impredecibles movimientos anormales por todo el cuerpo, que de algún modo se traducen en algo similar a una caótica danza, algo así como una coreografía desorganizada que da nombre al síntoma que conocemos como «corea» y que hemos mencionado ya anteriormente. Estos movimientos coreicos no necesariamente dominan la forma que adquiere la enfermedad, ni necesariamente aparecen en todos los casos, por ello, a pesar de que antaño la enfermedad se conociese como corea de Huntington, sustituimos el concepto «corea» por «enfermedad» para no poner en el centro del espectro clínico un síntoma que no tiene por qué estar presente. A nivel motor, además de los movimientos coreiformes incontrolables, los pacientes afectados también desarrollan posturas anormales, alteraciones cerebelosas que perturban la marcha y el equilibrio que nos recuerdan a una persona alcoholizada y a parkinsonismo. De hecho, en las formas infantiles y juveniles de la enfermedad no encontramos movimientos coreicos, sino que predomina el parkinsonismo, igual que sucede en las etapas más evolucionadas de la enfermedad donde el exceso de movimientos va desapareciendo, dando paso a una marcada rigidez y torsión anormal del cuerpo. Evidentemente, todas estas complicaciones motoras van comprometiendo de manera progresiva la capacidad para articular y para tragar, de modo que en algún momento los pacientes pierden las habilidades comunicativas y la capacidad para alimentarse.

Desde el punto de vista cognitivo, dado que los ganglios basales mantienen ese continuo diálogo con múltiples regiones prefrontales, la desintegración de estos sistemas conlleva el progresivo desarrollo de un marcado deterioro cognitivo y posterior demencia, donde predominan toda una infinidad de síntomas prefrontales como los que ya hemos ido comentando en los casos previos. Por ello, como si esos movimientos caóticos y anormales también estuviesen afectando a las ideas, el pensamiento de las personas afectadas se vuelve caótico, rígido, impulsivo y sumamente irreflexivo, asociando igualmente dificultades profundas en la atención, la memoria o la estructuración del lenguaje, entre otros.

Por otro lado, la enfermedad asocia de manera inequívoca una infinidad de alteraciones conductuales que obedecen tanto al continuo patrón de daño neuronal como a las consecuencias que derivan de una forma tan profunda de sufrimiento humano. De entre todos estos síntomas, predominan de manera muy clara una progresiva pérdida de la motivación que lleva al mutismo, una marcada perseveración que gobierna el continuo despliegue de conductas, pensamientos o emociones de manera repetitiva, la irritabilidad y conducta agresiva, la depresión, las ideas delirantes y, de manera muy desproporcionada, la conducta suicida.

De hecho, el suicidio ha sido durante mucho tiempo la principal causa de fallecimiento de las personas afectadas por la enfermedad y, tanto las ideas, como las tentativas, como la consumación del suicidio, se encuentran incrementadas en las personas afectadas más de quince veces con respecto a la población general.

El hecho de disponer de una prueba genética que nos permite identificar si una persona a riesgo, es decir, un descendiente de una persona afectada, ha heredado la mutación, supone uno de los escenarios más complejos al que de manera rutinaria hacemos frente. Evidentemente, la enfermedad de Huntington asocia toda una etapa presintomática que acontece desde el momento en que un individuo es concebido con la mutación, hasta que desarrolla los primeros síntomas. Antes de que esto suceda, durante muchos años, la persona portadora de la mutación tiene un desarrollo y una vida absolutamente normal. De este modo, igual que cualquier otra, va a la escuela, construye fantasías, decide estudiar o trabajar, va a la universidad, se enamora y le rompen en alguna ocasión el corazón, quizá forma una familia y, entonces, cuando todo lo mejor está por llegar, aparece la posibilidad de llevar inscrita en los genes una terrible sentencia que nadie podrá evitar. Conforme esta etapa presintomática progresa, antes de que aparezcan las manifestaciones motoras y cognitivas características, determinados biomarcadores empezarán a elevarse demostrando la ocurrencia de un silente, pero progresivo, patrón de daño neuronal que poco a poco irá haciéndose evidente en las pruebas de imagen, a pesar de que la persona aún no exhibirá ningún síntoma. Esta realidad, la que acompaña los cambios más precoces en esta etapa presintomática, los podemos estudiar dado que la enfermedad de Huntington nos da una oportunidad única: estudiar a personas a lo largo de su vida, a sabiendas de que, indefectiblemente, desarrollarán una enfermedad.

Pero conocer nuestro destino no es un ejercicio fácil, y las consecuencias que derivan de saber más de lo que podemos soportar pueden ser incluso más atroces que una enfermedad que aún está muy lejos de llegar. Las personas con riesgo de haber heredado la mutación que causa esta enfermedad habitualmente han convivido y han sufrido la terrible realidad que supone crecer en un entorno donde esta existe. Y no solo eso, además de haberlo visto en un padre o una madre, posiblemente lo han visto en un abuelo, en un tío y en varios primos, de modo que no solo conocen el aspecto de aquello que les va a suceder, sino también su fatal desenlace. Por todo ello, revelar a una persona totalmente sana, con una vida llena de sueños y de deseos por delante, que ha heredado la mutación y que va a desarrollar una enfermedad que acabará con todo, define un escenario sumamente complejo que debemos ser capaces de elaborar con precisión y mucha, muchísima humanidad. Por ello, cuando falla la manera en que se abordan las dudas interminables, los miedos continuos y, por supuesto, el modo en que se comunica y se acompaña a alguien que recibe estos resultados, entra en escena un actor comprensible que solo busca acabar con el sufrimiento y con un futuro que nadie merece. Ese actor se llama suicidio. Pero, por otro lado, cuando sobre la base de la experiencia y la empatía, dedicamos el tiempo necesario a elaborar las dudas y las motivaciones que rigen los temblorosos deseos de querer saber; cuando construimos un sentido y un significado que trasciende de un «lo tengo» versus «no lo tengo» y que le da una utilidad al hecho de saber, entonces el conocimiento es transformador y tiene un efecto positivo en la vida de las personas, permitiéndoles tomar decisiones que cambian el destino de las futuras generaciones, como por ejemplo el hecho de tener descendencia empleando técnicas de selección de embriones sanos, así como permitiéndoles vivir una vida donde una pieza que todos evitamos contemplar rige una parte del camino y del modo en como caminamos. Y es que a todas las personas que estamos delante de estas hojas de papel, el destino nos depara un incierto, pero potencialmente funesto, desenlace. No sabemos cuándo ni cómo. Podría ser mañana, en un absurdo accidente, podría ser dentro de unos años, tras una impredecible enfermedad, o quizá en la vejez, tranquilos en una cama. No lo sabemos, solo sabemos que, a pesar de no quererlo saber, algún día va a suceder. Y es entonces cuando, haciendo frente al abordaje de las pruebas genéticas o a otras pruebas, por ejemplo, con biomarcadores, que nos permiten saber si alguien va a desarrollar una enfermedad o si alguien presenta un riesgo incrementado de desarrollar una enfermedad en el futuro, nos debemos plantear tres elementos esenciales que desde la experiencia en la enfermedad de Huntington conocemos muy bien, pero que, en mi opinión, quizá no se están teniendo en cuenta ahora que somos capaces de hacer frente al diagnóstico temprano de una infinidad de condiciones.

El primero de estos elementos es: «si pudieras saber cuándo y cómo todo va a acabar, por qué lo quieres saber y para qué lo quieres saber». El segundo de estos elementos es: «cómo vas a gestionar el hecho de saberlo». El tercero de estos elementos es: «hasta qué punto consideras necesario que necesitas saberlo para cambiar las cosas que crees que vas a cambiar» o, dicho de otro modo, por qué diantres el ser humano parece necesitar los más terribles golpes para darse cuenta de que nuestra realidad es finita y que quizá no estamos viviendo la vida del modo que la querríamos vivir a sabiendas de que mañana todo termina. Parecen cuestiones sencillas, pero os aseguro que solo cuando te encuentras delante de ellas o cuando te expones a sus consecuencias, descubres su inmensa complejidad.

Por ello, atendiendo a las lecciones aprendidas gracias al trabajo realizado durante décadas en torno a la preparación de los procesos de consejo genético en el marco de la enfermedad de Huntington, más adelante me permitiré elaborar algunas de las visiones que actualmente tengo en relación con la disponibilidad de toda una serie de pruebas que, con suma precisión, nos permiten detectar la presencia de marcadores patológicos que nos orientan, en personas sanas, a procesos neurodegenerativos antes totalmente imprevistos, como una enfermedad de Alzheimer, una enfermedad de Parkinson y otras condiciones.

UN ÁNGEL CAÍDO

Elvira tenía 52 años a lo largo de los cuales había acumulado una brutal e inmerecida sucesión de terribles eventos familiares y personales absolutamente dramáticos, de modo que sentarse junto a ella y escuchar el relato de su historia era lo más parecido a recibir una paliza y múltiples desgarros a nivel emocional.

Elvira estaba sentada conmigo porque, hacía algún tiempo, su madre, una mujer que ya tenía por aquel entonces 91 años, empezó a presentar unos leves y sutiles movimientos anormales que de manera predominante afectaban a sus labios, cejas, dedos y pies. Así pues, sin ser nada extraordinariamente llamativo, mientras escuchabas a esa señora de avanzada edad contar sus mil batallas, se iba haciendo evidente que de pronto sus cejas se elevaban y bajaban de manera descoordinada, sus labios se desplazaban hacia un lado o adquirían la posición como de querer lanzar un beso, mientras pequeñas sacudidas movían uno de sus hombros para acompañarse entonces de un pie que se torcía y unos dedos de la mano que bailaban. No se conocían antecedentes familiares de ninguna enfermedad neurodegenerativa, pero el patrón de movimientos anormales que presentaba resultaba muy característico de la enfermedad de Huntington. Por ello, a pesar de no existir antecedentes conocidos, consideramos realizar la prueba genética con carácter diagnóstico.

Tal y como he explicado, existen personas en quienes el gen HTT lleva escrito un código que confiere a la mutación una baja penetrancia, o incluso un carácter incompleto, que perfectamente puede suponer que, tras varias generaciones previas, portadoras de esa carga genética silenciosamente dañina e inestable que no causa síntomas, finalmente la mutación se haya expandido y cause la enfermedad. Por ello, consideramos esta opción y, atendiendo a la edad de inicio, supusimos que, en caso de tratarse de una enfermedad de Huntington, posiblemente la paciente portase una mutación en rango de baja penetrancia que justificase ese debut tan tardío a los 90 años.

Lamentablemente, el estudio genético confirmó nuestras suposiciones y, de pronto, el escenario vital de Elvira, quien parecía no poder soportar el peso de ningún desastre más, adquirió una nueva, imprevista y dramática dimensión. De pronto, ya no se trataba de todos los desastres que acumulaba. De pronto, Elvira tenía que añadir a su repertorio de infortunios que su madre padecía una enfermedad neurodegenerativa y genética y que ella, quizá, había heredado la mutación y, por lo tanto, también padecería la enfermedad.

Y allí estábamos, yo escuchando todo un repertorio de incuestionables desastres vitales mientras empezábamos a elaborar conjuntamente la necesidad de realizarse o no un estudio genético que determinaría una parte central de su destino. Entonces, con una sorprendente calma que uno no consigue comprender de dónde nace cuando una mente está tan repleta de daño, elaboró con una durísima coherencia —la de alguien que ya sabe mucho de recibir y de soportar golpes— cómo y por qué acabaría con su vida si tenía la mutación cuando su madre, su única motivación vital, falleciese.

En este trabajo, especialmente cuando te dedicas a esta enfermedad, debemos hacer frente en una infinidad de ocasiones a las ideas de suicidio, a veces impulsivas y pobremente elaboradas, y otras veces bien estructuradas, que las personas que atendemos pueden verbalizar cuando las buscamos. Hablar del suicidio implica poner voz a una forma de silencio que cada día cuesta cientos de vidas. El suicidio no implica un deseo de querer morir, sino de dejar de sufrir y, por ello, detectar este tipo de ideas es en ocasiones la única manera de darle visibilidad a una forma de sufrimiento, ingobernable e intolerable, que ya no se puede gestionar. Por ello, porque buscamos apaciguar y eliminar el sufrimiento humano sin causar más daño, hacemos todo lo que está en nuestras manos para neutralizar esas ideas y así prevenir que se conviertan en acciones. Pero ese día, escuchando a Elvira, me costaba incluso a mí encontrar razones para justificar un «no lo hagas».

Tras varias semanas de trabajo, Elvira finalmente se sometió al estudió genético y, lamentablemente, los resultados, acorde a lo que parecía ser una vida condicionada desde el primer minuto por la mala suerte, arrojaron la presencia de la mutación en un rango que, inequívocamente, implicaba que en unos años Elvira empezaría a experimentar un proceso irreversible de declive motor, cognitivo y psiquiátrico.

Atendiendo a sus antecedentes personales, a sabiendas de cómo su catastrófica vida había condicionado el desarrollo de toda una infinidad de problemas de salud mental y de adicciones, sabíamos que existía un riesgo más que incrementado de que pudiese elaborar ideas y conductas suicidas. Pero nos convenció de que eso no sucedería y nos recordó que su principal motivo para seguir existiendo era cuidar de su madre.

Elvira tenía 52 años y un número de repeticiones lo suficientemente extenso como para que, a esa edad, a pesar de no exhibir síntomas motores evidentes, ya hubiesen sucedido cambios neuropatológicos a nivel cerebral que estuvieran condicionando, o incluso parcialmente gobernando, la expresión de algunos de sus problemas de salud mental y de sus comportamientos. De hecho, llevaba un tiempo haciendo cosas extrañas que ella atribuía a sus problemas de toda la vida. Hablaba con desconocidos y solía llevar a indigentes a su casa, además de que se había vuelto más dejada, sus hábitos de higiene claramente habían disminuido y tendía a fumarse un cigarro detrás de otro. Estos signos bien podrían ser parte de su personalidad, bien podrían ser secundarios a su historia de problemas de salud mental, o bien podrían ser parte del modo en que una enfermedad de Huntington incipiente se empezaba expresar. Elvira vivía sola, no tenía pareja ni hijos ni amigos ni trabajo. Solo tenía a su madre y su terrible historia personal. Quizá por ello, porque faltaban muchos brazos que la pudieran sujetar, a las pocas semanas tras haber recibido los resultados genéticos, Elvira saltó al vacío.

Como en muchas ocasiones, fue un arrebato impulsivo a altas horas de la madrugada, quizá tras una noche desvelada donde su mente no pudo apagar todo aquello que tanto sufrimiento le causaba. Como en muchas ocasiones, no avisó. Como en muchas ocasiones, no buscaba morir, sino liberarse. Pero como en muchas ocasiones, su plan no salió bien.

En la unidad de cuidados intensivos de nuestro hospital, además de una infinidad de fracturas y traumatismos, mantenida en estado de coma, el personal a su cargo descubrió un cuerpo lleno de quemaduras hechas con los cigarrillos y de otras heridas punzantes y cortantes que se había infringido para, con el dolor, dejar de pensar y sufrir. Pasaron las primeras horas y días y nadie vino a verla, nadie llamó para preguntar cómo se encontraba. El carácter catastrófico de las lesiones que había padecido en sus piernas era tan extremo que sabíamos que, en caso de que despertase, no volvería a caminar y, por ello, en muchos momentos pensamos que no volver a despertar posiblemente era lo mejor que le podría pasar.

Pasaron las semanas sin que nadie viniese a verla y, entonces, siguiendo con su pecaminosa fortuna, una inoportuna infección diseminada atacó de nuevo sus magullados huesos y su cerebro, provocándole una enorme hemorragia cerebral. Era la historia de un sinsentido, de una vida colgando de un finísimo hilo. Su vida se podría terminar, pero si no sucedía, primero le tocaría convivir con las secuelas de un salto al vacío que buscaba liberarla, para luego, sucumbir a las brutales embestidas inagotables del proceso neurodegenerativo que llevaba tatuado en sus genes.

Y entonces Elvira despertó.

Mi último contacto con ella despierta había sido pocos días antes de que saltase al vacío, cuando ya le habíamos comunicado los resultados. Ese día me odió, me gritó y me insultó, por ser, de algún modo, una de las figuras que representaban otro elemento más de su fatídico y fatigado destino. Ahora, tras varias semanas hospitalizada, desconocía cuál sería su reacción al verme, pero esperaba encontrarme con una persona inmersa en la rabia y el dolor. De algún modo, anticipaba que, de nuevo, todo su odio se lanzaría contra mi persona, construida a modo de culpable de algo para lo que no existen culpables. Al entrar, antes de que ella se fijase en mí, la vi tumbada en su cama reclinada, reposando con una libreta de anillas sobre sus piernas. Estaba casi irreconocible, pero no por sus heridas o por su aspecto dañado, sino porque estaba mejor que nunca.

Tranquila como jamás la había visto y con una inmensa y sincera sonrisa me miró, me saludó y me dio los buenos días. Al preguntarle, me contó que se encontraba estupendamente bien, con mucho dolor en las piernas, pero con ganas de hacer todo lo posible para intentar volver a caminar cuanto antes. Le devolví la sonrisa y le pregunté si me conocía, si me recordaba de algo. Entonces, con una exquisita educación se disculpó y, negando con la cabeza, me dijo que nunca me había visto, pero que estaba encantada de conocerme. Aproveché ese momento para preguntarle qué le había sucedido y cómo había terminado en el hospital, pero por su mirada comprendí que lo que la había llevado allí ya no ocupaba ningún lugar en su mente. Así que no me pareció ni oportuno ni necesario ir más allá. Desde esa «bella indiferencia», el mundo de Elvira parecía ser una nueva realidad que nada tenía que ver con saltos al vacío, con cortes en sus brazos, con quemaduras, con sufrimiento, ni con enfermedades neurodegenerativas.

Ella ahora solo pensaba en volver a caminar y, si eso no podía ser: «¡Qué más da!», dijo con una sonrisa. Le pregunté por la libreta que tenía cerrada y dispuesta encima de sus piernas y me dijo que solía pasar muchas horas escribiendo historias y cosas que le parecían importantes o detalles de su vida que iba recordando. Esto era lo que escribía en todas las hojas:

Figura 46: El texto escrito en el cuaderno de Elvira.

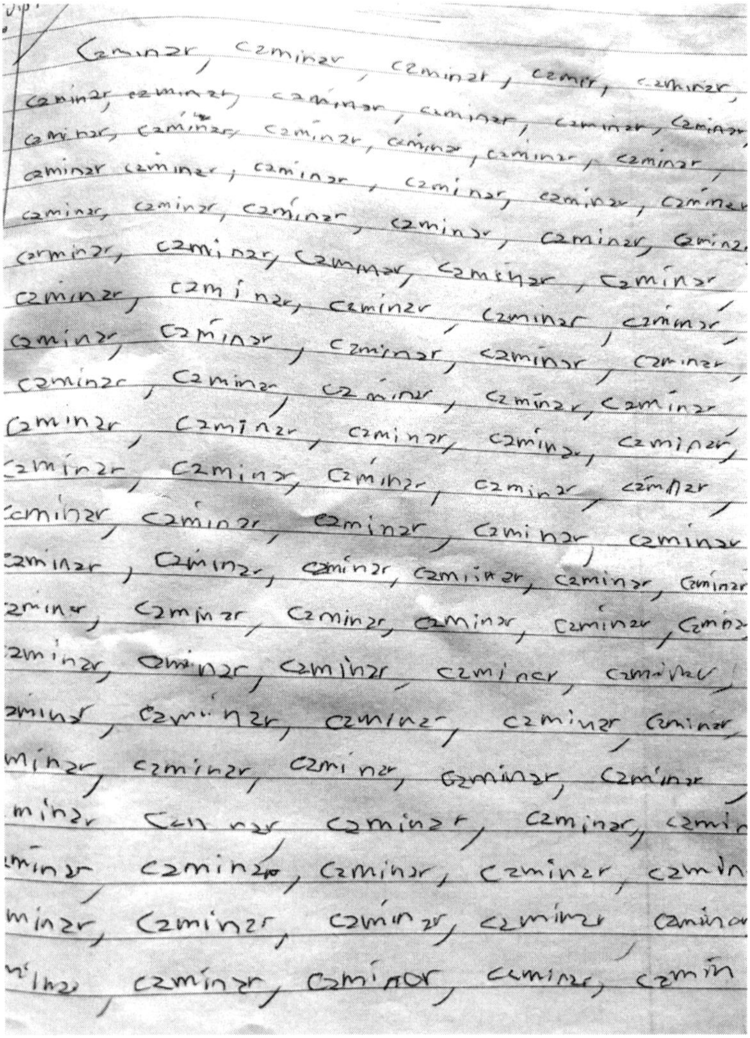

Todas las hojas de la libreta contenían exactamente el mismo patrón perseverativo, reproduciendo de manera incesante la palabra «caminar».

Sin dejar de sonreír me preguntó con cierta ternura si recuperaría la memoria, y yo, sin dejar de sonreír asentí, deseando que de algún modo esto nunca sucediese o no sucediese en su totalidad. Somos una historia construida sobre la base de nuestras experiencias. Somos nuestros recuerdos tal y como los recordamos y cuando estos son un infierno, somos todo lo que ello implica.

La historia y la vida de Elvira habían ido adquiriendo una terriblemente compleja magnitud de desastres insoportables. Pero entonces, cuando ya todo resultó inaguantable, una secuencia de eventos supuso que desarrollase una lesión cerebral que lejos de convertirse en un elemento con el que alimentar aún más esa lista de despropósitos, rompió por completo con un pasado y con la consciencia de un futuro predeterminado, borrando de su mente todos esos recuerdos y entregándole en consecuencia una nueva vida donde, de algún modo, hasta que llegase la enfermedad, esa persona conseguía ser lo que todos merecemos: Feliz.

NINA

En catalán, *nina* significa muñeca, y ese era exactamente el aspecto que transmitía Nina a sus 7 años mientras, jugueteando con una *tablet* donde nos iba mostrando fotografías de gatitos, su madre nos intentaba contar la historia de esa corta vida.

Nina había nacido en una familia trabajadora y completamente normal. Su padre y su madre eran jóvenes cuando supieron que iban a ser padres de Arón, el hermano mayor de Nina, con quien se llevaba siete años. Más tarde, llegaría la muñequita que tanto esperaban. La madre de Nina me describió a su esposo como una persona extremadamente cariñosa y completamente entregada a su familia. No les sobraba nada, pero tampoco faltó nunca un juguete, un abrazo, una salida al parque de atracciones o un verano en el *camping* donde Arón aprendió a andar en bicicleta.

El padre de Nina tendría unos 35 años cuando su carácter empezó a cambiar de un modo que inicialmente no llamaba mucho la atención, pero que, poco a poco, fue convirtiendo a esa persona en un completo desconocido. Era camarero. En el pasado había coqueteado con la cocaína, pero hacía mucho tiempo de eso y no había vuelto a consumir. Pero, en algún momento, empezaron a llegar las primeras quejas, puesto que ya no prestaba la misma atención a los clientes, se confundía sirviendo las mesas y cometía continuos tropiezos y otros signos de torpeza que en más de una ocasión habían terminado con el estruendo que suponía que todos los vasos o platos estallasen contra el suelo. Empezaron a llamarle la atención, empezó a estar cada vez más desanimado y preocupado y, con ello, su temperamento se resintió. En un intento por intentar comprender y por ayudar, la madre de Nina trataba de hablar con él, pero sus cada vez más frecuentes estallidos de ira ante el más mínimo comentario la hicieron desistir. Entonces, empezó a crecer en el interior de Arón y de su madre un sentimiento, una emoción que jamás debería existir en el seno de ninguna familia: el miedo.

Los gritos, los golpes a todo tipo de objetos, así como las desapariciones nocturnas se convirtieron en algo cotidiano. Nadie sabía en qué estado volvería a casa cuando, en algún momento, oyesen el estruendo de un portazo, y nadie sabía qué estaba sucediendo, aunque los familiares fantasmas de la cocaína y del alcohol no dejaban de aparecerse. Y llegaron los primeros golpes, los que no se dirigieron a la puerta de la nevera, ni los que rompieron en mil pedazos los cristales del ventanal del balcón. Llegaron los primeros golpes dirigidos a Arón, a su madre, y a Nina.

No todos los héroes llevan capa y, de hecho, nuestro héroe vestía en pijama. Así que, ataviado con su uniforme de guerra, una y otra vez le plantó cara a su desconocido padre, recibiendo él los golpes para que, así, su pequeña hermana y su madre, escondidas debajo de la cama, pudiesen seguir jugando a dibujar gatitos y a soñar con que allí no pasaba nada.

Llegó la pandemia y todos nos familiarizamos con conceptos tales como «confinamiento». El padre de Nina y de Arón contrajo el COVID-19 y, tras varios días ingresado, donde se fueron sucediendo toda una serie de complicaciones que en tantos miles de personas vimos, falleció, liberando esa compleja sensación de alivio y de pena.

La madre de Nina y de Arón siguió adelante, levantando una familia que estuvo a punto de romperse en los mismos pedazos que el ventanal del balcón. Entonces, los profesores de Nina, que ya tenía 6 años, empezaron a estar un tanto preocupados por su comportamiento en clase y por su rendimiento con respecto a otros niños. Nina, a su corta edad, era una niña ágil y diestra, le encantaba nadar, se relacionaba con los otros niños, jugaba a todo y avanzaba acorde a lo previsto. Pero ahora, la veían mucho más retraída, menos interesada, mostrando una sucesión de absurdos e irrefrenables enfados cada vez que alguien no cumplía sus órdenes y, además, esa ágil destreza en la piscina que a todos sorprendía se estaba desvaneciendo. Los educadores y psicólogos consideraron que, posiblemente, haber estado expuesta a ese contexto de violencia doméstica había dejado una huella en su frágil mente que justificaba todo lo que estaba sucediendo. Pero las cosas siguieron empeorando y la preocupación de su madre siguió aumentando, especialmente cuando el aspecto de los ataques de ira de Nina le empezó a resultar desconcertantemente familiares, y cuando Nina empezó a adoptar una extraña postura con su pie y mano izquierda, además de una aparente ralentización de todos sus movimientos.

La vieron distintos especialistas y una de ellas se centró especialmente en esa lentitud y posturas anormales que orientaban claramente a una posible causa neurológica. Por ello, le realizaron un estudio de resonancia magnética cuyos resultados no concluyentes justificarían que Nina y su mamá estuviesen ese día a nuestro lado. El estudio mostró toda una serie de anomalías en su cerebro donde destacaba, por encima de todo, que dos estructuras clave de los ganglios basales conocidas como caudado y putamen, prácticamente habían desaparecido.

Lamentablemente, lo que a ojos de alguien poco familiarizado puede resultar confuso, visto a través de las lentes de alguien que está acostumbrado se convierte en una evidencia inmediata. Por ello, con solo abrir la puerta de la consulta y ver caminar a Nina agarrada del brazo de su madre supimos que estábamos delante de un absoluto desastre.

El padre de Nina y Arón, ese hombre joven, dedicado a su familia y a su trabajo que siempre lo entregó todo, no se había convertido en un ser odioso por culpa de la cocaína, del alcohol o de sus desavenencias con su jefe. Ese hombre desconocía que, anclado en sus genes, habitaba un código mal escrito que estaba transformando, poco a poco, todo lo que había sido en su pasado para darle la forma de un monstruo que no podía gobernar ni comprender. Pero ese hombre, que ya exhibía síntomas psiquiátricos evidentes cuando falleció fruto de las complicaciones derivadas del COVID-19, no vivió lo suficiente como para que se hicieran visibles los síntomas motores que, de haberse dado, hubiesen permitido saber que padecía una enfermedad de Huntington. Ese hombre, que nunca quiso hacerle daño a nadie y mucho menos a su familia, ya no tenía el control, como lo tampoco lo tenía, no era su culpa, cuando fruto del más profundo acto de amor y con plena inconsciencia de ello, transmitió a su querida hija un fragmento de más de 85 repeticiones CAG en ese maldito gen que lo cambiaría todo.

Nina padecía una forma infantil de enfermedad de Huntington. En estos casos, la enfermedad adquiere muchas características distintas a las que habitualmente vemos en personas adultas. De este modo, no solo representan el 3 % de los casos de personas afectadas de enfermedad de Huntington que debutan antes de los 20 años, sino que no presentan los característicos movimientos coreicos que habitualmente vemos en los adultos. Por el contrario, en los casos de enfermedad de Huntington infantil solemos ver una progresiva pérdida de habilidades motoras, lingüísticas y cognitivas previamente adquiridas, acompañándose ello de rasgos de conducta explosiva junto con síntomas motores en forma de parkinsonismo y de posturas anormales sostenidas, que hacen que el cuadro clínico adquiera el aspecto de estar viendo una película a cámara lenta. En estos casos, el cerebro no solo experimenta un patrón de daño progresivo, sino que, a nivel de neurodesarrollo, ha adquirido una configuración deficiente desde el principio. Conforme la enfermedad progresa, es habitual que presenten crisis epilépticas y que las complicaciones deglutorias y respiratorias comprometan su vida de manera muy temprana. Lamentablemente, otra de las evidentes diferencias con respecto a las formas que debutan en la edad adulta es que la enfermedad de Huntington infantil tiene un pronóstico a corto plazo malo, muy malo.

Nina era feliz enseñándonos las fotografías de los gatitos que buscaba en su *tablet*, mientras era prácticamente incapaz de articular palabras, se comunicaba con gruñidos, con miradas y con una preciosa sonrisa que nadie podría evitar que pronto se apagase, pero que debíamos garantizar que estuviese allí hasta el último instante. Y así fue.

Figura 47: Ejemplo de uno de los gatitos que Nina dibujó para nosotros.

ENFERMEDADES PRIÓNICAS:
DEMENCIAS RÁPIDAMENTE PROGRESIVAS

Ante el fatídico diagnóstico de una enfermedad neurodegenerativa, una de las preguntas que con mayor frecuencia aparece por parte del paciente o de las familias es la que hace referencia a «¿cuánto tiempo tenemos por delante?». Atendiendo al carácter lentamente progresivo que caracteriza la gran mayoría de enfermedades neurodegenerativas, sabemos que el proceso patológico lleva sucediendo desde hace muchos años y que, en caso de estar delante de un diagnóstico temprano, tenemos por delante un período de tiempo que suele abarcar desde tres hasta más de veinte años en función de la patología de la que se trate. Pero, en determinadas ocasiones, esta regla no se cumple, y los cambios neuropatológicos que han desatado el desarrollo de distintos síntomas han empezado pocas semanas o meses antes y la evolución clínica sigue pasos agigantados, desintegrándolo todo en cuestión de días, semanas o pocos meses. Es entonces cuando hablamos de enfermedades neurodegenerativas rápidamente progresivas.

Si bien existen distintos mecanismos que pueden precipitar el desarrollo de un deterioro rápidamente progresivo sin necesariamente obedecer a un proceso neurodegenerativo primario, como por ejemplo vemos en determinados síndromes paraneoplásicos, donde la respuesta autoinmune dirigida a un tumor está provocando un rápido daño cerebral, en otros casos, sí que existe un único desencadenante que promueve un patrón de muerte neuronal progresiva extremadamente rápido.

A diferencia de las enfermedades mediadas por formas anormales de proteínas como tau, alfa-sinucleína, TDP-43 u otras, los cambios en la configuración de la proteína priónica que ya comentamos se asocian con distintas enfermedades priónicas cuya característica compartida es el patrón de devastadora progresión acelerada.

Las enfermedades priónicas son enfermedades sumamente infrecuentes para las que se estima una incidencia anual de un caso por cada millón de habitantes, situándose la edad media de debut en torno a los 60 años, aunque pueden aparecer también a edades más tempranas o tardías.

En condiciones normales, todos tenemos en nuestras neuronas una proteína llamada priónica, cuya función exacta aún no se conoce del todo, aunque sabemos que participa en procesos de comunicación entre neuronas y en la protección de las células nerviosas. Igual que sucede con otras proteínas que en caso de adquirir una configuración anormal resultan dañinas, en su estado natural, la proteína priónica es inofensiva y necesaria. Como ya comentamos previamente, igual que sucede con otras proteínas, el plegamiento anormal de la proteína priónica promueve que esta adquiera una ganancia de toxicidad y una sorprendente y única capacidad para «contagiar» a las otras proteínas priónicas, obligándolas a plegarse mal y convirtiendo con ello todos los lugares que ocupan en un contexto sumamente tóxico y letal. Con ello, las neuronas se encuentran incapaces de manejar la ingente cantidad de desechos que, en cuestión de pocos días, se van acumulando, suponiendo un patrón de muerte neuronal sumamente rápido y extenso que caracteriza estas enfermedades.

Por ello, el rasgo clínico más llamativo de estas enfermedades es el patrón de rápida evolución que exhiben las personas afectadas, de modo que en pocos días, semanas o meses, se suceden toda una serie de evidentes cambios que incluyen un patrón de deterioro cognitivo sumamente acelerado, de desarrollo de trastornos de conducta, de desorientación y de trastornos del movimiento, para, finalmente, precipitar el fallecimiento de la persona afectada habitualmente antes de que haya pasado un año desde el inicio de los primeros síntomas. De este modo, las enfermedades priónicas se convierten en uno de los escenarios más catastróficos con los que nos podemos encontrar, en gran medida, porque para esa pregunta esencial que esbozamos al inicio en cuanto al tiempo que aún queda por delante, la respuesta es que no tenemos tiempo.

Las enfermedades priónicas pueden tener en su origen tres posibles causas que nos permiten clasificarlas. Las formas más frecuentes son las que denominamos esporádicas, y son aquellas donde no existen antecedentes y, simplemente, sin que sepamos ni cómo ni por qué, una proteína priónica normal adquirió una forma letal que se contagió a todas las demás. Es aquí donde encontramos la enfermedad priónica más frecuente dentro de este atípico grupo de enfermedades, que conocemos como la enfermedad de Creutzfeldt-Jakob esporádica. En otros casos, podemos hablar de formas genéticas o familiares de enfermedades priónicas, causadas por mutaciones en el gen PRNP, que dicta las instrucciones para construir la proteína priónica. Estos casos siguen un patrón de herencia autosómica dominante y configuran un escenario letal transgeneracional, dando forma a la variante familiar de la enfermedad de Creutzfeldt-Jakob, al insomnio familiar fatal y al síndrome de Gerstmann-Sträussler-Scheinker. Finalmente, puesto que la proteína priónica tiene esta capacidad de «contagio» que la hace única frente a otras enfermedades neurodegenerativas, también existen formas adquiridas que representan casos excepcionados donde la proteína priónica alterada se ha transmitido de un huésped a un receptor, por ejemplo a través de material quirúrgico contaminado, a través de la manipulación de muestras biológicas e incluso a través del consumo de carne contaminada, como sucedió en el Reino Unido en el pasado, durante la llamada «crisis de la enfermedad de las vacas locas».

Aunque el diagnóstico de certeza de las enfermedades priónicas requiera el estudio del tejido cerebral, en vida disponemos de varias herramientas que nos permiten identificar las huellas características, representando señales indirectas de que el cerebro está bajo el ataque de los priones. En las pruebas de resonancia magnética, empleando determinadas secuencias que conocemos como secuencias de difusión y secuencias FLAIR, se detectan distintas zonas mucho más brillantes en lugares concretos del cerebro, como en los ganglios basales, el tálamo o la corteza, donde esta señal adquiere un aspecto filamentoso característico que denominamos ribete cortical.

Figura 48: Hiperintensidades y signos de ribete cortical en resonancia magnética de una persona afectada por la enfermedad de Creutzfeldt-Jakob.

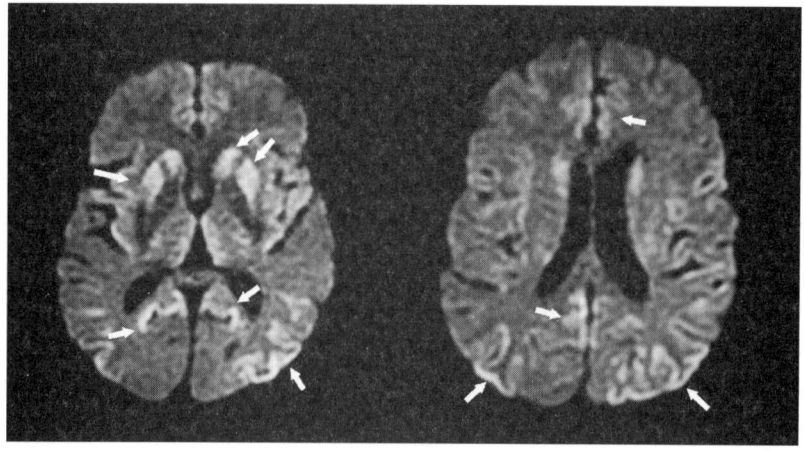

Empleando la electroencefalografía, estas enfermedades, especialmente la enfermedad de Creutzfeldt-Jakob, asocian un patrón de descargas eléctricas anormales casi inconfundibles de manera periódica, rítmicas y con una forma trifásica que se van repitiendo cada cierto intervalo de tiempo. Dirigiendo el análisis al líquido cefalorraquídeo, es habitual que en caso de existir alguna de estas enfermedades, aparezcan niveles extraordinariamente elevados de proteína tau y de una proteína denominada 14-3-3, cuya presencia resulta prácticamente inequívocamente indicativa de enfermedad priónica. Actualmente, empleamos otro tipo de análisis denominado RT-QuIC, sumamente sensible y que, además de la presencia de proteína priónica, podemos emplear para estudiar la presencia de otras proteínas y con ello aproximarnos al diagnóstico de una infinidad de enfermedades. Esta innovadora técnica, en esencia, lo que nos permite es provocar en un contexto controlado, a nivel de laboratorio, el contagio y agregación de proteínas, algo que solo puede suceder si existen formas anormales de dichas proteínas.

Imaginemos, por ejemplo, que tenemos un vaso con proteínas priónicas (u otras proteínas) normales, limpias, que serían como hojas de papel bien dobladas. Si en ese vaso dejásemos caer una sola proteína anómala, mal plegada, esta obligaría rápidamente a que las proteínas normales presentes en el vaso empezasen a doblarse de manera anormal. El RT-QuIC reproduce este fenómeno en el laboratorio usando una pequeña muestra de líquido cefalorraquídeo del paciente que se mezcla con un material de «siembra», que en esencia contiene las formas normales de la proteína que vamos a estudiar. Al combinar la muestra del paciente con el material de siembra, esta mezcla se somete a una serie de sacudidas repetidas o *quaking*, durante cada una de las cuales, en caso de existir proteínas mal plegadas, estas arrastran las proteínas normales a cambiar su forma desencadenando un proceso similar a la caída de todas las fichas de un dominó. Mientras esto sucede, esta técnica permite ir midiendo en tiempo real cómo va sucediendo la transformación de proteínas normales en anormales, puesto que este proceso de transformación se marca con un colorante que emite una fluorescencia cuyo brillo incrementa conforme va avanzando la reacción. De este modo, si la curva de fluorescencia crece, significa que existían formas anormales de proteína en la muestra, mientras que, si la curva no cambia, significa que no ha habido actividad desencadenada por formas anormales de proteína.

En la forma más frecuente de enfermedad priónica, es decir, en la enfermedad de Creutzfeldt-Jakob esporádica, los primeros síntomas suelen abarcar un patrón de deterioro cognitivo muy rápido, asociando problemas de memoria, de orientación en el espacio y del juicio o razonamiento, acompañándose de alteraciones de la conducta en forma de irritabilidad, apatía o depresión junto con torpeza motora, adquiriendo habitualmente la forma de síntomas cerebelosos y de parkinsonismo. A las pocas semanas desde el inicio de los síntomas, suelen presentarse sacudidas bruscas y generalizadas en forma de mioclonías que aparecen por todo el cuerpo y que se exageran cuando se expone al paciente a un sobresalto, por ejemplo, al hacer un ruido. En paralelo, en esta etapa el paciente suele presentar alteraciones visuales, afasia y pérdida del equilibrio asociando una notable rigidez muscular. En la etapa posterior, el paciente ha desarrollado una profunda demencia y un mutismo, obedeciendo a un curso rápido y fulminante que implica una supervivencia media de entre 4 y 12 meses desde el inicio de los síntomas.

Existen algunas variantes de la enfermedad de Creutzfeldt-Jakob donde nos podemos encontrar con diferencias significativas con respecto a la forma de presentación más habitual. Por ejemplo, en la variante de esta enfermedad causada por el consumo de carne contaminada en el Reino Unido, la enfermedad asociaba una edad de inicio mucho más temprana —en torno a los 20 o 40 años—, con un predominio de síntomas psiquiátricos como manifestación inicial y de dolor persistente o de sensaciones extrañas en la piel, asociando posteriormente movimientos anormales además del característico patrón de demencia rápidamente progresiva y una supervivencia media algo mayor con respecto a la forma esporádica clásica, que llega a alcanzar los 12 e incluso los 24 meses. Otra variante clínica de la enfermedad de Creutzfeldt-Jakob es la que se conoce como variante de Heidenhain, la cual se caracteriza por el debut de la enfermedad en forma de síntomas predominantemente visuales, como pérdida de visión, alucinaciones o problemas espaciales, antes de que se desarrollen otros síntomas neurológicos típicos.

El síndrome de Gerstmann-Sträussler-Scheinker es una de las formas hereditarias de enfermedad priónica, causada por mutaciones en el gen PRNP y que se transmite siguiendo un patrón de herencia autosómica dominante. La edad de inicio de esta enfermedad se sitúa al inicio de la edad adulta o en la media edad adulta, comprendiendo una franja que abarca desde los 30 hasta los 60 años. A diferencia de la enfermedad de Creutzfeldt-Jakob, donde desde el inicio predomina un deterioro cognitivo rápidamente progresivo, en esta enfermedad los síntomas más tempranos son en forma de ataxia, predominando dificultades para mantener el equilibrio, una marcha inestable con caídas, alteración de la articulación y movimientos involuntarios de los ojos. Progresivamente, estos casos asocian en segunda instancia toda una serie de alteraciones cognitivas y conductuales que indefectiblemente llevan a la demencia. Otra diferencia esencial con respecto a la enfermedad de Creutzfeldt-Jakob es que el curso es más lento y la supervivencia de las personas afectadas es mucho más larga, llegando a comprender períodos que se pueden extender hasta los cinco e incluso diez años de evolución.

El insomnio familiar fatal es otra forma genética de enfermedad priónica, también causada por mutaciones en el gen PRNP y que también se transmite siguiendo el mismo patrón de herencia autosómica dominante. La edad de inicio se sitúa en la media edad adulta, en torno a los 40 y 60 años, aunque existen igualmente descripciones de casos más tempranos y de casos más tardíos. Tal y como sugiere su nombre, el síntoma inicial distintivo de esta enfermedad es un patrón de insomnio progresivo e intratable que provoca que el paciente pierda la capacidad para conciliar y mantener el sueño, de modo que las personas afectadas empiezan a experimentar inicialmente un patrón de fragmentación del sueño y de dificultades para dormir hasta que finalmente el hecho de dormir desaparece por completo. Como consecuencia, las personas desarrollan una fatiga extrema, alteraciones del estado del ánimo, confusión, desorientación y alucinaciones. Habitualmente, el cuadro clínico también se acompaña de síntomas autonómicos, como una intensa sudoración, fiebre persistente, taquicardia y trastornos endocrinos. En una etapa posterior, los pacientes desarrollan dificultades para coordinar los movimientos, alteraciones del habla y deterioro cognitivo, que conduce a una demencia. Su evolución es rápida, aunque puede ser algo más lenta que la que vemos en la enfermedad de Creutzfeldt-Jakob, llegando a alcanzar una supervivencia media de entre 6 y 18 meses. Como dato neuropatológico característico e íntimamente relacionado con la forma clínica que adquiere esta enfermedad, encontramos la degeneración del tálamo, una estructura clave en la coordinación y regulación de los ritmos del sueño y la vigilia.

Finalmente, la enfermedad de kuru representa una de las enfermedades priónicas más singulares y con mayor carga histórica y antropológica. Esta enfermedad fue documentada a mediados del siglo XX en la etnia Fore, en las montañas del este de Papúa Nueva Guinea. Los médicos misioneros y posteriormente investigadores como Carleton Gajdusek (premio Nobel de Medicina en 1976) quedaron sorprendidos por una enfermedad que afectaba sobre todo a mujeres y niños, y que se expresaba en forma de temblores continuos, pérdida de equilibrio y episodios de risa incontrolada.

En la cultura fore, la muerte de un ser querido se acompañaba de un ritual de endocanibalismo funerario, donde las mujeres y los niños eran los encargados de preparar y consumir los restos del difunto —incluido el cerebro—, como forma de honrar y mantener vivo su espíritu. Los hombres adultos rara vez participaban en esta práctica, lo que explicaba que la mayoría de los afectados fueran mujeres y niños.

Se cree que los primeros casos de kuru no surgieron por contagio entre personas, sino por la aparición espontánea de una forma esporádica de enfermedad priónica, similar a la enfermedad de Creutzfeldt-Jakob en esa comunidad. A partir de ese momento, al consumir el cerebro de la primera persona que falleció por kuru, se inició una cadena incesante de contagio continuado mediado por la persistencia de esta práctica.

En los años sesenta, las autoridades coloniales prohibieron el canibalismo ritual y el número de nuevos casos empezó a descender drásticamente. Sin embargo, debido al larguísimo período de incubación de los priones, que puede abarcar largos espacios de tiempo de hasta treinta o cuarenta años, se siguieron diagnosticando casos aislados, a veces muchos años después, hasta principios del siglo XXI.

Este proceso de incubación lenta al que hemos hecho referencia confiere al posible contexto en torno a este tipo de enfermedades un marco de desconcierto terrorífico. Una persona que podría haber entrado en contacto directo con tejido infectado a través de un procedimiento quirúrgico, de una transfusión de sangre, de la manipulación de muestras o tras la ingesta de carne contaminada, podría tener viva en su organismo una pequeña cantidad de proteína priónica anormal y latente que no desencadenase ningún cambio visible a nivel clínico ni neuropatológico a pesar de estar allí. En ese momento, ninguna técnica podría detectar la presencia de la latente proteína anormal. Este proceso, a lo largo del cual podrían ir sucediendo cambios silenciosos e impredecibles, podría durar años e incluso décadas sin que nadie notase absolutamente nada. Pero entonces, de manera súbita e imprevista, se desencadenaría todo sin que nadie lo pudiese evitar.

A finales de los años ochenta, en el Reino Unido, los ganaderos dedicados a la crianza de reses empezaron a detectar que algunas vacas exhibían un comportamiento extraño nunca visto anteriormente. Estos animales, que normalmente son tranquilos, se mostraban progresivamente cada vez más inquietos, perdían la coordinación, se agitaban sin razón y acababan cayendo al suelo siendo incapaces de levantarse. Al estudiar estos animales, se identificó que sus cerebros habían experimentado toda una serie de cambios neurodegenerativos atroces, confiriendo al tejido cerebral el aspecto de una esponja agujereada que contribuyó a que esta enfermedad fuese bautizada como encefalopatía espongiforme bovina, aunque a nivel popular la gente la denominaba «enfermedad de las vacas locas».

Durante décadas, la industria ganadera había alimentado a las reses con piensos elaborados a partir de restos de otros animales, incluidos cerebros y médula. El problema, sin embargo, residía en que entre estos restos cárnicos que consumían las reses había carne de ovejas que habían padecido una enfermedad priónica propia de estas especies que se conoce como *scrapie* y que, lamentablemente, los priones defectuosos propios de esta enfermedad habían sobrevivido al proceso de elaboración de pienso para las vacas. Con ello, se inició un proceso de transmisión que evocó a una epidemia silenciosa en el ganado británico.

Por aquel entonces, se creía que la cadena de transmisión no podía afectar a los humanos, pero, a mediados de los años noventa, empezó a llamar la atención un inquietante incremento en la incidencia de casos diagnosticados de lo que conformaría una nueva forma de enfermedad priónica y que se estableció como una variante de la enfermedad de Creutzfeldt-Jakob. Esta enfermedad no estaba mostrando solo una frecuencia mucho mayor a la que se estimaba previamente para la enfermedad de Creutzfeldt-Jakob, sino que, además, estaba afectando sobre todo a adultos jóvenes de entre 20 y 40 años. Estos empezaban por desarrollar toda una serie de alteraciones psiquiátricas que retrasaban el diagnóstico de un proceso neurológico, hasta que resultaba evidente e invariablemente mortal.

En ese contexto, las imágenes de vacas tambaleantes que aparecían en las noticias, junto con los titulares alarmantes, llegaron a transformar los hábitos cotidianos de muchas personas, de modo que familias enteras dejaron de comprar carne de vacuno y muchos padres prohibieron a sus hijos comer hamburguesas. En los supermercados, los estantes de carne permanecían vacíos y la gente hacía colas en busca de productos alternativos, de modo que el consumo de carne cayó en picado, y con él la confianza en las autoridades, acusadas de haber ocultado la gravedad de la crisis en los primeros momentos.

En las calles de Londres, no era raro escuchar conversaciones sobre el riesgo de «incubarlo sin saberlo», una idea que generaba una angustia particular, como lo era que alguien hubiera estado expuesto a la enfermedad años atrás y de que los síntomas pudieran aparecer en cualquier momento.

La epidemia obligó a sacrificar millones de reses, arruinó a miles de ganaderos, bloqueó durante años la exportación de carne británica y la Unión Europea impuso durísimas restricciones. El brote puso de manifiesto hasta qué punto las prácticas industriales en la alimentación animal podían tener consecuencias devastadoras. Durante mucho tiempo, muchas autoridades sanitarias prohibieron la donación de sangre a quienes habían vivido en el Reino Unido entre 1980 y 1996 y, en este país, se mantuvo durante mucho tiempo la prohibición de donar sangre, tejidos, órganos, incluso óvulos, esperma o tratamientos de fertilidad, en personas con riesgo, incluidos quienes hubieran recibido transfusiones de sangre desde 1980.

IGNACIO

Con 20 años Ignacio era el típico joven de cualquier ciudad española, apasionado con el deporte, especialmente el fútbol, que compartía en sus redes los mejores goles y partidos de sus equipos favoritos y que escribía acerca de todo tipo de predicciones que hacía acerca de los supuestos desenlaces que se sucederían en la Liga española.

A los 26 años, Ignacio había convertido esa pasión que tenía desde niño en un oficio y, no solo trabajaba como entrenador de fútbol, sino que había creado una empresa que ofrecía distintos servicios de carácter organizativo y formativo para pequeños, y no tan pequeños equipos de fútbol y de otros deportes.

A los 28 años, Ignacio llegó con una camiseta de básquet sin mangas, luciendo sus tatuajes y acompañado por su padre y su madre. El recorrido que separa las sillas de la sala de espera de la puerta de entrada al despacho, lo hizo tras levantarse ayudándose mínimamente con el brazo de su padre y caminando con una leve inestabilidad que hacía tambalear su musculoso cuerpo. La exploración neurológica que por aquel entonces se hizo demostró la existencia de distintos signos sutiles, aunque evidentes, sugestivos de compromiso cerebeloso que afectaban a su equilibrio, manera de caminar, coordinación de los movimientos oculares y en menor medida a su habla. Se exploraron una infinidad de causas genéticas que podrían estar detrás de lo que parecía ser alguna forma de ataxia genéticamente determinada. Un mes más tarde, el día que Ignacio vino de nuevo con sus padres a recoger unos resultados que demostraban que no existía ninguna causa genética que explicase sus síntomas, la marcha, el lenguaje y el aspecto en general de Ignacio había cambiado mucho con respecto a la primera vez que lo habíamos conocido. Ese gesto sutil de apoyo en el brazo de su padre ahora adquiría la forma de una clara necesidad de apoyarse para poderse levantar y, de hecho, no pudo llegar hasta el despacho caminando solo, sin la ayuda y el sostén de su padre, a la par que empezaba a ser difícil comprender lo que nos intentaba contar. Resultaba evidente que algo que desconocíamos estaba provocando un daño progresivo y, por ello, Ignacio fue sometido a un análisis de líquido cefalorraquídeo donde buscaríamos la posible presencia de indicadores de un proceso paraneoplásico mediado por la existencia de algún tipo de tumor desconocido. Por ello, además, solicitamos un estudio empleando PET para observar todo el cuerpo de Ignacio y así identificar la posible presencia de un tumor escondido que justificase los síntomas. Pero, nuevamente, las pruebas demostraron la ausencia de lo que nos hubiese, de algún modo, gustado encontrar y, nuevamente, cuando Ignacio vino otra vez a buscar los resultados, su estado clínico había experimentado un empeoramiento drástico.

La primera vez que yo valoré el estado cognitivo de Ignacio, fue capaz de comunicarse conmigo y de resolver con relativas dificultades las tareas y pruebas que le fui presentando. Tres meses más tarde, Ignacio no podía comunicarse ni andar y su cuerpo mantenía posturas fijas, rígidas y acompañadas de continuas sacudidas que afectaban a múltiples grupos de músculos. Había perdido la capacidad de expresarse, de escribir, de moverse, de gobernar su cuerpo y, poco a poco, de gobernar su pensamiento. Pocas semanas más tarde, Ignacio fue ingresado con carácter urgente por haber presentado una crisis respiratoria aguda en su casa que requirió administrarle altas dosis de oxígeno. La imagen de Ignacio en la unidad de cuidados intensivos junto a sus padres era la imagen del más absoluto terror. Su cuerpo, antes fuerte y robusto, era poco más que piel y huesos. Sus extremidades emitían continuamente sacudidas incontrolables mientras se contorsionaban entre ellas y su voz, era un incesante gruñido carente de significado.

Desde el día en que habíamos conocido a Ignacio hasta ese momento, habían pasado solo cinco meses. Todas las pruebas realizadas a efectos de identificar causas genéticas y causas tratables o que justificasen sus síntomas no habían aportado nada, pero, lamentablemente, la evolución clínica, el tipo de síntomas, su aspecto, su forma... lo aportaban todo.

Ignacio pasó los siguientes dos meses entrando y saliendo una y otra vez del hospital para hacer frente a sus continuas crisis respiratorias que, poco a poco, iban comprometiendo su cada vez más frágil vida. Mi inestimable compañero, el doctor Pérez-Pérez, se había implicado con toda su alma, dedicación e inteligencia desde el primer momento para intentar encontrar, primero un tratamiento y, después, una explicación. Lidiar con el derrumbe de sus padres y con la ausencia de respuestas se convirtió en una catástrofe personal para todos los que vivimos ese caso, especialmente para el doctor Pérez-Pérez.

No recuerdo si ya habían pasado seis meses, pero qué más da. La última vez que Ignacio llegó al hospital con una de sus crisis respiratorias, ya no le dispusimos en las estériles y solitarias camas de la unidad de cuidados intensivos. Esta vez, le dimos a Ignacio una soleada cama frente a un enorme ventanal de la sala de neurología de nuestro hospital. Allí, durante varias horas, un equipo extraordinario se entregó con todo, monitorizando en todo momento los signos vitales de Ignacio y cualquier posible indicador de sufrimiento. Al mediodía, cuando llegué para ver a Ignacio y a su familia, supe que el doctor Pérez-Pérez había llorado y que la enfermera a cargo del caso también. Ignacio estaba recibiendo la más alta cantidad de oxígeno posible, pero no se recuperaba. Por ello, bastaron unas pocas miradas, una revisión de la pauta de medicamentos y un pequeño tiempo de silencio para tomar la mejor decisión.

Al entrar en la habitación de Ignacio, lo primero que llamaba la atención era el silencio, a pesar de estar repleta de gente. Lo segundo que llamaba la atención era la luz intensa y radiante que atravesando el ventanal impactaba contra el frágil cuerpo de Ignacio.

Su padre se levantaba cada pocos segundos y, con seriedad, posaba su temblorosa palma de la mano sobre el pecho de su hijo para palpar los latidos de su corazón. Su madre, en el extremo lateral de la cama, acariciaba delicadamente su cuerpo. Entonces les explicamos que ese esfuerzo que resultaba cada vez más evidente que estaba haciendo su hijo por seguir respirando, ya no podía llevarle a ningún lugar.

Los pitidos electrónicos propios de una infinidad de aparatos y los sonidos de una bomba que, hasta ese momento, siguiendo un lento ritmo, había ido proporcionando el aliento y el oxígeno necesario para mantener a Ignacio con vida, dejaron de sonar. Esa mano, que antes se acercaba cada cierto tiempo y tocaba el pecho de su hijo, ya no abandonó en ningún momento su piel y se dispuso a la espera. Esas caricias se convirtieron en un abrazo que en pocos minutos fue un llanto, que rompió con todo ese silencio, pero que no pudo apagar esa brillante luz que lo inundaba todo.

IV

PREVENIR, CONVIVIR Y CUIDAR
EN LAS ENFERMEDADES
NEURODEGENERATIVAS

En muchas ocasiones, mi madre ha leído y comentado conmigo los casos y libros que he escrito. Recuerdo perfectamente que tras haber revisado los textos que componían todo un ensayo dedicado a narrar distintos casos clínicos que había visto, mi madre empleó dos palabras para transmitir una parte importante de lo que los textos le habían suscitado: desesperanza y fragilidad.

Es cierto, de algún modo, quizá desde esa falsa y superficial normalización de lo que nadie puede normalizar a la que sin querer nos vemos abocados al convivir de manera cotidiana con todas estas realidades, no me di cuenta de que detrás de cada una de esas historias, además de toda una serie de curiosidades y de sucesos personales y vitales de gran trascendencia, no había podido transmitir una de las grandes verdades que nos define, como lo es la enorme vulnerabilidad que nos acompaña y cómo ello nos puede llevar a una infinidad de escenarios donde la ausencia de soluciones definitivas implica la más completa pérdida de cualquier forma de esperanza.

Las enfermedades neurodegenerativas, tal y como he explicado en determinados apartados de este libro, tienen causas sumamente complejas e, incluso cuando conocemos el mecanismo genético exacto que las precipita, no conseguimos comprender en su totalidad qué es lo que sucede exactamente para que se vaya descomponiendo el cosmos de todo lo que nos define y, en consecuencia, no conseguimos encontrar la manera precisa ni para evitar ese colapso ni para reparar sus consecuencias.

Pero todo ello, lejos de implicar que en ausencia de soluciones definitivas debemos quedarnos a la merced de un tormentoso oleaje grabado en nuestro destino, nos obliga a contemplar todos los escenarios alternativos, que orbitando en torno, o incluso de la mano de los procesos que nos dañan, pueden ejercer un peso importantísimo a la hora de prevenir o de transformar las consecuencias de las embestidas de dicha tormenta.

Paralelamente, puesto que en muchas ocasiones esa ausencia de control que tenemos para muchas de las piezas que irán configurando nuestra vida, nuestra existencia y nuestro destino, nos va a exponer a una infinidad de eventos imprevistos con los que tendremos que aprender a convivir, saber cómo dialogar con los desastres, conseguir respirar su aliento y poder caminar a su lado exigirá herramientas que nos permitan continuar sintiéndonos vivos.

De este modo, resulta imprescindible emplear y desplegar todo el conocimiento que también hemos ido acumulando acerca de los factores y mecanismos que moldean el modo en que se presentan y desarrollan las enfermedades neurodegenerativas. Del mismo modo, este mismo ejercicio basado en el conocimiento y en la práctica cotidiana debemos realizarlo a efectos de dar respuestas y alternativas que, sin pretender convertirse en soluciones definitivas, actúan a modo de herramientas de uso cotidiano para todas aquellas personas con quienes las enfermedades neurodegenerativas conviven a su lado.

PREVENIR, RETRASAR Y DECIDIR: EL PESO DE LOS FACTORES DE RIESGO POTENCIALMENTE MODIFICABLES Y DE LA TOMA DECISIONES

Cuando hablamos de prevención en el contexto de las enfermedades neurodegenerativas y de muchas otras condiciones, no lo hacemos refiriéndonos a que exista algo parecido a una fórmula, técnica o producto, que, en caso de desplegarse, garantice que nunca vayamos a desarrollar un determinado problema. Sabemos que el tabaco incrementa significativamente el riesgo a desarrollar un cáncer de pulmón, pero muchas personas desarrollarán esta enfermedad sin haber estado expuestas jamás al humo de un cigarrillo, mientras que, en muchos otros casos, los fumadores vivirán sin ninguna complicación. Pero en términos globales, nadie puede hoy en día cuestionar que estar expuestos a determinadas sustancias o que mantener activas ciertas variables relacionadas con la pobre salud cardiovascular, como el colesterol o la hipertensión, imponen un riesgo significativamente mayor a presentar determinadas enfermedades.

En el caso de las enfermedades neurodegenerativas, sabemos que en su desarrollo confluyen toda una serie de mecanismos que, de manera caprichosa, azarosa y ocasionalmente más o menos determinada por la genética, precipitan que en algún momento de la vida empiecen a suceder toda una serie de eventos que irán dañando el entramado del tejido cerebral para, finalmente, dar lugar a una enfermedad. De entre todos estos mecanismos, existen algunos que por su naturaleza no podemos modificar. Por ejemplo, no está en nuestras manos el poder eliminar el hecho de que portemos un alelo que confiere mayor riesgo a desarrollar una enfermedad de Alzheimer o de Parkinson o que seamos portadores de la mutación que causa la enfermedad de Huntington, como tampoco podemos caminar la vida hacia atrás y dejar de seguir cumpliendo años, que van incrementando, conforme avanza la edad, la posibilidad de que se estén acumulando los elementos necesarios para desencadenar el desastre. Pero junto a estas certezas, conviven toda otra serie de factores que sí podemos modificar, que también forman parte de todo aquello que consigue alimentar y dar sustrato y forma a estas enfermedades, así como al modo en que el cerebro responde a ellas.

Actualmente, disponemos de miles de datos derivados de toda una infinidad de estudios epidemiológicos realizados a lo largo de las últimas décadas que demuestran que existen distintos factores modificables que se asocian directamente tanto con el riesgo a desarrollar una enfermedad neurodegenerativa de un modo más o menos grave, como con la edad de inicio y velocidad de progresión de estas enfermedades.

De entre todos estos actores, la patología cardiovascular y los trastornos del metabolismo, junto con todos los factores que ejercen un efecto sobre ellos, cobran un protagonismo esencial.

El cerebro, a pesar de estar protegido, no funciona de manera aislada o ajena a todo aquello que acontece en el organismo e, incuestionablemente, la vida cerebral exige un continuo aporte de oxígeno y de nutrientes a través de la sangre, siendo ello posible gracias a que todos disponemos de un corazón en funcionamiento y de un sistema vascular que lleva hasta el más recóndito de los rincones de nuestro cuerpo, el oxígeno necesario para vivir. Con independencia de que, tal y como sucede en el ictus, existan situaciones clínicas muy concretas, donde el cerebro sufra una súbita y drástica interrupción del flujo sanguíneo, existen otros escenarios mucho más silenciosos que, de manera progresiva e inadvertida, van promoviendo una cascada de eventos cuyas consecuencias juegan un papel crítico sobre la salud de nuestro cerebro.

La hipertensión arterial, ese enemigo tan bien conocido en nuestro mundo occidental y que en muchas ocasiones o bien detectamos tarde, tras varios años conviviendo con ella, o bien le hacemos poco caso, promueve que esa elevación continuada de la presión actúe a modo de un martillo que, de manera continua, incesante, va golpeando las paredes de los vasos sanguíneos cerebrales. En consecuencia, sin que nos demos cuenta, este continuo golpeteo favorece que los capilares se vuelvan más frágiles, que aparezcan pequeños e inadvertidos sangrados y cicatrices, así como distintas formas de respuesta inflamatoria frente a esta sucesión de eventos, que, lejos de resolver el problema, van dejando un rastro de tejido neuronal muerto o disfuncional.

Figura 49: Imagen de resonancia magnética con signos de lesiones vasculares crónicas.

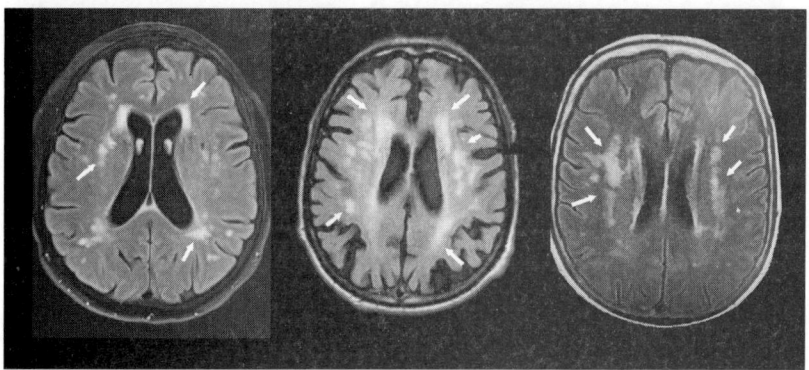

Las zonas blanquecinas señaladas con las flechas representan zonas que han experimentado cambios secundarios a una acumulación de eventos vasculares silenciosos.

Esta progresiva acumulación de daño mediado por la continua sucesión de eventos vasculares a nivel cerebral es capaz, en sí misma, de desencadenar un deterioro cognitivo secundario al hecho de haber acumulado una cantidad ingente de patología vascular en el cerebro, y que conocemos como demencia vascular. Estos daños, incluso cuando no configuran una demencia vascular y están presentes a pesar de no ser conocidos, contribuyen a desconfigurar toda esa exquisita organización entre barrios, ciudades y carreteras, además de que va limitando la capacidad para encontrar rutas alternativas. Como consecuencia, cuando esta secuencia de eventos ha causado distintas formas de daño, puede suceder que, propiciado por otros mecanismos, la persona empiece a desarrollar patología propia de una enfermedad de Alzheimer o de cualquier otro proceso neurodegenerativo. De ser así, como consecuencia de la fragilidad acumulada tras años de exposición a eventos vasculares dañinos, ese cerebro, que en otras condiciones posiblemente sería capaz de tolerar mejor el daño y de encontrar alternativas para seguir funcionando de la mejor manera posible, sucumbe con suma facilidad a esa sobreañadida forma de daño con la que se encuentra. Además, el efecto que la hipertensión continuada ejerce sobre el sistema vascular cerebral, además de estar causando un daño acumulativo, predispone a que la agregación de formas anormales de proteína suceda de manera más fácil y rápida. De este modo, cuando observamos a la población que atendemos, resulta sumamente frecuente ver como determinados casos de una misma enfermedad adquieren formas agresivas y de inicio mucho más temprano cuando estas coexisten con múltiples factores de riesgo cardiovascular, mientras que otros casos debutan más tarde en convivencia con una salud cardiovascular adecuada.

El azúcar nos gusta a prácticamente todos, pero también intoxica, y en la diabetes mellitus, una enfermedad sumamente frecuente en nuestra sociedad, su pobre control contribuye a que el exceso de glucosa vaya causando un daño progresivo en forma de microangiopatía en los pequeños vasos del cerebro, acelerando además la acumulación de capas de grasa o aterosclerosis en grandes vasos. Por ello, de un modo similar al que hemos descrito en el caso de la hipertensión, la diabetes mal controlada se convierte también en un enemigo silencioso que va castigando nuestro cerebro y limitando su capacidad de reacción y de defensa frente a otras formas de daño con las que se podría encontrar. Además, la insulina, aparte de regular el azúcar, juega un papel central en el metabolismo cerebral y en la eliminación de formas anormales de proteínas, de modo que el fracaso de la insulina promueve el fallo de esos sistemas de limpieza de los que ya hablamos, propiciando la acumulación de depósitos tóxicos en las neuronas.

La obesidad y los niveles elevados de colesterol LDL y de triglicéridos configuran también algo parecido a una epidemia inherente a nuestra sociedad. Estos tres elementos contribuyen a un estado de inflamación crónica de bajo grado que causa daños a nivel de la barrera hematoencefálica, facilitando que las sustancias nocivas que nunca deberían acceder al sistema nervioso lleguen hasta él. Paralelamente, también favorecen la aterosclerosis y la consecuente limitación del aporte de oxígeno y de nutrientes al cerebro, limitando una correcta irrigación y, por lo tanto, facilitando un empeoramiento progresivo de la salud cerebral.

Obviamente, no pasa desapercibido que todos estos elementos dialogan de algún modo entre ellos, de modo que todos comprendemos que, en muchos casos, existe, por ejemplo, una relación bidireccional entre la obesidad, la hipertensión y la diabetes que configuran un sistema dañino que se retroalimenta a sí mismo. Es en este punto donde resulta crucial tener en cuenta otra serie de factores, dispuestos en otro nivel, que juegan un papel central a la hora de ir dando forma a la patología cardiovascular, metabólica o endocrina, como son el tabaquismo, el consumo de alcohol y de drogas de abuso, la actividad física y la dieta.

El tabaco es, posiblemente, uno de los mejores ejemplos de cómo un hábito cotidiano totalmente modificable contribuye a ir arruinando silenciosamente la salud pulmonar, cardiovascular y, en consecuencia, la salud cerebral. Sabemos que el tabaco ejerce una infinidad de efectos negativos sobre el organismo, pero en el contexto que nos ocupa, debemos destacar cómo su consumo contribuye a acelerar procesos que fatigan la salud arterial, que complican el flujo sanguíneo y que, en esencia, facilitan el desarrollo de eventos secundarios a una mala salud cardiovascular. Pero incluso más aun que el tabaco, si existe una sustancia banalizada en nuestro contexto que asocia efectos significativamente dañinos sobre el cerebro, esta es el alcohol. Sin entrar en debates, un tanto estériles y politizados, en lo relativo a si el alcohol forma parte de nuestro sustrato cultural, a si beber o no beber es «algo que yo decido», o a que una copita de vino es buena, la evidencia disponible para cualquier persona que la quiera contemplar nos cuenta que no existe un nivel seguro de consumo de alcohol y que, en esencia, esta sustancia provoca de manera directa neurodegeneración, especialmente cuando compromete la función hepática. De hecho, el alcohol en sí mismo puede llegar a causar distintas formas de daño cerebral y múltiples enfermedades relacionadas con su abuso, asocian deterioro cognitivo, conductual y motor de manera secundaria a haber supuesto un patrón de compromiso cerebral progresivo.

Las drogas de abuso, algunas de las cuales son compañero habitual de miles de personas de quienes forman parte del repertorio de actuaciones absurdas, pero cotidianas, que se repiten cada fin de semana o en cada fiesta organizada, no deberían ni siquiera aparecer en este apartado, por demasiado obvias. En cualquier caso, merece la pena incidir en el hecho de que, por ejemplo, detrás de la mayoría de ictus que afectan a miles de personas de menos de 50 años en nuestra sociedad, encontramos la cocaína, pero que, al margen de esto, todas las sustancias psicoactivas precipitan cambios en la bioquímica cerebral que favorecen el daño en los vasos sanguíneos, el estrés oxidativo y la actividad inflamatoria, sembrando de manera progresiva un terreno perfecto donde sucumbir a los primeros embistes de una enfermedad neurodegenerativa.

En el extremo opuesto de la obesidad, la hipertensión, el tabaquismo, el alcohol y la vida sedentaria, encontramos el efecto protector de la dieta y de la actividad física. El ser humano, como tantas otras especies del reino animal, no ha evolucionado en un entorno de abundancia y quietud. Nuestros antepasados vivieron durante millones de años en un contexto hostil que exigía moverse para sobrevivir y en el que el acceso a los nutrientes estaba limitado. El cerebro que hoy tenemos es producto de esa historia evolutiva, siendo por lo tanto un órgano diseñado para aprovechar al máximo los recursos escasos, no para resistir los excesos permanentes de azúcar, sal y grasas saturadas que caracterizan nuestra vida moderna.

Los estudios epidemiológicos demuestran, sin lugar a duda, que los patrones de nutrición basados en frutas, verduras, legumbres, pescado y grasas saludables se asocian con mucha mejor salud cardiovascular y con menor riesgo a desarrollar un deterioro cognitivo o enfermedades neurodegenerativas. En este contexto, la dieta mediterránea, basada en alimentos frescos, aceite de oliva, frutos secos y un consumo moderado de pescado, ha demostrado de manera repetida efectos protectores frente a distintas formas de demencia. De manera similar, la dieta MIND —de Mediterranean-DASH Intervention for Neurodegenerative Delay (Intervención Mediterránea-DASH para el Retraso Neurodegenerativo)—, ha demostrado que, al combinar la dieta mediterránea con formas de dieta orientadas a la salud cardiovascular, retrasa el declive cognitivo presente en las enfermedades neurodegenerativas y reduce el riesgo de desarrollo de la enfermedad de Alzheimer. En contraposición, la exposición continuada a dietas basadas en alimentos ultraprocesados, bebidas azucaradas y grasas trans, contribuye a alimentar un ambiente de inflamación y de patología cardiovascular y metabólica asociada, que se convierte en el escenario perfecto donde hacer crecer con facilidad todo aquello que puede dañar nuestro sistema nervioso.

En cuanto a la actividad física, nuestra historia evolutiva no nos describe como individuos sedentarios, sino que nuestros antepasados dedicaron una parte muy importante de su existencia a caminar, correr, trepar, cazar o buscar refugio. Que este estilo de vida fuese el que nos precede, no significa que, en caso de recuperarlo y empezar a comportarnos como neandertales, vayamos a convertirnos en algo parecido a seres invulnerables, para nada. Por el contrario, este estilo de vida nos recuerda de dónde venimos y qué variables fueron dando forma a lo que rige a nuestro organismo. Por lo tanto, pero de manera adaptada al escenario actual, propiciar el movimiento implica mantener vivo un factor de los muchos que contribuyó a ir dando forma a lo que hoy conocemos como seres humanos.

El deporte, la actividad física, contribuye de un modo incuestionable a mantener la salud cardiovascular y a controlar el peso, de modo que resulta una pieza esencial a efectos de minimizar el riesgo de presentar factores con un peso deletéreo en nuestra salud cerebral. Además, el ejercicio físico estimula la liberación de sustancias como la que conocemos como Factor Neurotrófico Derivado del Cerebro (o BDNF, *Brain-derived neurotrophic factor*) que actúan desde el primer momento de nuestra vida, y a lo largo de ella, como si fuesen fertilizantes de las conexiones neuronales, reforzando su desarrollo, plasticidad y supervivencia.

Evidentemente, todo ello no significa que si dedicamos nuestra vida a comer muy bien, a no beber ni fumar y a hacer deporte, estemos construyendo una especie de escudo de invulnerabilidad frente a las enfermedades del cerebro. Como he ido repitiendo, detrás de estas enfermedades se ocultan una infinidad de sucesos, comprendidos, incomprendidos, modificables y predeterminados, siendo todos ellos necesarios para que la enfermedad suceda. Por lo tanto, incidir en tomar consciencia sobre el efecto protector de estas variables o factores no se hace con la pretensión de sugerir que, al hacerlo, vayamos a evitar el hecho de padecer una posible enfermedad. Pero lo que sí nos podemos permitir afirmar es que posiblemente un 30 % de las enfermedades neurodegenerativas no las veríamos expresándose como lo hacen si controlásemos todos estos factores y que, por ello, frente al eventual desconocimiento relativo a lo que va a acontecer en nuestro futuro, es más probable que el modo en que se exprese la enfermedad sea más benigno y, en consecuencia, más digno para uno mismo y para todos los demás si nos aprendemos a cuidar.

Finalmente, existe un mecanismo que ya hemos comentado en este libro y que también juega un papel crítico a la hora de consolidar el riesgo de padecer una enfermedad neurodegenerativa, así como de moldear la forma que esta va a adquirir: la reserva cerebral y cognitiva. Este concepto hace referencia a la capacidad del cerebro para resistir y compensar un daño que acontece de manera súbita o que se va expresando lentamente. Hace mucho tiempo que sabemos que dos personas pueden exhibir síntomas muy distintos a pesar de tener una lesión muy parecida, o que personas en cuyos cerebros detectamos cantidades ingentes de patología relacionada con algún proceso neurodegenerativo, pueden exhibir síntomas mucho más benignos o tardíos que personas con mucha menos carga patológica. Evidentemente, existen muchos factores que pueden contribuir al cómo una enfermedad se expresa, a cuándo se expresa y a de qué manera se comporta a lo largo del tiempo, pero entre estos factores, sabemos que la reserva cerebral y cognitiva juega un papel sumamente relevante.

En un cerebro configurado como si se tratase de un enjambre de autopistas, carreteras, barrios y centros de trabajo, el bloqueo de una vía principal podría sumir en el caos a toda la secuencia de procesos en activo. Pero si este cerebro fuese capaz de encontrar una o distintas rutas alternativas, los procesos podrían seguir sucediendo. Y eso es, en esencia, lo que sucede cuando hablamos de reserva y lo que pretendemos estimular cuando hacemos hincapié en la necesidad de potenciarla.

La reserva que adquiere el cerebro posiblemente dependa, en cierta medida, de factores biológicos inherentes a cada individuo. Pero, incuestionablemente, sabemos que los sistemas de reserva son dinámicos y moldeables y que, en esencia, se «rellenan» a lo largo de toda una vida, en función de cómo un cerebro ha estado expuesto a determinadas actividades. Por ejemplo, la educación forma parte de una de las variables que de manera más evidente ayuda a estimular esta reserva, de modo que, en muchas ocasiones, vemos que el rendimiento cognitivo de la población general y de las personas con enfermedades neurodegenerativas adquiere una forma muy distinta, e independiente de la edad, en función del nivel educativo. Pero es importante que la población entienda que no es el hecho de haber estado expuesto a un sistema educativo lo que estimula la reserva y que, por lo tanto, no se trata de si se tiene o no una carrera universitaria. El cerebro humano, como ya comentamos en los apartados anteriores, es el producto de un proceso de adaptación y de supervivencia en un entorno sumamente hostil donde, en esencia, evolucionamos siendo capaces de relacionarnos con los demás, de aprender, de predecir, de recordar y de resolver problemas. Por todo ello, dotar al cerebro humano de aquello que le ha convertido en lo que es hoy en día, es en esencia lo que lo nutre y estimula, moldeando así su reserva. De este modo, sabemos que los factores centrales que en nuestra sociedad ejercen un peso relevante a la hora de dar una u otra forma a la reserva, son la educación, la vida activa y las relaciones sociales.

Esta reserva no surge por azar: se construye a lo largo de toda la vida con la educación, el aprendizaje, la estimulación intelectual, la actividad social y la exposición a experiencias variadas. Cada vez que aprendemos un idioma, leemos un libro complejo, resolvemos un problema, mantenemos una conversación estimulante o practicamos una afición que nos exige concentración, estamos reforzando esa red invisible. Existen una infinidad de estudios que demuestran que las personas con mayor nivel educativo, en caso de padecer una enfermedad neurodegenerativa, desarrollan los síntomas más tarde. Pero esto mismo también lo vemos cuando hablamos de personas que han mantenido y que mantienen una vida laboral exigente, o múltiples *hobbies*, o una vida social activa y abundantes relaciones sociales.

Evidentemente, estimular la reserva cerebral y cognitiva no implica hacer desaparecer la posibilidad de padecer una enfermedad neurodegenerativa, ni evita la posibilidad de que suceda cualquiera de todos esos procesos neuropatológicos mediados por la acumulación de proteínas. Pero haber estimulado este sistema de reserva facilita que el cerebro sea más plástico a la hora de encontrar alternativas cuando empieza a hacer frente a las primeras manifestaciones del daño, consiguiendo así que los distintos sistemas sigan funcionando a pesar de que ya existan formas de patología significativamente asentadas. Por ello, tampoco podemos obviar que, en muchos casos, como ya comentamos previamente, cuando los primeros síntomas de una enfermedad neurodegenerativa aparecen en personas que tienen una gran reserva, lo hacen más tarde, pero cuando lo hacen, aparecen y progresan de un modo más brusco y rápido, como consecuencia del extenso colapso global que ha sido necesario.

En paralelo a todos estos puntos relativos a la prevención y a los cuidados de la salud cerebral, en el momento actual empezamos a contar con toda una serie de herramientas que, en cierta medida, adquieren un papel que la sitúa próxima a los instrumentos con carácter preventivo, pero que merecen una profunda consideración. Hablamos de cómo, a día de hoy, podemos detectar en personas completamente sanas, empleando técnicas de análisis de los niveles de determinados biomarcadores, así como identificando la presencia de determinadas variantes genéticas, si en estas personas existen indicios de que se estén construyendo los cimientos de lo que podría llegar a ser en el futuro una enfermedad neurodegenerativa. Actualmente, en una simple muestra de sangre o de piel, podemos por ejemplo identificar la presencia de niveles significativamente elevados de proteína tau y de amiloide, sumamente sugestivos de reflejar la etapa más incipiente y silenciosa de una enfermedad de Alzheimer. Del mismo modo, también en una muestra de sangre, podemos identificar si una persona sana tiene una determinada forma de un gen de esos que confieren un mayor riesgo a desarrollar, eventualmente, una enfermedad neurodegenerativa.

Obviamente, todos estos avances han sido recibidos con entusiasmo tanto por parte de la comunidad científica como de la población general. Uno de los mecanismos que ha dado forma a los continuos fracasos que han supuesto la infinidad de ensayos clínicos realizados a efectos de intentar modificar el curso de múltiples enfermedades neurodegenerativas es, en esencia, que los tratamientos se inician demasiado tarde, cuando el daño neuronal está extendido, es irreversible y convive con toda una cascada de otros factores patológicos asociados.

Disponer de herramientas de diagnóstico temprano nos permite hablar de diagnóstico biológico y abandonar o alejarnos del concento de diagnóstico clínico centrado en la presencia de síntomas. El diagnóstico biológico es, pues, aquel que se asienta sobre la base de que, en ausencia de síntomas, existen claros indicadores de la presencia de los procesos biológicos que acompañan a una determinada enfermedad. Gracias a ello, resulta plausible considerar la posibilidad de iniciar tratamientos potencialmente modificadores del curso de estas enfermedades en personas que presentan estos diagnósticos biológicos, mucho tiempo antes de que el daño se extienda y resulte irreversible. En este sentido, existen en el momento actual toda una serie de fármacos, a la par que van apareciendo otras nuevas terapias, eminentemente dirigidos a eliminar la presencia de los residuos de proteínas tóxicas o de inhibir la función anormal de determinados genes que precipitan la formación de proteínas anormales. A pesar de que ello pueda parecer una solución definitiva, nos encontramos aún lejos de haber podido demostrar que estas terapias consiguen acabar de manera definitiva con todo aquello que daña a un cerebro en contexto de un proceso neurodegenerativo. Por ello, frente a esta nueva realidad relativa a la anticipación del diagnóstico y, en esencia, a la anticipación de un posible futuro, merece la pena plantear toda una serie de reflexiones necesarias.

En la enfermedad de Huntington, donde indefectiblemente sabemos que las personas que portan la mutación desarrollarán la enfermedad, hemos aprendido una infinidad de cosas en lo relativo al impacto que supone exponer a un individuo a la gestión de las dudas y de las certezas relativas a su futuro. El ser humano vive una vida alejada de una reflexión en torno a su fragilidad e impredecible fin. De este modo, no solemos levantarnos pensando en si ese día se parará nuestro corazón, ni subimos a un coche asumiendo la posibilidad de tener un catastrófico accidente, ni consideramos continuamente la posibilidad de que nuestros hijos enfermen y desarrollen una condición fatal. Lamentablemente, es en muchos casos el mero azar quien rige la posibilidad de que cualquiera de estos escenarios y muchos puedan sucedernos. Pero esta posibilidad no suele ocupar demasiado espacio en nuestra vida mental cotidiana, algo que, por supuesto, resulta muy positivo. En cualquier caso, cuando adquieres experiencia en el manejo de las situaciones con las que debemos lidiar cuando alguien decide dar un paso adelante para desvelar si desarrollará una enfermedad de Huntington, descubres que el ser humano, evidentemente, necesita un lugar desde donde construir esperanza y significado en torno a un desastre futuro. Cuando este ejercicio de preparación y de acompañamiento no se realiza, la vida y su sentido se fragmentan, pudiendo llevar a la pérdida, en ausencia de enfermedad, pero también de esperanza, de todo aquello que la mantenía.

Exponernos a este tipo de escenarios también visibiliza otra realidad cotidiana en nuestro trabajo, como lo es la de darnos cuenta de que, habitualmente, cuando expones a un individuo a un escenario terrible que sucederá a corto, a medio o a largo plazo, en muchos casos este individuo inicia un proceso desde donde se replantea absolutamente todo aquello que ha dado forma a su vida y existencia en una aparente búsqueda de una forma alternativa, mucho más rica y plena, desde donde seguir siendo. Este escenario siempre me provoca una sensación sumamente inquietante, como lo es la de plantearme por qué llegamos a necesitar que nos recuerden que nuestra realidad es finita para darnos cuenta de que, en muchos casos, no estamos viviendo la vida que querríamos vivir.

Las actuales pruebas de diagnóstico biológico de enfermedades neurodegenerativas distintas a la enfermedad de Huntington asocian un problema enorme: nos cuentan lo que está sucediendo a nivel biológico, pero no nos resuelven qué va a suceder exactamente, qué forma va a adquirir ni, mucho menos, cuándo va a suceder. Entonces, estas nuevas piezas con las que construir lo que somos y queremos ser, lejos de resultar aclaradoras, se convierten o se pueden convertir en elementos que rijan una profunda y continua incertidumbre con la que difícilmente podemos lidiar. Por ello, resulta esencial que la comunidad comprenda que la existencia de este tipo de pruebas no implica que estas se puedan utilizar como si de un análisis de sangre trivial se tratase. Por el contrario, la indicación de realizar o no este tipo de estudios se debe orquestar sobre la base de una coherencia clínica y de manera acompañada a un proceso de preparación similar al que históricamente hemos desarrollado en contexto de enfermedades genéticamente determinadas. Conocer nuestro futuro no tiene por qué salvarnos ni de nuestro futuro ni de nuestro presente.

Evidentemente, pero, en muchos casos y por distintas razones, las personas reciben este tipo de información. Frente a esta realidad, es también frecuente que nos encontremos con comentarios o reflexiones desde donde se nos plantea: «¿Cuál es el sentido de la vida de estas personas una vez resuelto su destino y de qué sirve saberlo?». El problema, en mi opinión, no reside en la información ni en sus implicaciones directas, sino en cómo esta información se gestiona y se emplea en positivo. Es incuestionable que saber lo que nos va a suceder puede tener un terrible impacto negativo. Pero también es incuestionable que, guste o no, a todos nos va a suceder algo terrible en algún momento, solo que no sabemos cuándo ni cómo será. Independientemente de si existen o no terapias curativas o modificadoras del curso de una enfermedad, el derecho al conocimiento es una realidad que no podemos negar, pero tampoco sería ético limitarnos a trasladar dicha información y nada más. El conocimiento, en mi opinión, nutre una de las más esenciales formas de libertad humana, como lo es el hecho de poder decidir. El conocimiento en lo relativo al posible o determinado desarrollo de cualquiera de estas enfermedades, cuando se consigue gestionar y soportar, permite a su vez desplegar los elementos mediante los cuales anticipar, prever, preparar y elaborar el qué y el cómo se va a caminar por esta ruta que no sabíamos que nos íbamos a encontrar. Por lo tanto, en cierta medida, la respuesta a la pregunta relativa al sentido de la vida de estas personas y a la utilidad de saber es que, posiblemente, este sea uno de los escenarios más únicos en cuanto a contribuir a dar sentido a una vida. De hecho, en muchos casos, cuando alguien ajeno a estas realidades me formula la pregunta anterior, suelo preguntarles yo a ellos: «¿Cuál es el sentido de tu vida sin saberlo?». La respuesta, tanto en una como en otra dirección, no es fácil y, por ello, decidir si se quiere acceder a uno u otro plano desde donde responder es complejo. En cualquier caso, una vez tenemos en nuestras manos las respuestas que no queríamos tener, podemos planificar nuestra nueva realidad, aprovechar el tiempo de un modo que nunca hubiésemos considerado, acercarnos a las personas, alejarnos y despedirnos, ordenar, definir, hablar, bailar, sentir, y, en esencia, vivir como todos querríamos vivir si descubriésemos que mañana este viaje se va a terminar.

CUIDAR Y CONVIVIR:
LA VIDA JUNTO A LA ENFERMEDAD

En muchas ocasiones, cuando me he encontrado enfrente de una persona afectada por un proceso neurodegenerativo en etapas relativamente iniciales, cuando ya existen síntomas que incluso la persona es capaz de reconocer, la persona me ha sugerido lo innecesario de seguir un proceso de consulta o tratamiento que no podrá resolver una enfermedad que no tiene cura. Lo cierto es que, de algún modo, estas personas tienen una parte de razón y que ni yo, ni nadie, podrá darles un tratamiento milagroso que, ahora que sabemos el nombre del proceso que padecen, nos permita acabar con él. Esto no va a suceder, pero lo que sí podremos hacer, y en torno a esta idea incido mucho cuando me encuentro con estos casos, es moldear de qué modo se expresan sus síntomas y, ya no solo repercuten a su propia persona, sino a su entorno más cercano. De este modo, en muchos casos, me siento con la obligación de recordar a los pacientes afectados que no viven solos, sino acompañados de alguien que dentro de algún tiempo resultará esencial para sus cuidados. En este contexto, no está en nuestras manos poder acabar con su enfermedad, pero sí poder evitar que esta adquiera determinadas formas imposibles de ser toleradas.

Lamentablemente, todo ello no implica que todas las enfermedades neurodegenerativas supongan la desintegración y pérdida de la dignidad, ya no solo de quien las padece, sino, por supuesto, de quienes caminan a su lado. Por todo ello, hablar de la forma y de las causas de las enfermedades neurodegenerativas, así como de aquello que podemos hacer para prevenirlas, no tendría mucho sentido si olvidásemos hablar de lo que podemos hacer para convivir e interactuar con estos procesos cuando afectan a quienes tenemos a nuestro lado. De hecho, el concepto «demencia», esa terrible palabra que prácticamente siempre ocupará una parcela de la vida de todas las personas afectadas por enfermedades neurodegenerativas, lleva implícito la pérdida completa de la autonomía y de la independencia. De este modo, en la demencia no se sobrevive aislado, sin los cuidados de terceras personas. Pero estos desconcertados y fatigados acompañantes de viaje no disponen de un manual de instrucciones ni de una energía inagotable que les permita hacer frente a los continuos embistes de la incoherencia, de la tristeza y de su propia fragilidad frente a un escenario sumamente difícil de soportar.

En nuestra consulta, cuando evaluamos la memoria, el lenguaje, los problemas de atención, la manera en que se desarticula el razonamiento u otros síntomas, los problemas desaparecen cuando los pacientes abandonan el despacho. Pero para quien vino a su lado y para el propio paciente, esos problemas existían antes y durante la visita, y seguirán existiendo una vez salgan del despacho, las 24 horas del día, los siete días de la semana. Y no solo estarán siempre presentes, sino que experimentarán un progresivo empeoramiento. De este modo, en ausencia de pastillas milagrosas que puedan resolver de pronto estos problemas que transforman la realidad cotidiana y las relaciones interpersonales, debemos ser capaces de desplegar estrategias que faciliten la convivencia y la funcionalidad, entendiendo que cada etapa requiere una forma distinta de acompañar.

En las etapas iniciales de las enfermedades que asocian alteraciones progresivas de la memoria, cuando aparecen los primeros olvidos leves, pero incisivos y reiterados, habitualmente la persona afectada es consciente de lo que le sucede. En esta etapa, lejos de optar por opciones que magnifiquen el malestar psicológico y en consecuencia promuevan aún más los fallos de memoria, no debemos confrontar a la persona con sus dificultades ni exigirle un sobresfuerzo con resultados imposibles. De este modo, asumiendo que dando forma a estos problemas de memoria se encuentra la progresiva desarticulación de lo que biológicamente permitía la memoria, del mismo modo que detrás de un dolor de muelas causado por una caries se encuentra lo que biológicamente contribuye al dolor, no podemos pretender que la persona funcione a base de exigirle que intente funcionar mejor. Esta misma regla sirve en esencia para todos los problemas cognitivos y conductuales con los que nos iremos encontrando a lo largo de la evolución de cualquiera de estas enfermedades.

Cuando la memoria empieza a fallar, debemos ir incorporando sistemas alternativos de apoyo que, de manera discreta, faciliten la vida de la persona, sin invadir su independencia y sin que ello suponga que estos sistemas hagan todo el trabajo. De este modo, el uso de rutinas estables en lo relativo a todo aquello que es cotidiano, como el hecho de mantener horarios fijos para comer, para dormir o para tomar la medicación, no solo ayuda a mantener a la persona organizada, sino que, construyendo un hábito, contribuye a que se mantenga una funcionalidad sin requerirse explícitamente el ejercicio del recuerdo de cuándo hacer ciertas cosas, porque, en esencia, terminan haciéndose tras haber formado un aprendizaje procedimental. Paralelamente, dado que nuestra vida está repleta de situaciones imprevistas o que no forman parte de nuestras rutinas, resulta imperativo incorporar y estimular el uso en positivo de instrumentos de soporte visibles, incluso automáticos, que nos muestren, en ausencia de recuerdo, aquello que tenemos que hacer o que promuevan el acceso al recuerdo de aspectos relevantes. Por ello, son sumamente útiles el uso de calendarios visibles y de notas dispuestos en lugares estratégicos, así como el uso de nuevas tecnologías, como puede ser simplemente un teléfono móvil y los sistemas de recordatorios visuales y auditivos que podemos programar y que nos pueden ir informando de tareas pendientes. Un elemento clave para promover el uso de estas nuevas estrategias es que la persona debe entender que, en ausencia de defectos de memoria, todos los procesos implicados en la formación, consolidación, acceso y recuperación de la información operaban de manera perfecta y automática, pero que, ahora, esos procesos o algunos de ellos no funcionan bien y, por esta razón, resulta necesario incorporar una «muleta» de apoyo. Obviamente, usar «muletas» nos recuerda continuamente que nos cuesta caminar, haciendo además visible para los demás nuestras dificultades. Por ello, asumiendo que en primera instancia el rechazo es totalmente normal, debemos reforzar en positivo y mostrar a la persona afectada con frecuencia los beneficios que suponen el uso de estas muletas, sin subrayar los más que previsibles continuos errores que va a ir cometiendo.

Conforme el deterioro cognitivo vaya progresando, los olvidos sean cada vez más frecuentes y a ello se le vayan añadiendo dificultades a la hora de encontrar palabras, de seguir conversaciones o de planificar e iniciar actividades, será necesario desplegar una forma de acompañamiento más activo donde la paciencia se convertirá en el mejor aliado posible para el cuidador.

La pérdida de agilidad en todo lo relativo al acceso y evocación de las palabras que se buscan o que se oyen, junto con el progresivo fracaso de la memoria de trabajo gracias a la cual podemos mantener activa la información durante un breve espacio de tiempo, facilita dificultades en la comunicación. En ausencia de las palabras concretas, debemos estimular la descripción de aquello que se quiere decir. Por ejemplo, en ausencia de «cuchara» hay que pedir que nos indique para qué sirve aquello que está intentando nombrar. Al dirigirnos a la persona, el uso de frases cortas y sencillas, donde se resalten los elementos centrales que configuran el significado de lo que intentamos transmitir, es esencial, así como también lo es el uso de los gestos y de todo ese lenguaje no verbal que contribuye a darle forma y sentido a todo aquello que decimos y que escuchamos.

Ante el fracaso de la atención y de la planificación, resulta esencial dividir las tareas en pequeños pasos, y no establecer una secuencia de acciones donde fácilmente la persona se va a perder. Levantarnos, asearnos, desayunar y vestirnos, por ejemplo, es un automatismo perfectamente organizado, donde una secuencia nos lleva a otra sin problemas. Pero en ausencia de una correcta capacidad para mantener la atención y para evitar distracciones banales, esta secuencia puede verse interrumpida por cualquier estímulo, siendo luego imposible recuperar el punto donde estábamos y continuar. Por ello, se recomienda dividir todo aquello que resulte mínimamente complejo en pequeños pasos o etapas y no esperar que la persona resuelva bien una secuencia larga ininterrumpida.

En lo relativo a la orientación en espacios conocidos, es fácil que determinados fallos que comprometan esta dimensión sean evidentes en etapas iniciales de algunas de las enfermedades que hemos tratado y que, por ello, la persona empiece a exhibir una facilidad por perderse en trayectos conocidos o en desorientarse en lugares donde antes se movía sin ninguna dificultad. Por ello, por ejemplo, encontrar la salida del supermercado puede convertirse en un escenario sumamente angustiante, donde todos esos pasillos idénticos rodeados de confusas estanterías y de personas no nos llevan a ningún lugar. En estas etapas, donde empieza a funcionar mal el GPS interno, pero no la capacidad para reconocer los elementos que conforman el mundo externo ni su significado, resulta esencial que se acompañe a la persona en los desplazamientos y que se refuerce el apoyo en señales visibles que la pueden ayudar a situarse, como por ejemplo determinadas flechas o rótulos. De este modo, igual que en el caso de la memoria hablamos de estimular la incorporación de nuevos hábitos de soporte para algo que antes era automático, aquí intentaremos lo mismo sirviéndonos de estimular la búsqueda de elementos presentes en el entorno que puedan ayudar a situar al individuo. Dentro del hogar, vemos en muchas ocasiones que las personas afectadas tienen dificultades para desplazarse, por ejemplo, de una determinada habitación al baño, llegando incluso a los frustrantes episodios de no haber podido llegar a tiempo al lavabo tras haber sido incapaces de encontrar un camino que antes conocían. Por ello, solemos recomendar que en las casas se dispongan elementos que ayuden a reconocer los caminos y a identificar los distintos espacios, de modo que, por ejemplo, la puerta del baño podría incorporar un elemento claramente distintivo, el camino más rápido de la cocina al comedor podría indicarse con flechas, o los contenidos de los distintos cajones, con colores o imágenes de lo que contienen.

Ante los primeros síntomas de déficit del reconocimiento de caras y de objetos, es importante que los cuidadores comprendan que estos fallos no reflejan que la persona haya olvidado, por ejemplo, quién es su hijo o su pareja, sino que está experimentando dificultades para reconocer a quién pertenece el rostro que tiene delante. Pero, obviamente, esa persona sabe quién es y recuerda a su hijo o a su pareja. Ante estas situaciones, incidir en preguntar una y otra vez: «Pero ¿no me ves, no sabes quién soy?» solo genera frustración. Por el contrario, empezar por usar algunas pistas, por ejemplo, la voz y con ello intentar situar a la persona con un: «¿Te resulta familiar esta voz? ¿A quién te recuerda?», o incluso sumar el contexto a este pequeño ejercicio teniendo en cuenta dónde se encuentran las personas y, en consecuencia, quién esperaría que estuviese allí. En cualquier caso, incluso empleando estas estrategias, las dificultades puedan hacer que sea imposible que la persona afectada consiga elaborar una respuesta, alimentándose más su frustración y desconcierto. Por ello, en última instancia, transmitir con naturalidad a quién pertenece ese rostro incomprensible, simplemente indicándole: «Soy tu hija y estoy aquí contigo», es totalmente adecuado. Paralelamente, en lo relativo a objetos que pueden convertirse también en auténticos desconocidos, se pueden emplear etiquetas, del mismo modo que, para estimular la presencia de un significado a determinados rostros, se pueden incorporar nombres a las fotografías. En cualquier caso, ante estos problemas del reconocimiento, resulta esencial estimular la sensación de vínculo y de familiaridad, que con facilidad se pierden al hacer frente a un contexto que resulta desconocido y desconcertante.

La progresiva desintegración de los procesos que nos permiten percibir y orientarnos en el mundo, irá convirtiendo el entorno en un lugar ya no solo desconocido o irreconocible, sino donde la profundidad, las distancias o el tono se vaya desarticulando. Por ello, necesitamos construir entornos seguros, asumiendo las dificultades existentes y los riesgos que estas implican, empleando, por ejemplo, el uso de buenos sistemas de iluminación, evitando suelos brillantes o con patrones que puedan resultar confusos, eliminando obstáculos innecesarios y señalando claramente los límites que, por ejemplo, definen el inicio y el término de unas escaleras, así como los marcos de una puerta. Pero, finalmente, en muchos casos, no se podrá evitar que todo aquello que rodea a la persona afectada se convierta en algo extraño e irreconocible. Es importante comprender que, en ese estado de absoluta desconexión con un medio que ya no se reconoce, el sentido de familiaridad puede seguir estando relativamente preservado cuando este se promueve empleando estímulos distintos a los que configuran el entorno, y que la capacidad de experimentar determinadas emociones que contribuyan al bienestar y a la seguridad también suele seguir operativa. Por lo cual, una vez asumido que ya no podemos conectar a la persona con una realidad construida a través de los complejos procesos de percepción necesarios, sí que podemos promover calidad, bienestar y calma a través de los gestos, el tono de voz, las caricias, o de una canción familiar que siempre supuso calma o alegría.

Todos estos síntomas, que de manera prototípica nos iremos encontrando en una infinidad de procesos neurodegenerativos, sin duda alteran no solo la vida y autonomía de quienes los padecen, sino que también modifican la realidad de quienes conviven con ellos. Pero, incuestionablemente, son los cambios en la personalidad y en el carácter, y los trastornos de la conducta, los síntomas que adquieren un peso absolutamente único a la hora de repercutir en negativo en la convivencia, el ánimo, la paciencia y la dignidad del entorno más cercano a la persona afectada.

Obviamente, del mismo modo que los problemas cognitivos obedecen a cambios en la biología que nadie puede gobernar, los cambios en la conducta son también producto de la desintegración progresiva de los sistemas neuronales. Por ello, es imprescindible, por encima de todo, que todos los actores entiendan que cuando hablamos de alteraciones de la conducta, nadie tiene la culpa. A pesar de ello, con independencia de que detrás de una conducta absurda o violenta encontremos al individuo sometido al control de una enfermedad que nadie puede gobernar, no podemos pretender que ello sugiera o justifique que las personas que conviven con estos problemas de conducta los tengan que soportar. De este modo, resulta primordial que, precisamente dada la naturaleza de todas estas alteraciones de la conducta, pueden existir situaciones donde estas alteraciones resulten ingobernables y/o insoportables. En estos contextos, buscar soluciones, incluso cuando estas llevan implícito tomar distancia con respecto a la persona afectada, es también una manera de cuidar. Por el contrario, sucumbir hasta rompernos al daño y al desgaste psicológico y físico que provocan estas alteraciones, no solo resulta injusto e innecesario, sino que, en última instancia, promueve la claudicación de las familias y formas imprecisas o inadecuadas de cuidados.

En las etapas iniciales de cualquiera de estas enfermedades, la sintomatología depresiva y la ansiedad pueden obedecer eminentemente a la biología, siendo de este modo un síntoma de la enfermedad, como también pueden ser una respuesta psicológica reactiva al malestar y la frustración que provoca ser consciente de los propios síntomas. Por ello, porque con independencia de quien sea el responsable de estos síntomas siempre se sumarán a los cambios cognitivos añadiéndoles severidad, y porque todos merecemos sentirnos bien, el abordaje psicoterapéutico y farmacológico de estos síntomas resulta esencial. En las etapas iniciales, uno de los cambios conductuales más frecuentes que suele suceder es un progresivo incremento de la irritabilidad, que podrá propiciar enfados mucho más frecuentes, especialmente desencadenados por sucesos aparentemente banales. La irritabilidad es un estado interno de malestar que acompaña a la emoción de ira o de enfado, sin que necesariamente defina una conducta violenta. Pero la irritabilidad suele ser la antesala o un claro elemento precipitante de la agresión. Por ello, y porque existen terapias farmacológicas sumamente efectivas para manejar este síntoma, es imprescindible visibilizar su existencia.

Otro síntoma conductual frecuente ya en las etapas tempranas es la progresiva pérdida de la motivación, que va configurando la construcción de lo que posteriormente será un cuadro clínico de apatía. Esta pérdida de la motivación en muchos casos se confunde con sintomatología depresiva, siendo además frecuente que la persona con cierta apatía pueda también tener depresión. Pero es importante destacar que apatía y depresión son entidades distintas, en la clínica y en la biología, que obedecen a mecanismos diferenciados y que, por lo tanto, deben ser abordados acorde a su naturaleza. Detrás de la pérdida de la iniciativa suelen esconderse dos posibles actores. Por un lado, nos encontramos con la posibilidad de que la persona no sea capaz de atribuir con la misma intensidad que antes una emoción o consecuencia positiva a una determinada conducta. Por ejemplo, esa visita con los nietos al zoológico que antes se esperaba con ansia, se procesa como carente de resonancia afectiva y, en consecuencia, no apetece. Por otro lado, puede suceder que la persona no sea capaz de planificar, eso es, de estructurar en su mente, el qué y el cómo para construir determinadas conductas. De este modo, esa visita al zoológico, que requería de un plan, un horario y, en esencia, de cierta organización, se deja de hacer porque faltan los elementos necesarios para construirla. Cuando la pérdida de la iniciativa responde a la incapacidad para atribuir valor hedónico a las consecuencias de las acciones futuras, suele suceder que la persona afectada, cuando se la insta a realizar dichas acciones, eso es, cuando a pesar de su «pereza» se la lleva al zoológico con los nietos, lo disfruta. Por lo tanto, en muchos casos, la capacidad para percibir e integrar las señales afectivas de un instante presente siguen preservadas, pero falla la capacidad para incorporar la predicción de estas señales en el futuro dentro de todo aquello que da forma a la motivación. En los otros casos, cuando fallan los mecanismos cognitivos necesarios, las personas afectadas suelen beneficiarse mucho de que les desprendamos del ejercicio de tener que organizar por completo el «qué» y el «cómo». De este modo, aportándoles algo parecido a hojas de ruta, instrucciones o agendas donde los pasos que hay que seguir a lo largo del día estén perfectamente esquematizados y representados, les ayuda significativamente a seguir funcionando.

Otros de los síntomas que pueden suponer problemas tempranos, y que pueden mantenerse a lo largo de la enfermedad, son todos aquellos que tienen que ver con percepciones anormales en forma de alucinaciones y con la construcción de ideas imposibles en forma de delirios. Frente a las alucinaciones, resulta primordial comprender que, en muchos casos, estas pueden estar precipitadas por determinados elementos contextuales que las facilitan, como puede ser una mala iluminación, o el hecho de que se esté haciendo de noche, o la presencia de formas o figuras ambiguas en el hogar. Por lo tanto, es esencial, en primera instancia, intentar construir un entorno lo más simple posible desde el punto de vista de las exigencias perceptivas que este suponga. En segundo lugar, es esencial aportar elementos racionales a la persona que le permitan llegar a la conclusión de que dichas percepciones no existen. En lo relativo a las ideas delirantes, estas pueden adquirir una infinidad de formas, aunque el convencimiento de estar siendo engañado por su pareja o de que personas cercanas quieran hacerles algún tipo de daño son las más habituales. En estos contextos, es importante comprender que, por su estructura y naturaleza, el delirio no lo vamos a modificar dando razones que para todos resultan evidentes. Estas ideas fijas son, además, elementos que claramente contribuyen a alimentar la irritabilidad de la que ya hablamos antes, del mismo modo que las ideas fijas en torno a cualquier otro tema que no tiene por qué ser un delirio, conformando así una perseveración, también nutre la irritabilidad. En estos casos, la discusión o el enfrentamiento se convierten en el peor aliado, mientras que la distracción orientada a redirigir el pensamiento en otra dirección se consolida como un elemento clave. De todos modos, todos los elementos que contribuyen al incremento de la irritabilidad y, con ello, moldean la posibilidad de la agresión verbal o física, deben ser considerados con sumo rigor y sometidos a evaluación clínica, para así, en muchos casos, emplear los tratamientos farmacológicos que nos permiten gobernar la expresión de estos síntomas y, con ello, prevenir sus consecuencias.

En prácticamente todas las etapas de estas enfermedades, pero especialmente en sus instantes finales, una de las preguntas que más atormentan a aquellos que conviven con los afectados es la posibilidad de que existan formas de sufrimiento. De hecho, el aspecto que suelen adquirir las etapas más evolucionadas de estas enfermedades, asociando gestos, movimientos o sonidos en forma de gruñidos o de gritos, hace que, en muchos casos, se pueda interpretar que todo ello conforma la expresión del sufrimiento que la persona está experimentando. Pero, en realidad, es importante que entendamos que la experiencia subjetiva interna, plena y con significado de algo tan complejo como lo es el sufrimiento humano requiere de toda una compleja y perfectamente bien orquestada configuración de sistemas neuronales, sin los cuales, dicha experiencia no existe o adquiere una forma y sentido distinto al que esperaríamos encontrar en la más absoluta normalidad. Por ello, es necesario comprender que, en la mayoría de los casos, existe una completa desconexión entre la expresión externa de una conducta en forma de gritos y golpes y la experiencia subjetiva interna que asocia, del mismo modo que, en muchos casos, esta expresión conductual no obedece ni siquiera a que, internamente, esté sucediendo nada que pueda ser vivido, integrado o sentido, sino que son meros automatismos carentes de significado consciente. Obviamente, ni yo ni nadie hemos podido estar en la piel de quienes padecen para poder responder objetivamente a la pregunta de si hay sufrimiento. Pero, atendiendo a todo lo que sabemos acerca de cómo funciona el cerebro y de lo que se requiere para construir algo tan único como el sufrimiento, consideramos que, con toda certeza, podemos afirmar que en caso de existir algo parecido al sufrimiento, este adquiere una forma y una vivencia interna sumamente desconfigurada y alejada de lo que en condiciones normales asumimos como formas de sufrir.

Finalmente, resulta evidente que cuidar a alguien que padece una enfermedad neurodegenerativa representa un profundo acto de amor, pero también una inmensa carga que supone un continuo desgaste emocional y físico. Las personas que cuidan deben comprender que hay muchas maneras distintas de cuidar y que, no poder más, no es un fracaso, sino una forma de expresión de la más absoluta normalidad. En ocasiones, amamos tanto a quienes padecen que no queremos dejar de tenerlos a nuestro lado, sin darnos cuenta de que, a nuestro lado, no somos capaces de darles todos los cuidados que necesitan. Apoyarnos de recursos externos, sean estos personas o instituciones, no es perder ni abandonar, sino que es seguir demostrando nuestro amor y respeto a la persona afectada, asumiendo con naturalidad dónde podemos y dónde no podemos llegar solos.

Las asociaciones de pacientes y de familiares afectados por enfermedades neurodegenerativas juegan en este sentido un papel crucial, aportando no solo recursos para los pacientes, sino también distintas formas de redes de apoyo, como grupos de ayuda o de acompañamiento terapéutico para quienes cuidan. Además, las asociaciones son un punto de encuentro de personas muy distintas a quienes, situaciones muy parecidas, pero únicas, las mantienen unidas, facilitando el hecho de compartir información práctica y las experiencias que han tenido. Con todo ello, las distintas redes de apoyo contribuyen a alimentar el autocuidado del cuidador, quien siempre deberá tener presente, que ni él ni nadie son capaces de llevar solos, encima de sus hombros y durante todo el tiempo, el peso de los acontecimientos que definen y que acompañan estas enfermedades.

GLOSARIO

Afasia
Trastorno del lenguaje causado por daño cerebral. Puede afectar a la capacidad de hablar, comprender, leer o escribir. No implica pérdida de inteligencia sino dificultades para usar el lenguaje.

Agnosia
Incapacidad para reconocer estímulos (como objetos, rostros o sonidos) a través de un sentido aunque la función sensorial (vista, audición o tacto, entre otros) se conserve.

Alfa-sinucleína
Proteína implicada en la enfermedad de Parkinson y otras sinucleinopatías. Su acumulación da lugar a los llamados cuerpos de Lewy.

Alucinación
Percepción de algo que no existe en la realidad (ver, oír o sentir cosas inexistentes).

Amígdala
Centro clave para el procesamiento de emociones como el miedo y la agresividad. Su disfunción está relacionada con alteraciones afectivas y de conducta.

AMNESIA
Alteración de la memoria que se manifiesta en la pérdida parcial o total de recuerdos, ya sean recientes o remotos, y/o la incapacidad de generar nuevos recuerdos.

ANOSOGNOSIA
Falta de conciencia de los propios déficits. Una persona con Alzheimer puede negar tener problemas de memoria porque su cerebro ya no permite darse cuenta del fallo.

ANSIEDAD
Estado de inquietud y nerviosismo, con síntomas físicos y cognitivos. Es frecuente en enfermedades neurodegenerativas.

APATÍA
Pérdida de iniciativa, motivación e interés por actividades que antes resultaban atractivas. No es lo mismo que depresión: en la apatía la persona no se queja, simplemente deja de actuar.

APRAXIA
Dificultad para realizar movimientos aprendidos de forma correcta, a pesar de tener fuerza y coordinación suficientes.

ATAXIA
Alteración de la coordinación de los movimientos, que se vuelven inestables o desajustados.

BETA-AMILOIDE
Péptido que, al acumularse de forma anómala, forma placas en el cerebro, contribuyendo al desarrollo del Alzheimer.

BIOMARCADORES
Señales medibles, en sangre, líquido cefalorraquídeo o median-

te imágenes, que permiten detectar cambios biológicos de enfermedades antes de la aparición de síntomas.

BRADICINESIA
Enlentecimiento anormal de los movimientos. Es uno de los síntomas principales de la enfermedad de Parkinson.

CAUDADO (NÚCLEO CAUDADO)
Estructura de los ganglios basales implicada en el control del movimiento, el aprendizaje y procesos de memoria. Su alteración aparece en enfermedades como Huntington.

CEREBELO
Estructura situada en la parte posterior e inferior del cerebro. Regula la coordinación, el equilibrio y la precisión de los movimientos.

COREA
Movimientos involuntarios, bruscos y desorganizados que recuerdan a un baile. Son típicos en la enfermedad de Huntington.

CORTEZA CINGULADA ANTERIOR
Región cerebral implicada en la motivación, el control de la conducta y la regulación emocional.

CORTEZA PREFRONTAL
Zona del cerebro asociada con funciones ejecutivas como la planificación, el juicio, la inhibición y la toma de decisiones.

CORTEZA PREFRONTAL DORSOLATERAL
Zona del lóbulo frontal clave para la planificación, la memoria de trabajo, la organización y el razonamiento lógico.

CORTEZA PREFRONTAL MEDIAL
Parte de la corteza frontal que integra la razón con la emoción, permitiendo valorar decisiones en función de lo que sentimos y pensamos.

CORTEZA TEMPORAL MEDIAL
Región del lóbulo temporal que incluye estructuras como el hipocampo. Es esencial para la memoria episódica y la orientación espacial.

CREUTZFELDT-JAKOB
Enfermedad priónica rara y rápidamente progresiva que causa demencia, alteraciones motoras y finalmente la muerte en pocos meses.

DELIRIO
Estado de confusión aguda con alteraciones de la conciencia, atención y pensamiento.

DELIRIO O IDEACIÓN DELIRANTE
Creencia falsa y fija que persiste a pesar de evidencias en contra.

DEMENCIA CON CUERPOS DE LEWY
Forma de demencia con alucinaciones visuales, fluctuaciones cognitivas y síntomas parkinsonianos. Se asocia al depósito de alfa-sinucleína en el cerebro.

DEMENCIA FRONTOTEMPORAL
Grupo de enfermedades que afectan sobre todo a la conducta, la personalidad y el lenguaje. Es más común en edades más jóvenes que el Alzheimer.

Depresión

Trastorno del estado de ánimo caracterizado por tristeza persistente, pérdida de interés y sensación de inutilidad.

Disartria

Dificultad para articular palabras debido a un mal control de los músculos del habla.

Disfagia

Dificultad para tragar alimentos o líquidos, frecuente en fases avanzadas de enfermedades neurológicas.

EEG (Electroencefalograma)

Registro de la actividad eléctrica cerebral mediante electrodos colocados en el cuero cabelludo.

Enfermedad de Alzheimer

La forma más frecuente de demencia. Se caracteriza por la pérdida progresiva de memoria, lenguaje y otras capacidades cognitivas. Asociada al depósito de beta-amiloide y tau.

Enfermedad de Huntington

Trastorno genético hereditario que causa deterioro motor, cognitivo y conductual. Es progresivo y devastador y provoca un fuerte impacto emocional y familiar.

Enfermedad de Parkinson

Trastorno del movimiento causado por la pérdida de neuronas dopaminérgicas. Además de temblor y rigidez, puede afectar la motivación, el estado de ánimo y la cognición.

ESTIMULACIÓN CEREBRAL PROFUNDA (ECP)
Terapia avanzada para tratar síntomas motores en enfermedades como el Parkinson. Consiste en implantar electrodos que modulan la actividad cerebral.

FACTORES DE RIESGO MODIFICABLES
Condiciones que aumentan la probabilidad de desarrollar demencia y pueden prevenirse: sedentarismo, hipertensión, obesidad, tabaquismo o aislamiento social, entre otros.

fMRI (RESONANCIA MAGNÉTICA FUNCIONAL)
Variante de la resonancia magnética que permite ver qué áreas cerebrales se activan al realizar tareas.

FUNCIONES EJECUTIVAS
Capacidades que permiten planificar, organizar, resolver problemas y controlar impulsos.

GANGLIOS BASALES
Conjunto de núcleos implicados en el control del movimiento y en funciones cognitivas y emocionales. Se ven afectados en enfermedades como Parkinson y Huntington.

GLOBO PÁLIDO
Parte de los ganglios basales que regula el inicio y la intensidad de los movimientos, actuando como filtro motor.

HEMINEGLIGENCIA
Fenómeno en el que la persona ignora o no presta atención a la mitad del espacio, a pesar de ver bien.

HIPERFOSFORILACIÓN
Proceso químico en el que una proteína recibe un número excesivo de grupos fosfato. Este cambio altera su estructura y fun-

ción normal, volviéndola inestable y propensa a agruparse en formas tóxicas. Es un fenómeno clave en la formación de los ovillos neurofibrilares de la proteína tau en enfermedades como el Alzheimer.

HIPOCAMPO
Estructura cerebral implicada en la formación de nuevos recuerdos y en la orientación espacial. Es una de las primeras zonas afectadas en la enfermedad de Alzheimer.

HIPOCINESIA
Disminución en la cantidad de movimiento espontáneo.

MEMORIA EPISÓDICA
Recuerdo de experiencias personales situadas en un tiempo y lugar concretos.

MEMORIA SEMÁNTICA
Conocimiento general sobre el mundo (qué es una jirafa, quién fue Picasso, etc.).

MUTISMO ACINÉTICO
Estado en el que la persona no habla ni se mueve por falta de iniciativa, aunque físicamente podría hacerlo.

NEUROIMAGEN FUNCIONAL
Técnicas como la fMRI o el PET que permiten observar la actividad cerebral en tiempo real. Han revolucionado el estudio de las enfermedades neurodegenerativas.

NEUROPSICOLOGÍA
Disciplina que evalúa y rehabilita las funciones mentales en personas con daño cerebral. Clave para el diagnóstico y el acompañamiento del paciente.

NEUROTRANSMISORES
Sustancias químicas que transmiten información entre neuronas, como dopamina, serotonina o acetilcolina.

PET (TOMOGRAFÍA POR EMISIÓN DE POSITRONES)
Técnica que usa trazadores radiactivos para medir el metabolismo o la acumulación de proteínas anormales en el cerebro.

PLASTICIDAD CEREBRAL
Capacidad del cerebro para reorganizarse y crear nuevas conexiones tras una lesión o a lo largo del aprendizaje.

PRIONES
Formas anormales de proteínas que pueden transmitir su estructura defectuosa a otras. Están detrás de enfermedades neurodegenerativas rápidamente progresivas como la de Huntington.

PROSOPAGNOSIA
Dificultad para reconocer rostros conocidos, incluso de familiares o amigos cercanos.

PUTAMEN
Estructura de los ganglios basales que participa en el control del movimiento y en funciones relacionadas con la motivación.

RESERVA COGNITIVA
Capacidad del cerebro para compensar el daño a través de redes alternativas. Se potencia con la educación, la estimulación y los hábitos saludables.

SÍNDROME DE CAPGRAS
Creencia delirante de que una persona conocida ha sido reemplazada por un impostor idéntico.

SÍNDROME DE LA MANO AJENA

Sensación de que una mano actúa por sí sola, realizando movimientos no deseados sin control consciente.

SÍNDROME DISEJECUTIVO

Alteración de las funciones ejecutivas. La persona tiene problemas para organizar tareas, planear pasos o adaptarse a cambios.

SPECT (TOMOGRAFÍA POR EMISIÓN DE FOTÓN ÚNICO)

Técnica de neuroimagen que evalúa el flujo sanguíneo cerebral con trazadores radiactivos.

TAC (TOMOGRAFÍA AXIAL COMPUTARIZADA)

Prueba de imagen que utiliza rayos X para obtener cortes detallados del cerebro.

TAU

Proteína que estabiliza la estructura interna de las neuronas. Cuando se altera (hiperfosforilación), forma ovillos tóxicos presentes en varias demencias.

TÁLAMO

Estructura que actúa como central de distribución de la información sensorial hacia la corteza cerebral. Es esencial en la atención y la conciencia.

TDP-43

Proteína implicada en la regulación génica. Su mal plegamiento está relacionado con algunas formas de demencia frontotemporal y esclerosis lateral amiotrófica (ELA).

PARA SABER MÁS

Acarín, Nolasc y Malagelada, Ana. *Alzheimer*. RBA, 2017.

Aguilar Vera, Luis. *Crónica de una suerte anunciada*. Letrame, 2024.

Boixadós, María Dolores. *Identidades perdidas: Relato de un enfermo de Alzheimer*. Milenio, 2004.

Borrie, Cathie. *The Long Hello: Memory, My Mother, and Me*. Arcade, 2016.

Brackey, Jolene. *Creating Moments of Joy Along the Alzheimer's Journey*. Purdue University Press, 2016.

Bute, Jennifer. *Dementia from the Inside*. SPCK Publishing, 2018.

Comer, Meryl. *Slow Dancing with a Stranger: Lost and Found in the Age of Alzheimer's*. Harper Collins, 2014.

Genova, Lisa. *Siempre Alice*. Ediciones B, 2015.

Gimeno, Alberto. *El día menos pensado*. Editorial Alrevés, 2012.

Graboys, Thomas B. *Life in the Balance: A Physician's Memoir of Life, Love, and Loss Wit*. Union Square Press, 2008.

Howell, Carol L. *Let's Talk Dementia*. Independently published, 2020.

Jauhar, Sandeep. *El cerebro de mi padre*. Lunwerg, 2025.

Kapsambelis, Niki. *The Inheritance: A Family on the Front Lines of the Battle Against Alzheimer's Disease*. Simon & Schuster, 2017.

Láinez Andrés, José Miguel y Porta Etessam, Jesús (eds.). *Salud cerebral: mantén joven tu cerebro*. Ediciones SEN, 2024.

Langston, William & Palfreman, Jon. *How the Solution of a Medical Mystery Revolutionized the Understanding of Parkinson's Disease*. Sage Publications, 2013.

Levy, Judith A. *Activities to Do with Your Parent Who Has Alzheimer's Dementia*. CreateSpace Independent Publishing Platform, 2014.

MacCracken, Mary. *The Memory of All That*. She Writes Press, 2022.

Mace, Nancy L. y Rabins, Peter V. *El día de 36 horas*. Paidós, 2021.

Martín Rojas, Manuel. *Mi Parkinson. Experiencias con la enfermedad*. Círculo Rojo, 2022.

Martínez, Ana. *El Parkinson*. Catarata, 2015.

Martínez-Horta, Saul. *¿Dónde están las llaves?* geoPlaneta, 2023.
Martínez-Horta, Saul. *Cerebros rotos*. Kailas, 2022.

Murali Doraiswamy, P. & Gwyther, Lisa P. *The Alzheimer's Action Plan*. St. Martin's Press, 2008.

Navarro Cuartiellas, Arcadi y Gramunt Fombuena, Nina. *Neurodegeneración y Alzheimer*. Almuzara, 2024.

Sacks, Oliver. *Despertares*. Anagrama, 2006.
Sacks, Oliver. *El hombre que confundió a su mujer con un sombrero*. Anagrama, 2006.
Sacks, Oliver. *Musicofilia*. Anagrama, 2009.
Sacks, Oliver. *Un antropólogo en Marte*. Anagrama, 2006.

Saunders, Gerda. *Memory's Last Breath: Field Notes on My Dementia*. Hachette, 2017.

Seral, Alejandro. *Morir dos veces*. Caligrama, 2021.

Smith, B. & Gasby, Dan. *Before I Forget: Love, Hope, Help, and Acceptance in Our Fight Against Alzheimer's*. Harmony, 2016.

Thomas, Matthew. *We Are Not Ourselves*. HarperCollins, 2015.

Williams-Paisley, Kimberly. *Where the Light Gets In: Losing My Mother Only to Find Her Again*. Crown Archetype, 2016.

Witchel, Alex. *All Gone: A Memoir of My Mother's Dementia*. Riverhead Books, 2013.

Zeman, Adam. *Retrato del cerebro*. Biblioteca Buridán, 2009.

RECURSOS ÚTILES PARA PERSONAS CON ENFERMEDADES NEURODEGENERATIVAS

Alzheimer y otras demencias:

Organización / Fundación	Qué ofrecen / Utilidad	Enlace
CEAFA (Confederación Española de Alzheimer y otras demencias)	Representación nacional, apoyo, orientación, red de asociaciones locales e información para pacientes y familias.	https://www.ceafa.es
FAE / ALZFAE (Fundación Alzheimer España)	Información divulgativa, apoyo psicosocial, talleres, asesoramiento familiar y actividades de sensibilización.	https://www.alzfae.org
AFATE (Asociación de familiares y cuidadores de enfermos de Alzheimer, demencia vascular, cuerpos de Lewy, demencia lobar frontotemporal)	Atención, recursos y apoyo emocional.	https://www.afate.es
Fundació Pasqual Maragall / Barcelona βeta Brain Research Center	Investigación en Alzheimer, prevención, divulgación, programas de detección precoz y estudios longitudinales.	https://fundacionpasqualmaragall.org

Parkinson y parkinsonismos atípicos:

Organización / Fundación	Qué ofrecen / Utilidad	Enlace
FEP (Federación Española de Parkinson)	Información para personas afectadas, redes de asociaciones locales, talleres y guías informativas adaptadas.	https://esparkinson.es
FEP – Recursos prácticos	Guías y materiales divulgativos para pacientes y cuidadores, terapias no farma-cológicas e infor-mación accesible.	https://esparkinson.es/sobre-el-pk/recursos-pa ra-personas/
Asociación Parkinson Sevilla	Rehabilitación espe-cializada, actividades locales y orientación para cuidadores.	https://parkinsonsevilla.es
Asociación Parkinson Madrid	Apoyo local, for-mación, orientación y espacios de encuentro para afectados y familias.	https://parkinsonmadrid.org

Demencia Frontotemporal (DFT)
y Afasias Progresivas Primarias:

Organización / Fundación	Qué ofrecen / Utilidad	Enlace
ADEF (Asociación de Demencia Frontotemporal)	Apoyo directo a pacientes con DFT, psicoestimulación específica, grupos de ayuda para familiares y sesiones informativas.	https://ahoracentros.es/asociacion-de-demencia-frontotemporal/
AFTD (Association for Frontotemporal Degeneration)	Información en español e inglés, materiales divulgativos, grupos de apoyo, sensibilización y redes internacionales.	https://www.theaftd.org/es/

Enfermedad de Huntington:

Organización / Fundación	Qué ofrecen / Utilidad	Enlace
ACHE (Asociación Española Enfermedad Huntington)	Apoyo a personas con Huntington y sus familias, información, sensibilización y orientación legal/social.	https://www.e-huntington.es
FEPAEH (Federación Española de Personas Afectadas por la Enfermedad de Huntington)	Agrupa asociaciones regionales, ofrece servicios especializados, apoyo emocional y redes de contacto.	https://fepaeh.org
Asociación Jóvenes Huntington	Guías gratuitas (cómo cuidar, nutrición, salud), material dirigido a jóvenes implicados y apoyo social.	https://asociacionjoveneshuntington.org
EHDN (European Huntington's Disease Network)	Red europea de apoyo, investigación, ensayos clínicos y comunidad internacional.	https://ehdn.org/es/
HD Buzz	Información y actualización en investigación	https://es.hdbuzz.net/

Enfermedades priónicas:

Organización / Fundación	Qué ofrecen / Utilidad	Enlace
Fundación Priónicas	Guía práctica sobre enfermedades priónicas en España con atención a pacientes, consejos para cuidadores, vigilancia epidemiológica y centros de referencia.	https://fundacionprionicas.org/guia-practica/

Recursos generales y materiales divulgativos útiles para múltiples enfermedades:

Organización / Fundación	Qué ofrecen / Utilidad	Enlace
Sociedad Española de Neurología Directorio de asociaciones	Listado nacional de asociaciones para Alzheimer, Parkinson, Huntington, DFT, etc.	https://www.sen.es/profesionales/alertas/91-articulos/2688-asociaciones-de-pacientes
Fundación Pasqual Maragall (NeuroRecursos)	Información divulgativa y consejos prácticos para convivir con enfermedades neurodegenerativas.	https://www.neurorecursos.com

CRÉDITOS DE LAS IMÁGENES